absolute

orange ● press

absolute

Herausgegeben von Klaus Theweleit

absolute

Charles Darwin

Herausgegeben und mit einem biografischen Essay
von Malte Oberschelp

orange ● press

absolute Charles Darwin
Hg. v. Malte Oberschelp
Freiburg: orange-press 2009

Buchgestaltung: Annette Schneider (debusc.de)
Druck und Bindung: Hubert & Co., Göttingen

ISBN 978-3-936086-39-3

orange-press.com

Seite | Inhalt

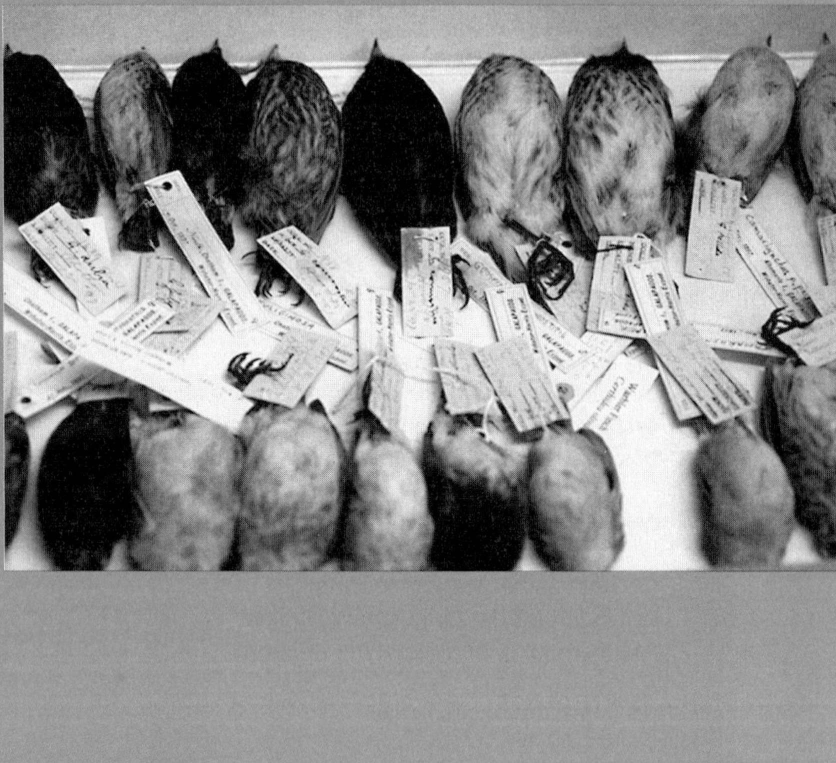

Darwin-Finken

Die Fundamente zur Entstehung der Arten. | Über die Variation der Lebewesen im wilden Zustand; über die natürlichen Mittel der Zuchtwahl und über den Vergleich der domestizierten Rassen mit echten Arten.

Die meisten Organismen variieren im Naturzustand außerordentlich wenig. Ich nehme hier solche Variationen aus, die (wie bei verstümmelten Pflanzen usw. und Muscheln im Brackwasser) als direkte Wirkung äußerlicher Einflüsse angesehen werden müssen, und von denen wir nicht wissen, ob sie in die Rasse übergehen[1], ob sie erblich sind. Der Umfang erblicher Variation ist sehr schwer festzustellen, weil die Naturforscher (teils aus Mangel an Kenntnissen, teils wegen der dieser Frage innewohnenden Schwierigkeiten) nicht durchaus darin übereinstimmen, ob gewisse Formen als Arten[2] oder Rassen zu betrachten sind. Gewisse stark charakteristische Pflanzenrassen, die man mit den ausgesprocheneren Sprungvariationen der Kunstgärtner vergleichen könnte, existieren zweifellos im Naturzustand, wie man durch Experiment nachweisen kann, z. B. bei Primel- und Schlüsselblumen, bei zwei so genannten Arten von Löwenzahn, bei zweien von Fingerhut[3] und wie ich glaube bei einigen Nadelbäumen.

Lamarck hat bemerkt, dass, solange wir unsere Aufmerksamkeit auf ein abgegrenztes Land beschränken, keine große Schwierigkeit in der Unterscheidung von Spezies und Varietäten vorzuliegen pflegt, dass hingegen die Naturforscher, wenn das Sammlungsmaterial aus allen möglichen Teilen der Welt auf sie einströmt, häufig die größte Schwierigkeit haben, die Grenzen der Variationen zu bestimmen. Dem ist zweifellos so, doch weichen selbst in Bezug auf britische Pflanzen (und wohl auch Landschnecken), die vielleicht die bestgekannten der Welt sind, die vortrefflichsten Naturforscher in der Bestimmung dessen, was als Art und was als Varietät anzusehen ist, voneinander ab. Bei vielen Gattungen von Insekten, Muscheln und Pflanzen erscheint es fast aussichtslos, festzustellen, was eine Art und was eine Varietät darstellt. Bei den höheren Tierklassen gibt es weniger Zweifel, obwohl es ziemliche Schwierigkeiten bereitet, festzustellen, was bei Füchsen und Wölfen als Art zu bezeichnen ist, ebenso auch bei einigen Vögeln, z.B. der weißen Schleiereule. Wo aber Exemplare aus verschiedenen Gegenden der Welt zusammengetragen werden, entstehen sofort Meinungsverschiedenheiten über diesen Punkt; ich erlebte dies an den Vögeln, die ich vom Galapagosarchipel nach Hause brachte. Yarrell hat bemerkt, dass Individuen von zweifellos derselben Vogelspezies, von denen einige aus Europa, die anderen aus Nordamerika kamen, gewöhnlich leise, kaum definierbare und doch merkliche Unterschiede aufweisen.

Ja, allein das Erkennen eines Tieres vonseiten eines anderen unter seinesgleichen scheint mir eine gewisse individuelle Verschiedenheit zu verraten. Die Veranlagung in dieser Beziehung ist bei den wilden Tieren zweifellos verschieden entwickelt. Variation, soweit wir sie kennen, pflegt sich hauptsächlich an gewissen analogen Teilen der wilden und der zahmen Organismen geltend zu machen: so zum Beispiel an der Körpergröße, Farbe, an den äußeren und weniger wichtigen Teilen. Bei vielen Arten wird sogar die Variabilität bestimmter Organe und Eigenschaften als eine der Artcharaktere hingestellt; so sind z.B. bei Pflanzen Farbe, Größe, Behaarung, Anzahl der Staubfäden und Stempel, ja selbst deren Anwesenheit, die Form der Blätter bei einigen Spezies variabel und bei anderen völlig fixiert; und dasselbe ist der Fall bei den Kinnladen mancher Insektenmännchen und bei der Länge und Gebogenheit mancher Vogelschnäbel (so bei *Opetiorhynchus*). Soweit ich sehe, lässt sich von Rechts wegen zwischen der anerkannten Variabilität einzelner Teile bei vielen Spezies und der allgemeineren Variabilität des gesamten Körpers bei domestizierten Tieren keine scharfe Grenze ziehen.

Die Variation ist zwar in quantitativer Hinsicht bei den meisten Organismen im Naturzustand sehr gering, ja sie bleibt in der Mehrzahl der Fälle (wenigstens soweit sie für unsere Sinne erkennbar ist) ganz aus. Ziehen wir aber in Betracht, wie stark die vielen Tiere und Pflanzen, die sich der Mensch aus den verschiedensten Gegenden für die verschiedensten Zwecke zusammengeholt hat, zu jeder Zeit und in jedem Land unter dem Einfluss der Domestikation variiert haben, so können wir meiner Ansicht nach getrost den Schluss ziehen, dass alle Organismen, mit nur wenig Ausnahmen, variieren, falls sie überhaupt die Domestikation und Aufzucht während langer Zeiträume vertragen. Die Domestikation scheint im Wesentlichen im Sinne eines Herausversetztwerdens aus der natürlichen Lebenslage der Spezies zu wirken (meist vielleicht in Verbindung mit Vermehrung der Nahrung); ist dies aber der Fall, so werden auch Organismen im Naturzustand gelegentlich, im Laufe von langen Zeiträumen ähnlichen Umständen ausgesetzt sein. Denn die Geologie zeigt uns aufs Deutlichste, wie viele Gegenden im Laufe der Zeit klimatischen und anderweitigen Wechseln in weitestem Umfang ausgesetzt werden; und wenn dann solche Gegenden isoliert sind, sodass neue und besser angepasste Geschöpfe nicht beliebig auswandern können, so werden die alten Bewohner neuen Einflüssen ausgesetzt werden, die wahrscheinlich viel mannigfaltiger sind als jene, durch welche der Mensch in Form der Domestikation einwirkt. Obwohl nun jede Spezies sich zweifellos bis zu der vollen Zahl vermehren wird, die von dem betreffenden Lande ernährt werden kann, so ist es doch leicht einzusehen, dass im Durchschnitt der Fälle zuweilen für manche Arten ein Mehr von Nahrung vorhanden sein wird, ferner, dass Zeiten des Darbens zwar nur kurz sein und in langen Intervallen wiederkehren werden, dass sie aber dennoch imstande sind, einen Einfluss auszuüben. Alle diese Änderungen der Lebensbedingungen aus geologischen Gründen können nur sehr langsam vor sich gehen. Welchen Einfluss diese Langsamkeit hat, wissen wir nicht; bei Domestikation scheint es, als ob die Einflüsse des Wechsels der Lebensbedingungen sich anhäuften und dann hervorbrächen.

Wie nun auch das Resultat jener langsamen geologischen Wechsel beschaffen sein mag, so viel scheint gewiss, dass sowohl infolge der allen Organismen mehr oder minder eignenden Fähigkeit zur Ausbreitung wie auch infolge der fortwährend in Tätigkeit begriffenen geologischen Änderungen (die auch zuweilen, so z.B. wenn ein Isthmus schließlich auseinanderreißt, plötzlich auftreten können), Organismen gelegentlich in neue Regionen eingeführt werden. Liegen nun dort die Lebensbedingungen nicht derartig ungünstig, dass sie eine Austilgung der betreffenden Organismen zur Folge haben, so werden diese sich hier unter Verhältnissen fortpflanzen, die denen der Domestikation durchaus analog sind und sie werden deshalb, wie ich annehme, eine Tendenz zur Variation an den Tag legen. Es erschiene mir völlig unerklärlich, wenn dies nie vorkäme, aber vielleicht kommt es sehr selten vor.

Nehmen wir einmal an, dass durch irgendeinen Zufall (der vielleicht nur einmal in tausend Jahren vorkommt) ein Organismus auf eine neue, im Entstehen begriffene vulkanische Insel geriete, die noch nicht völlig mit den bestangepassten Organismen besetzt wäre: in solchem Fall würde der neue Organismus unschwer Fuß fassen, so verschieden auch die äußeren Bedingungen von denen seines Heimatortes wären. Dieser letztere Umstand würde, wie wir annehmen dürfen, in gewissem Grade die Größe, Farbe, die Art der Körperbedeckung usw. und aus nur unbekannten Zusammenhängen heraus sogar bestimmte innere Organe beeinflussen. Doch sollte man erwarten (und dies ist viel wichtiger), dass auch die Fortpflanzungsorgane, ebenso wie unter Domestikation, beeinflusst werden würden, und dass daher die Organisation der Nachkommenschaft bis zu gewissem Grade plastisch werden wird. Demnach würde also jeder Teil des Körpers die Tendenz zeigen, sich, wenn auch in geringem Grad und in keiner vorher bestimmten Art und Weise, von der typischen Form zu entfernen. Ohne Zuchtwahl würde aber die freie Kreuzung dieser kleinen Variationen (zugleich mit der Tendenz, in die Originalform zurückzuschlagen) fortwährend die ablenkende Wirkung der äußeren Verhältnisse auf das Fortpflanzungssystem kompensieren. Dieses Resultat, das keinen bedeutenden Ausschlag herbeizuführen vermag, würde sich ergeben, solange Zuchtwahl nicht eingreift. Und ich muss zugleich betonen, dass die vorstehenden Bemerkungen ebensowohl auf den geringen und allgemein zugegebenen Grad von Variation, den manche Organismen im Naturzustand aufweisen, Anwendung finden, wie auf die oben gekennzeichneten hypothetischen Variationen, die aus Veränderungen in den Lebensbedingungen abgeleitet wurden.

Denken wir uns nun ein höheres Wesen, begabt mit solcher Einsicht, dass es vermöchte, die dem Menschen völlig unkenntlichen Unterschiede in der äußeren und der allerinnersten Organisation lebender Geschöpfe wahrzunehmen, und mit einer Voraussicht begabt, die sich über zukünftige Jahrhunderte hinaus erstreckt, sodass es mit unbeirrbarer Sorgfalt jedes Geschehen beobachten könnte und die Nachkommen eines unter den oben erwähnten Umständen erzeugten Organismus zu irgendeinem bestimmten Zweck auszuwählen imstande wäre. Ein solches Wesen vorausgesetzt, sehe ich keinen leisesten Grund ein, weshalb es nicht eine neue Rasse gestalten sollte (oder auch mehrere, falls es den Bestand an originalen Organismen teilen und auf verschiedenen Inseln damit arbeiten würde), die neuen Zwecken angepasst wäre. Ebenso wie wir nun voraussetzen, dass die Urteilskraft, die Voraussicht, die Konsequenz in Verfolgung eines bestimmten Zieles bei diesem Wesen ungleich größer sein würde als dieselben Eigenschaften beim Menschen, ebenso müssen wir annehmen, dass die Schönheit und die Kompliziertheit der Anpassungen bei den von ihm gezüchteten neuen Rassen, dass ihr Fortschritt verglichen mit dem Originalstamm größer sein wird als bei den Domestikationsprodukten des Menschen. Den grundlegenden Teil der Arbeit jenes Wesens können wir uns durch den Umstand unterstützt denken, dass die äußeren Lebensbedingungen auf der betreffenden vulkanischen Insel infolge von ihrem dauernden Emporsteigen und der gelegentlichen Einwanderung neuer Bewohner, sich ändern, und somit auf das Fortpflanzungssystem der betreffenden Organismen einwirken und ihre Organisation in einem plastischen Zustand erhalten. Genügende Zeit vorausgesetzt, könnte dann jenes Wesen logischerweise (sofern nicht irgendein unbekanntes Gesetz sich ihm entgegenstemmte) nahezu jedes Resultat erreichen.

Sähe zum Beispiel jenes imaginäre Wesen auf den zerfallenden Substanzen eines Waldes, halb erstickt von anderen Gewächsen, Pflanzen wachsen, und es erstünde ihm hieraus der Wunsch, jenen Pflanzen die Fähigkeit zu verleihen, auf faulenden Baumstämmen zu gedeihen, so müsste es zunächst damit anfangen, die Sämlinge aller derjenigen seiner Repräsentanten auszusuchen, deren Beeren auch nur eine Spur verlockender für baumlebende Vögel wären als ihre anderen Artgenossen, damit auf diese Weise eine gehörige Ausbreitung der Samen entstünde, gleichzeitig aber müsste es diejenigen Pflanzen auswählen, die auch nur um eine Spur mehr Fähigkeit hätten als andere, aus faulendem Holz Nahrung zu ziehen, alle anderen Sämlinge aber, die diese Fähigkeiten weniger besäßen, würde es zerstören. Jenes Wesen könnte so, im Laufe vieler Jahrhunderte, das Ziel erreichen, die betreffende Pflanze nach und nach auf faulendem Holz wachsen zu lassen selbst, bis hoch in die Bäume hinauf, kurz überall, wo die Vögel den nichtverdauten Samen absetzen würden. Es könnte es sogar schließlich, gesetzt die Organisation jener Pflanze sei plastisch genug, durch fortdauernde Auslese gelegentlicher Sämlinge, dahin bringen, dass die Pflanze immer weniger faulen Holzes zum Gedeihen bedürfte, und schließlich imstande wäre, auf gesundem Holz zu wachsen. Ferner vorausgesetzt, dass im Laufe aller dieser Veränderungen die Pflanze infolge von Nichtbefruchtung aufhören würde, reichlich genug Samen zu erzeugen, so könnte jenes Wesen anfangen, Sämlinge mit etwas süßerem oder anders schmeckendem Honig oder Pollen auszuwählen, um so die Insekten zu verlocken, die Pflanze regelmäßig aufzusuchen. Nachdem dies vollbracht wäre, könnte es, falls damit der Pflanze gedient wäre, wünschen, die Stempel und Staubfäden in gewissen Blüten verkümmern zu lassen, was mittels andauernder Auslese leicht zu machen wäre. Durch solche Schritte könnte jenes Wesen eine Pflanze ebenso wunderbar in Beziehung zu anderen Organismen bringen, wie es z.B. bei der Mistel der Fall ist, deren Existenz absolut von bestimmten Insekten zwecks Befruchtung, von bestimmten Vögeln zwecks Verbreitung und von bestimmten Bäumen behufs Wachstum abhängig ist. Und ferner, gesetzt dass das Insekt, das zum regelmäßigen Besuch jener hypothetischen Pflanze herangezogen wurde, hiervon sehr profitierte, so könnte unser imaginäres Wesen durch allmähliche Auslese nach und nach auch dessen Bau in der Weise modifizieren, dass es mit größerer Leichtigkeit zum Honig oder Pollen der betreffenden Pflanze gelangen könnte: auf diese Weise könnte das Insekt (stets unter Voraussetzung einer gewissen Plastik seiner Organisation) an die Blume und die Befruchtung der Blume an das Insekt angepasst werden; auch ist dies bei vielen Bienen und vielen Pflanzen der Fall.

Wenn man bedenkt, was der blinde, launenhafte Mensch tatsächlich während der wenigen hinter uns liegenden Jahre durch Zuchtwahl bewirkt hat und was in weniger kultivierten Zeitaltern durch ihn ohne jeden systematischen Plan, im Laufe der letzten paar Tausend Jahre bewirkt worden ist, so würde viel Kühnheit dazu gehören, wenn man dem, was jenes imaginäre Wesen im Verlauf ganzer geologischer Perioden zu bewerkstelligen fähig wäre, Schranken stecken wollte. Erwägen wir indes einmal, ob nicht in Übereinstimmung mit dem Plan, nach welchem dieses Weltall von dem Schöpfer regiert zu werden scheint, ein sekundäres Mittel in dem Haushalt der Natur vorhanden ist, durch welches der Prozess der Auslese die Organismen, vorausgesetzt, dass diese sich nur im geringsten Grad als plastisch erweisen, aufs Feinste und Wunderbarste verschiedenen Zwecken anzupassen vermöchte. Ich selbst glaube an das Vorhandensein solcher sekundären Mittel.[4]

Natürliche Mittel der Selektion

De Candolle hat mit schwungvollen Worten erklärt, dass die ganze Schöpfung, und zwar sowohl die Organismen unter sich als auch mit der äußeren Natur, im Kampfe begriffen sei. Wenn man das friedliche Antlitz der Natur betrachtet, so ist man zunächst geneigt, dies anzuzweifeln; bei etwas Nachdenken indessen sieht man unweigerlich ein, dass es nur zu sehr der Wahrheit entspricht. Dieser Krieg ist indessen kein in gleichmäßiger Stärke andauernder, sondern er wiederholt sich in geringer Stärke in kurzen Intervallen und in intensiverem Grade innerhalb gelegentlicher weiter voneinander entfernter Perioden und deshalb geschieht es leicht, dass man seine Wirkungen übersieht. Es ist die Malthus'sche Lehre, die wir hier in den meisten Fällen mit zehnfacher Kraft angewendet sehen. Je nachdem es in jedem Klima für jede Art seiner Bewohner Jahreszeiten größeren und geringeren Überflusses gibt, je nachdem erfolgt die jährliche Fortpflanzung der betreffenden Organismen; hierbei kommt das ethische Moment, die Selbstüberwindung, die, wenn auch in geringem Maße, die Zunahme der menschlichen Rasse beschränkt, völlig in Wegfall. Trotz ihrer langsamen Vermehrung kann sich erfahrungsmäßig eine menschliche Bevölkerung in 25 Jahren verdoppeln, und wäre der Mensch imstande, seine Nahrungsquellen mit geringerer Mühe zu vervielfachen, so würde er sich in noch kürzerer Zeit verdoppeln. Für Tiere indessen wird, ohne künstliche Hilfsmittel, der Bestand an Nahrung für jede Spezies im Durchschnitt ein gleichbleibender sein, wogegen die Zunahme aller Organismen das Bestreben hat, in geometrischer Progression fortzuschreiten, und zwar in der weitaus überwiegenden Mehrzahl der Fälle in einer enorm großen. Denken wir uns an einem bestimmten Ort acht Paar (Rotkehlchen) Vögel, und dass nur vier dieser Paare (inklusive doppelter Bruten) jährlich nur je vier Junge ausbrüten, und dass diese wiederum Junge in demselben Maßstab ausbrüten: dann werden am Schluss von sieben Jahren (was für Vögel, selbst unter Einrechnung gewaltsamer Todesarten eine kurze Lebenszeit bedeutet) 2.048 Rotkehlchen, statt der erst vorhandenen sechszehn am Leben sein; da eine solche Zunahme nun ein Ding der Unmöglichkeit ist, so müssen wir den Schluss ziehen, entweder dass Rotkehlchen noch nicht die Hälfte ihrer Jungen großziehen, oder dass das Durchschnittsalter eines Rotkehlchens, nachdem es großgezogen, infolge von Unfällen nicht annähernd sieben Jahre erreicht. Arten von Hemmungen pflegen mit aller Wahrscheinlichkeit häufig zu sein. Dieselbe Art von

Berechnung liefert, wenn man sie auf alle möglichen Pflanzen und Tiere anwendet, Resultate von mehr oder weniger frappanter Beschaffenheit, doch in kaum einem einzigen Fall weniger frappant als beim Menschen.

Viele praktische Illustrationen von dieser Tendenz zu rapider Vermehrung sind uns überliefert; besonders wird berichtet, wie außerordentlich sich zu bestimmten Zeiten gewisse Tiere vermehrt haben, so z. B. am La Plata, wo in den Jahren 1826–28, als infolge von Trockenheit Millionen von Rindern umkamen, das Land von unzähligen Mäusen wimmelte. Nun kann man, denke ich, nicht daran zweifeln, dass während ihrer Fortpflanzungsperiode auch in normalen Zeiten alle Mäuse (mit Ausnahme einiger weniger überschüssiger männlicher oder weiblicher Exemplare) sich paaren, und dass daher jene erstaunliche Zunahme während dreier Jahre dem Umstand zugeschrieben werden muss, dass eine größere Anzahl als sonst das erste Jahr überdauerte, sich darauf vermehrte usw., und dass dies so weiterging bis zum dritten Jahr, wo dann die Wiederkehr feuchter Witterung den Bestand an Mäusen auf seine gewöhnlichen Maße reduzierte. Dort aber, wo der Mensch Pflanzen und Tiere in ein für sie günstiges Land eingeführt hat, ist es, wie uns die Berichte lehren, geradezu erstaunlich, in wie wenig Jahren das ganze Gebiet mit jenen Organismen aufs Reichlichste besetzt ist. Diese Zunahme pflegte notwendigerweise haltzumachen, sobald das betreffende Land völlig besetzt war; und doch haben wir nach allem, was uns von wildlebenden Tieren bekannt ist, jeden Grund, anzunehmen, dass alle Tiere sich im Frühling paaren.

Bei der Mehrzahl der Fälle ist es äußerst schwer, sich vorzustellen, auf welche Periode des individuellen Lebens die Hemmung trifft; meist betrifft sie zweifellos die Samen, die Eier und die Jungen. Wenn wir aber bedenken, wie schwer es uns sogar beim Menschen wird (der uns doch so viel vertrauter ist als irgendein anderes Tier), aus wiederholten gelegentlichen Beobachtungen einen Durchschnitt des Lebensalters zu ziehen, oder uns über die Unterschiede in den prozentualen Verhältnissen von Sterbe- und Geburtsfällen in den verschiedenen Ländern klar zu werden, dürfen wir uns füglich nicht wundern, dass wir nicht allzu klar erkennen, in welchem Stadium des Tier- und Pflanzenlebens jene Hemmung eintritt. Man muss stets im Auge behalten, dass in den meisten Fällen jene Hemmungen jährlich in geringerem Grade mit einer gewissen Regelmäßigkeit eintreten, in stärkstem Maße aber während gelegentlicher kalter oder heißer oder trockener oder nasser Jahre, je nach der Konstitution des fraglichen Geschöpfes. Man verringere die Hemmung im allergeringsten Grade, und sofort wird die geometrische Vermehrungskraft des betreffenden Organismus die Durchschnittszahlen der so begünstigten Spezies in die Höhe schnellen lassen. Man könnte die Natur mit einer Oberfläche vergleichen, auf der zehntausend scharfe Keile aufliegen, die sich berühren und durch unaufhaltsame Schläge nach innen getrieben werden. Um sich diese Anschauung völlig zu vergegenwärtigen, bedarf es gründlicher Reflexion; man lese Malthus, der die Frage in ihrer Beziehung zum Menschen beleuchtet, man ziehe wohl in Betracht Fälle wie die der Mäuse von La Plata oder den der in Südamerika eingeführten Pferde und Rinder, vertiefe sich in unsere Berechnung der Rotkehlchenvermehrung usw., man bedenke die enorme inhärente und Jahr für Jahr in Aktion tretende Multiplikationskraft aller Tiere, vergegenwärtige sich die zahllose Menge von Samen, die Jahr für Jahr vermittels Hunderter von ingeniösen Vorrichtungen über das Antlitz der Erde ausgestreut werden; demgegenüber haben wir trotzdem allen Grund anzunehmen, dass die Durchschnittszahlen jeder Art von Bewohnern eines Landes für gewöhnlich konstant bleiben.

Und schließlich müssen wir den Gedanken festhalten, dass diese Durchschnittszahl der Individuen in einem Land (gesetzt dass die äußeren Verhältnisse dieselben blieben) aufrechterhalten wird durch den immer wiederholten Kampf gegen andere Arten und gegen die äußere Natur (wie z.B. am Rand der arktischen Regionen[5], wo die Kälte das Leben hemmt); dass ferner jedes Individuum jeder Spezies für gewöhnlich seine Stelle behauptet entweder durch eigenen Kampf und Fähigkeit, in gewissen Perioden seines Lebens (vom Ei angefangen) Nahrung zu erringen, oder durch den Kampf seiner Eltern, (bei kurzlebigen Organismen, wo die Hauptthemmungen in großen Intervallen auftreten) gegen und verglichen mit anderen Individuen seiner eigenen oder fremder Arten.

Nehmen wir nun aber an, dass die äußeren Verhältnisse eines Landes sich verändern; ist dies in geringem Grad der Fall, so wird sich das relative Verhältnis der Einwohner in den meisten Fällen ganz einfach ein wenig verschieben; lassen wir die Zahl der Bewohner klein sein, wie bei einer Insel, und den freien Zugang zu dieser aus anderen Ländern sehr eingeschränkt und lassen wir die Zustandsänderung dauernd fortschreiten (wobei neue Örtlichkeiten entstehen), so werden in solchem Fall die Originaleinwohner aufhören, so vollkommen an die Verhältnisse ihres Aufenthaltsorts angepasst zu sein, wie sie ursprünglich waren. Wir haben schon gezeigt, wie wahrscheinlich solche Änderungen der äußeren Verhältnisse, indem sie auf das Fortpflanzungssystem einwirken, eine stärkere plastische Tendenz bei den am meisten in Mitleidenschaft gezogenen Organismen hervorrufen, ebenso wie dies bei Domestikation der Fall zu sein pflegt. Kann es nun irgendeinem Zweifel unterliegen, dass bei dem Kampf, den jedes Individuum (oder seine Eltern) um seinen Unterhalt zu bestehen hat, jede allerkleinste Variation in Körperbau, Gewohnheiten oder Instinkten, die das betreffende Individuum den neuen Lebensbedingungen besser anpasst, sich in seiner Kraft, seiner Gesundheit geltend macht? Es würde bei jenem Kampf die Chance des Überlebens für dieses Individuum eine größere sein und ebenso für seine Kinder, gesetzt dass sie diese, wenn auch noch so minimale Variation geerbt hätten. Es würden dann jährlich mehr Individuen mit der Anwartschaft zu überleben geboren werden und im Lauf der Zeit würde das kleinste Körnchen auf der Wage bestimmen, auf welchen Organismus der Tod fallen und welcher überleben wird. Lassen wir dies Wirken der Zuchtwahl auf der einen Seite, des Todes auf der anderen tausend Generationen andauern; wer würde dann noch wagen zu behaupten, dass dies keine Wirkung hervorbrächte, wo wir doch wissen, was innerhalb weniger Jahre von Bakewell an Rindern und von Western an Schafen erreicht worden ist und zwar durch genau dasselbe Prinzip der Zuchtwahl!

Hier ein fingiertes Beispiel: Denken wir uns, dass infolge von dauernden Veränderungen auf einer Insel die Organisation eines zur Gattung der Hunde gehörenden Tieres plastisch geworden sei, ferner dass dieses Tier hauptsächlich Kaninchen, gelegentlich aber auch Hasen nachstellte; denken wir uns, dass jene Veränderungen der Insel eine ganz langsame Abnahme der Kaninchen und Zunahme der Hasen im Gefolge habe; die Wirkung dieses Umstandes wäre dann die, dass jener Fuchs oder Hund gezwungen sein würde, sich mehr auf die Hasenjagd zu verlegen; dies würde zunächst dahin tendieren, ungünstig auf seinen eigenen Bestand zu wirken; gleichzeitig aber würden, da seine Organisation eine einigermaßen plastische ist, die mit den leichtesten Körperformen, den längsten Gliedern, dem schärfsten Auge (obwohl vielleicht mit weniger Schlauheit und Spürnase) begabten Individuen leichte Vorteile erringen, sie würden und wären die Unterschiede von den anderen noch so gering, eine Anwartschaft auf längeres Leben und auf ein Überdauern jener Jahreszeiten besitzen, wo das Futter am knappsten zu sein pflegt; auch würden sie mehr Junge großziehen und zwar Junge, die ihrerseits eine erbliche Tendenz zu diesen leichten Eigentümlichkeiten besitzen würden. Die weniger geschwinden aber unter jenen Tieren würden erbarmungslos ausgemerzt werden. Ich kann infolgedessen ebenso wenig bezweifeln, dass diese Umstände im Laufe von tausend Generationen eine ganz ausgesprochene Wirkung hervorbringen und die Gestalt des Fuchses dem Fangen von Hasen anstelle des Fangens von Kaninchen anpassen müssen, wie man daran zweifeln kann, dass Windhunde durch Auslese und aufmerksame Zucht verbessert werden können. Und ebenso würde es sich unter ähnlichen Verhältnissen mit Pflanzen verhalten: wenn die Individuenzahl einer Spezies mit gefiederten Samen durch eine größere Ausbreitungsfähigkeit der Samen vermehrt werden könnte, wie dies der Fall wäre, wenn die Hemmung der Vermehrung hauptsächlich die Samen beträfe. Dann würden jene Samen, die mit nur ein wenig mehr Flaum versehen wären oder bei denen die Fiederung so angebracht wäre, dass sie dem Wind eine bessere Angriffsfläche böte, im Laufe der Zeit am reichlichsten verbreitet und daraus würde folgen, dass eine größere Anzahl so geformter Samen zum Keimen kommen und Pflanzen produzieren würde, die diese um weniges besser angepasste Samenfiederung geerbt hätten.

Außer diesen natürlichen Mitteln der Zuchtwahl, durch welche diejenigen Individuen erhalten werden, die, sei es als Eier oder Samen oder im reifen Zustand, dem Platz, den sie in der Natur auszufüllen haben, am besten angepasst sind, ist bei getrenntgeschlechtlichen Tieren noch ein anderer Faktor an der Arbeit, der auf dieselbe Wirkung hinzielt, nämlich der Kampf der Männchen um die Weibchen. Diese Kämpfe werden gewöhnlich durch das Gesetz der Übermacht entschieden, im Fall der Vögel aber offenbar durch die Reize ihres Gesanges, durch ihre Schönheit oder durch die Eindringlichkeit ihrer Werbung wie bei der tanzenden Steindrossel von Guyana. Selbst bei den monogamen Tieren scheint eine Überzahl von Männchen vorzuliegen, ein Umstand, durch welchen der Wettstreit unterstützt wird: bei den polygamen Tieren indessen[6], wie beim Rotwild, bei Rindern und bei Hühnern müsste nach unserer Annahme der Kampf am ernstesten sein: und ist es nicht auch gerade bei diesen Tieren, dass die Männchen am besten für den Kampf untereinander ausgerüstet sind? Die kräftigsten Männchen, die gleichzeitig die vollkommenste Anpassung zeigen, müssen denn auch im Allgemeinen den Sieg in den verschiedenen Wettkämpfen davontragen. Diese Art der Zuchtwahl ist indessen weniger erbarmungslos als die andere; erfordert sie doch nicht den Tod des weniger Erfolgreichen, sondern lässt diesen nur weniger Nachkommen hinterlassen. Der Kampf fällt außerdem in diesem Fall in eine Jahreszeit, wo die Nahrung für gewöhnlich im Überfluss vorhanden ist, und vielleicht dürfte hier die Hauptwirkung in einer Veränderung der Sexualcharaktere und der Auslese individueller Formen zu suchen sein, die in keiner Weise mit der größeren Fähigkeit zum Erlangen von Nahrung oder zur Verteidigung gegen natürliche Feinde, wohl aber mit der Befähigung, ihresgleichen zu besiegen, zusammenhängen. Dieser natürliche Wettkampf zwischen den Männchen kann in seiner Wirkung, wenn auch nicht in seinem Grade, mit der Methode derjenigen Landwirte verglichen werden, die einer sorgfältigen Auswahl der von ihnen gezüchteten jungen Tiere weniger Aufmerksamkeit zuwenden als der gelegentlichen Verwendung eines auserlesenen Männchens.

Unterschiede zwischen »Rassen« und »Arten«:
Erstens, nach ihrer Beständigkeit oder Variabilität

Wir dürfen annehmen, dass diejenigen Rassen, die durch die geschilderten natürlichen Mittel der Zuchtwahl erzeugt worden sind, sich in verschiedenen Beziehungen von den vom Menschen erzeugten unterscheiden. Der Mensch trifft seine Auslese hauptsächlich vermittels des Auges, auch ist er außerstande, den Verlauf jedes Blutgefäßes und jedes Nerven, oder auch die Form jedes einzelnen Knochens zu verfolgen oder zu übersehen, ob der innere Organismus der äußeren Struktur entspricht. Er ist außerstande, Nuancen konstitutioneller Unterschiede zu berücksichtigen, er hemmt vielmehr, soweit es in seiner Macht liegt, durch den Schutz, den er seinen Pfleglingen angedeihen lässt und die Mühe, die er, in welchem Lande er sich auch befinde, aufwendet, sie am Leben zu erhalten, die auslesenden Kräfte der Natur, die sich immerhin, wenn auch in geringerem Maße, in allen lebenden Wesen geltend machen, selbst dort, wo die Lebensdauer der letzteren nicht von ihrer eigenen Widerstandskraft bedingt wird. Der Mensch hat ein schlechtes Urteil, ist launenhaft, auch pflegt er nicht, respektive pflegen seine Nachfolger nicht Hunderte von Generationen lang auf genau dasselbe Ziel hin Zuchtwahl zu üben. Er kann nicht immer die gezüchtete Form mit den ihr angemessensten Lebensbedingungen zusammenbringen, noch diese Lebensbedingungen völlig konstant erhalten; er züchtet das, was ihm am nützlichsten und nicht das, was denjenigen Verhältnissen, in die er jede Varietät hineinsetzt, am besten angepasst ist; er züchtet einen Hund auf Kleinheit, füttert ihn aber ausgiebig; er wählt einen Hund mit langem Rücken zur Zucht, bietet ihm aber keine besondere Gelegenheit zu laufen, wenigstens nicht während jeder Generation. Er gestattet den tüchtigsten Männchen nur selten, sich durch eigene Kraft durchzusetzen, sondern er wählt die, welche er gerade hat, oder die, welche er selbst vorzieht und nicht eben die, welche den bestehenden Verhältnissen am besten angepasst sind. Jeder Landwirt und Züchter weiß, wie schwer es ist, eine gelegentliche Kreuzung mit einer anderen Zucht zu vermeiden. Es tut ihm aber leid, ein Individuum zu zerstören, wenn dieses sich auch beträchtlich von dem erwünschten Typ entfernt. Oft beginnt er seine Zuchtwahl mit einer Form oder einer Sprungvariation, die von der elterlichen Form ziemlich stark abweicht.

Ganz anders geht die natürliche Zuchtwahl zu Werke; die zur Nachzucht ausgelesenen Individuen unterscheiden sich nur wenig von der elterlichen Gestalt; die Lebensbedingungen sind während langer Perioden beständig und ändern sich nur langsam; selten kommt eine Kreuzung vor; die Zuchtwahl geht streng und unfehlbar vor sich und wird durch viele Generationen fortgesetzt; nie tritt Selektion auf, ohne dass die neue Form den Lebensbedingungen besser angepasst ist, als die elterliche Form; und so arbeitet die selektive Kraft weiter ohne irgendeine Laune, arbeitet stetig Tausende von Jahren hindurch, immer nur in dem einen Sinn, die Form den Lebensbedingungen anzupassen. Die auswählende Kraft lässt sich nicht von äußerem Schein täuschen, sie prüft das betreffende Geschöpf während seines ganzen Lebens; und falls weniger gut angepasst als seine Gefährten, wird es ohne Gnade vernichtet. Auf diese Weise wird jeder Teil seines Organismus geprüft und gut gefunden und stets im Hinblick auf denjenigen Platz in der Natur, den es einzunehmen hat.

Anmerkungen | **1** Hier erörtern, was eine Spezies ist, Sterilität kann bei Kreuzung schwer nachgewiesen werden. Abstammung vom gemeinsamen Stamm. **2** Nur Regel geben: Kette von Zwischenformen und Analogie; dies ist wichtig. Jeder Naturforscher ist, wenn er auf variable Typen stößt, zunächst in großer Verlegenheit, was er als Arten und was er als Varietäten anzusehen hat. **3** Vergleiche gefiederte Köpfe bei sehr verschiedenen Vögeln mit Stacheln bei Echidna und Igel. Pflanzen nicht variierend unter ganz verschiedenen Klimaten. Digitalis zeigt Sprünge in der Variation, ebenso wie Goldregen und Orchis – tatsächlich entgegengesetzte Fälle. Variabilität der Sexualcharaktere die gleiche bei domestizierten und wilden Organismen. **4** Die Selektion muss, in Fällen wo ausgewachsenes Leben nur wenige Stunden dauert, wie bei Ephemeren, auf die Larven fallen – sonderbar, die Wirkung zu erwägen, die Veränderungen derselben auf die Eltern haben müssten. **5** Im Falle der Mistel kann gefragt werden, weshalb nicht mehr Spezies, keine andere Spezies drängt sich dazwischen; Antwort fast ausreichend, dieselben Gründe, die die Vermehrung der Individuen hemmen. **6** Seehunde? Pennant über Kämpfe der Seehunde.

The Mount in Shrewsbury, Darwins Geburtshaus

Biografie I **Was soll aus dem Jungen bloß werden**
1809 – 1836

Was wir heute die Evolutionstheorie nennen, bringt Charles Darwin zum ersten Mal 1844 zu Papier. Seit sieben Jahren beschäftigt er sich schon mit der Frage, ob und wie sich Tiere und Pflanzen über Generationen verändern. Die Unveränderbarkeit der Arten gilt in Wissenschaft, Kirche und Gesellschaft als unumstößliche Wahrheit und so sieht Darwin zunächst davon ab, seinen Essay zu veröffentlichen. Bis zu seinem berühmtesten Buch *Die Entstehung der Arten*, das seine Thesen ausführlich darlegt, werden weitere fünfzehn Jahre der Forschung und des Sammelns von Fakten vergehen. Doch in einem Kapitel seiner Aufzeichnungen mit dem Titel »Über die Variation der Lebewesen im Naturzustand und über die natürlichen Mittel der Zuchtwahl« behandelt er schon jetzt den grundlegenden Mechanismus der Evolution: Darwin erkennt, dass es die natürliche Selektion ist, die in der Natur eine zentrale Rolle bei der Veränderung von Tieren und Pflanzen spielt. Der Tragweite seines Textes ist er sich bewusst. Selbst wenn er danach nie wieder etwas geschrieben hätte, hätte diese erste Theorie der Evolution ihn wahrscheinlich berühmt gemacht.

Die Entdeckung ist umso erstaunlicher, als Darwin erst 35 Jahre alt ist und alles andere als ein Naturforscher werden sollte. Charles Robert Darwin wird am 12. Februar 1809 im mittelenglischen Shrewsbury geboren. Er ist das sechste Kind von Susannah und Robert Darwin, sein Vater ist ein angesehener Arzt. Die Familie zählt zur Oberschicht und führt ein wohlhabendes Leben. Darwins Mutter ist die Tochter des Keramik-Barons Josiah Wedgwood, und sein Großvater Erasmus Darwin erregt als Freidenker, Poet, Arzt, Atheist, wissenschaftlicher Autor und technikbegeisterter Erfinder einiges Aufsehen.

»Ich glaube, ich war in vielen Beziehungen ein böser Bube«, schreibt Darwin gegen Ende seines Lebens in seiner Autobiografie. Als Kind sucht er beständig die Aufmerksamkeit. Er versteckt Dinge, um sie gestohlen zu melden und anschließend wiederzufinden. Als Darwin acht Jahre alt ist, stirbt seine Mutter. Fortan übernehmen seine älteren Schwestern den Großteil der Erziehung. Sie sind tiefgläubig und neigen zur Überkorrektheit, worauf Charles mit Aufsässigkeit reagiert. Sein Vater begegnet ihm sowieso mit Strenge.

1818 folgt Charles seinem älteren Bruder Erasmus auf die Public School, einem Internat für die Kinder der Oberschicht. Der Lehrplan besteht in erster Linie aus klassischen Sprachen. »Nichts hätte für die Entwicklung meines Geistes schlimmer sein können«, schreibt Darwin. Er beschäftigt sich lieber mit seinen Sammlungen von Muscheln, Mineralien, Münzen und Siegeln. Auch Pflanzen finden bereits seine Aufmerksamkeit, Darwin fragt oft nach ihren Namen. 1819 kommt auf einem Ausflug nach Wales eine Insektensammlung dazu. 1822 schafft sich sein Bruder ein Chemielabor an und begeistert auch Charles dafür. Zwei Jahre später verlieren alle bisherigen Hobbys ihre Faszination: Darwin entdeckt die Jagd.

In den folgenden Jahren entwickelt sich Darwin zu einem leidenschaftlichen und sehr guten Schützen. Er geht auf die Jagd wann immer er kann – am liebsten in Staffordshire, dem Stammsitz der Familie seiner Mutter. Bei den Wedgwoods ist die Atmosphäre wesentlich entspannter als zu Hause. Darwins neue Passion hat zur Folge, dass seine schulischen Leistungen noch bescheidener ausfallen, als sie sowieso schon gewesen sind. »Du hast kein anderes Interesse als Schießen, Hunde und Rattenfangen, und du wirst dir selbst und der ganzen Familie zur Schande werden«, schimpft der Vater 1825. Er nimmt seinen Sohn zwei Jahre vor dem Abschluss aus dem Internat und schickt ihn auf die Universität Edinburgh. Der Junge soll etwas Anständiges werden – und zwar das Gleiche wie der Vater: Arzt.

In Edinburgh haben bereits Darwins Vater und Großvater ihre Ausbildung erhalten. Der jüngste Sprössling der Familie entwickelt keine Begeisterung für das Medizinstudium. Die Vorlesungen findet er »unerträglich langweilig«, und er fragt sich, warum er überhaupt einen Beruf ergreifen sollte. »Bald nach dieser Zeit kam ich zu der Überzeugung, dass mir mein Vater Vermögen genug hinterlassen würde, um mit einiger Bequemlichkeit davon zu leben«, schreibt Darwin. Die Visiten im Operationssaal verleiden ihm das Studium vollends. Beim Anblick von Blut muss er sich fast übergeben, bei einer Operation an einem Kind flüchtet er aus dem Saal. Lieber lernt er bei einem ehemaligen Sklaven aus Guinea das Ausstopfen von Tieren, um seine Jagdtrophäen angemessen zu präsentieren. Der Vater warnt Ende des ersten Studienjahres: »Wenn du nicht aufhörst, dich deinen Neigungen hinzugeben, wird dein Studium vollständig sinnlos sein.«

Der Vater behält nur bedingt recht. Zwar betreibt Darwin das Medizinstudium weiter ohne jede Motivation. Doch statt in die Vorlesungen zu gehen, beginnt er sich mit Biologie zu beschäftigen. Aus einem Hobby, den Sammlungen der Kindheit, wird in Edinburgh ein echtes Interesse. Darwin tritt einem naturhistorischen Studierendenklub bei, der Plinian Society. Hier finden hochtrabende Diskussionen zwischen religiösen und freigeistigen Studierenden statt. Die einen erklären die Welt durch Gott, die anderen durch physikalische Gesetze. Darwins Faszination für die Biologie wächst, als er das Klubmitglied Robert Grant kennenlernt.

Grant ist ein weit gereister Naturforscher, der sich auf wirbellose Meerestiere spezialisiert hat und große Stücke auf die französischen Evolutionisten hält. Im Anschluss an die Revolution von 1789 haben in Frankreich eine ganze Reihe von Wissenschaftlern die biblische Schöpfungsgeschichte außer Kraft gesetzt – ganz anders als im reaktionären Großbritannien, wo die Macht der Kirche intakt geblieben ist. Grants Vorbild ist der Biologe Jean-Baptiste Lamarck, und auch wenn dessen Theorie der Evolution erhebliche Schwächen aufweist, ist er der modernste Denker auf diesem Gebiet. Außerdem schätzt Grant das Buch *Zoonomia* von Darwins Großvater Erasmus, in dem es ebenfalls evolutionäre Anklänge gibt. Der sechzehn Jahre ältere Robert Grant wird der erste wichtige Mentor Darwins.

Beide unternehmen Spaziergänge an der Küste, um Schwämme, Polypen oder Mollusken zu sammeln und zu sezieren. Darwin schafft Tiere heran, indem er Fischerboote aufs Meer hinaus begleitet und den Fang durchsucht. Das Talent, sich auf unkonventionellen Wegen Material zu besorgen, begleitet ihn sein Leben lang. Grant beginnt damals international Karriere zu machen, seine Aufsätze werden – ein Ritterschlag – ins Französische übersetzt. Unter seiner Anleitung stellt Darwin Anfang 1827 erste eigene Untersuchungen an.

Er findet heraus, dass die kleinen schwarzen Lebewesen im Inneren von Austernmuscheln, die man bisher für Seegrassporen gehalten hat, tatsächlich die Eier des Seerüsselegels sind. Grant macht die Entdeckung in einer Naturhistorischen Gesellschaft für Mediziner bekannt und erwähnt Darwin lobend in einer Veröffentlichung. Am 27. März 1827 schließlich hält Darwin seinen ersten eigenen Vortrag. In der Plinian Society referiert er über die Eier des Seerüsselegels und berichtet von einer weiteren Entdeckung: Er hat beobachtet, dass die Larven eines Moostierchens mittels winziger Wimpern schwimmen können.

Es ist nicht ganz klar, wie stark die Begegnung mit Lamarcks evolutionärem Gedankengut Darwin beeinflusst. Später betont er oft, dass er damals noch an die Unveränderbarkeit der Arten geglaubt hat. Die *Zoonomia* seines Großvaters beeindruckt ihn als Student wenig, und in der Autobiografie spielt er die Bedeutung Grants herunter. Doch das ist eher die Folge eines späteren Zerwürfnisses: Als Darwin selbst ein angesehener Wissenschaftler ist, stört ihn die Radikalität seines früheren Mentors. Grants Begeisterung für Lamarck mag wenig auf Darwin abgefärbt haben, doch dessen Entwicklung zum Naturforscher beeinflusst er stark.

Im zweiten Studienjahr interessiert sich Darwin nicht nur für Meeresbiologie. Er belegt eine Veranstaltung in Naturhistorik und verbringt viele Stunden im Naturhistorischen Museum. Er kommt in Kontakt mit dem Werk des Schweizer Botaniker Augustin de Candolle, der ein System zur Klassifikation von Pflanzen entwickelt hat und den er in »Über die Variation der Lebewesen im wilden Zustand und über die natürlichen Mittel der Zuchtwahl« erwähnt. Lauter nützliche Kenntnisse – auch wenn Darwin noch nicht weiß wofür. Der Arztberuf kommt für ihn jedenfalls nicht infrage. Im April 1827 verlässt Darwin die Universität ohne Abschluss.

Nach einer Reise auf den Kontinent kehrt der Studienabbrecher im Herbst 1828 zu seinem Lieblingsvergnügen zurück. »Ich versuchte mich zu überreden, dass das Schießen beinahe ein intellektuelles Vergnügen sei«, schreibt Darwin in seiner Autobiografie, »es erforderte so viel Geschicklichkeit zu beurteilen, wo das meiste Wild zu finden sei, und die Hunde gut zu führen«. Der Vater ist anderer Meinung. Er hat keineswegs die Absicht, seinen Sohn als Bonvivant durchzufüttern. Also verfügt er, Darwin solle Pfarrer werden.

»Wenn ich daran denke, wie heftig ich von den Orthodoxen angegriffen worden bin, so erscheint es mir spaßig, dass ich einmal beabsichtigt habe, Geistlicher zu werden«, amüsiert sich Darwin als erfolgreicher Wissenschaftler. Damals ist die Idee fast schon eine letzte Chance: In der Kirche kommen viele gescheiterte Söhne reicher Väter unter. Das Auskommen ist gut und der Arbeitsaufwand gering, sodass genug Zeit für die Jagd oder das Interesse an Naturhistorik blieb. In der Tat sind in England viele Wissenschaftler gleichzeitig Landpfarrer. Für die Stelle kann der Vater sorgen: Gemeinden werden damals versteigert. Das einzige, was Darwin tun muss, ist ein entsprechendes Studium zu absolvieren.

Anfang 1828 beginnt er damit in Cambridge. Heute ist die Universität eine der besten der Welt, damals dient sie in erster Linie der Priesterausbildung. Die meisten Professoren sind Geistliche, und die anglikanische Kirche besetzt die Lehrstühle. Überhaupt müssen sich alle Studierenden zum anglikanischen Glauben bekennen, was Darwin zunächst schwerfällt. Immerhin gibt es in seiner Familie eine starke Tendenz zum Unitarismus, der Rückbesinnung auf ein egalitäres Christentum – aus der Sicht überzeugter Anglikaner fast schon Ketzerei.

Das Studium in Cambridge ist wie früher die Public School in Shrewsbury von Griechisch und Latein dominiert. »Während der drei Jahre, die ich in Cambridge zubrachte, war meine Zeit, was die akademischen Studien anbelangt, ebenso vollständig verschwendet wie in Edinburgh und in der Schule«, schreibt Darwin. Eine ganze Weile gehört er zu den trinkfreudigen Studierenden, die ihre Zeit in der Kneipe verbringen. »Reiten und Spazieren am Morgen, Black Jack in höchst abscheulichem Ausmaß am Abend bilden den eleganten und lehrreichen Verlauf meines Leben«, schreibt er an seinen älteren Vetter William Darwin Fox, der ebenfalls in Cambridge studiert. »Gott helfe mir!«

Aber wie in Edinburgh geht Darwin außerhalb seines Studiums dem Interesse an Naturhistorik nach. Fox animiert ihn zum Käfersammeln, das in England eine weitverbreitete Mode ist. Beide versuchen sich beim Entdecken unbekannter Käfer gegenseitig zu überbieten. Wieder legt Darwin bemerkenswerten Einfallsreichtum an den Tag. »Ich stellte einen Arbeiter an, während des Winters das Moos von alten Bäumen abzukratzen und in einen Sack zu tun und ferner den Abfall auf dem Boden der Boote zu sammeln, in denen Schilf aus den Sümpfen geholt wurde«, berichtet er. So findet er seltene Exemplare. Anschließend konsultiert er die Fachliteratur, um die Käfer zu klassifizieren.

Dank seinem Eifer bringt Darwin es schnell zu einer außergewöhnlichen Sammlung. 1829 fährt er mit seinem Bruder Erasmus nach London, um die bedeutendsten Entomologen ihrer Zeit zu besuchen. Einer von ihnen, James Francis Stephens, erwähnt Darwin in einem Standardwerk. »Kein Dichter hat eine größere Freude beim Anblick seines ersten gedruckten Gedichts empfunden, als ich es empfand, als ich in Stephens ›Illustrations of British Insects‹ die magisch wirkenden Worte sah: ›gefangen von C. Darwin, Esq.‹«, berichtet der Finder in der Autobiografie. Entscheidend für Darwins Karriere sind jedoch zwei andere Ereignisse: die Bekanntschaft mit dem Botanik-Professor John Stevens Henslow und die Lektüre der Reiseberichte Alexander von Humboldts.

Darwin hat Henslows Vorlesungen gehört und an einigen seiner Exkursionen teilgenommen. Durch Fox erhält er Zugang zu den naturhistorischen Abenden, an denen der Professor einmal die Woche Studierende und Kollegen zu sich nach Hause einlädt. Henslow ist damals erst 32 Jahre alt und hat einen guten Draht zu den Studierenden. »Er besaß die bemerkenswerte Fähigkeit, dass die jungen Leute sich bei ihm völlig wohlfühlten, obwohl wir voller Ehrfurcht vor der Menge seines Wissens waren«, schreibt Darwin 1862 in »Memoir of the Rev. John Stevens Henslow«, einer Gedenkschrift nach dessen Tod.

Darwin ist bald regelmäßiges Mitglied dieser Abende, und mit der Zeit wird er Henslows Lieblingsschüler. Die beiden unternehmen so viele gemeinsame Spaziergänge, dass Darwin unter den Professoren als »The man who walks with Henslow« bekannt wird. Es ist auffällig, dass der junge Darwin während seines Studiums immer eines älteren Mentors bedarf, um nachhaltiges Interesse an einer Sache zu entwickeln. In Edinburgh ist es Robert Grant, in Cambridge sind es erst William Fox und dann Henslow. Aus sich selbst heraus ist Darwin wenig kreativ. Wenn einer seiner Katalysatoren verschwindet, wie Fox nach dessen Examen, verfällt er wieder in Müßiggang.

Henslow ist der richtige Mann, um Darwins Selbstbewusstsein auf die Sprünge zu helfen. »Egal wie absurd ein Fehler sein mochte, er machte einen so klar und freundlich darauf aufmerksam, dass man ihn keineswegs entmutigt, sondern nur in der Entschlossenheit verließ, beim nächsten Mal sorgfältiger zu sein«, beschreibt Darwin. Besonders bewundert er Henslows Fähigkeit, aufgrund vieler minutiöser Beobachtungen Schlussfolgerungen zu ziehen. Darwin wird sich in dieser Hinsicht als äußerst gelehriger Schüler erweisen.

Im März 1830 steht das erste Examen an. Darwin merkt, dass er endlich etwas tun muss und besteht nach einem mehrwöchigen Lernmarathon. Seine Reaktion: »Der Himmel sei den Käfern und Mister Jenyns gnädig.« Leonard Jenyns ist der Schwager Henslows, Pfarrer, Naturforscher und der Mann mit der größten Käfersammlung in Cambridge. Im Januar 1831 findet die zweite Prüfung statt, Darwin besteht sie ebenfalls. Er hat sich inzwischen an den Gedanken gewöhnt, eine Pfarrei zu übernehmen – das Beispiel Jenyns zeigt, dass sich Beruf und Passion vereinbaren ließen. Auch Henslow hat Theologie studiert und betreut ab 1837 parallel zum Professorenamt eine Gemeinde. Darwins Vetter Fox wird ebenfalls Geistlicher.

Um diese Zeit erhält Darwins wissenschaftliches Interesse den zweiten entscheidenden Anstoß. Henslow hat ihm den südamerikanischen Reisebericht von Alexander von Humboldt empfohlen, und Darwin liest ihn mit Begeisterung. »Dieses Buch und Sir John Herschels Einführung in das Studium der Naturwissenschaft weckten in mir das glühende Bestreben, einen Beitrag, und wenn auch nur den allerbescheidensten, für das erhabene Gebäude der Naturwissenschaften zu liefern«, schreibt Darwin. »Kein anderes Buch oder ein Dutzend anderer hatte auch nur annähernd einen solchen Einfluss auf mich wie diese beiden.«

Vor allem weckt Humboldt Darwins Reiselust. Dessen Beschreibung der Kanarischen Inseln veranlasst ihn, mit Henslow und einigen Studienfreunden einen Ausflug dorthin zu planen. Darwin beginnt Spanisch zu lernen und belegt Geologie-Vorlesungen bei Adam Sedgwick. Henslow empfiehlt seinen Schüler außerdem als Begleiter für eine Wales-Expedition, die Sedgwick plant. Dort bekommt Darwin im August 1831 einen Schnellkurs in geologischer Praxis und lernt, Gesteinsschichten zu unterscheiden. Plötzlich entwickelt er großes Interesse an einem Fach, das er in Edinburgh noch stinklangweilig gefunden hat.

Obwohl Henslow wegen der Geburt seines ersten Kindes abgesagt hat und nur ein Reisegefährte übrig geblieben ist, wächst Darwins Vorfreude auf die Kanaren mit jedem Tag. »Die meisten meiner Freunde wünschen, ich wäre dort, weil ich sie mit dem Gerede über tropische Landschaften belästige«, schreibt er. Doch dann erreicht ihn die Nachricht, dass sein Begleiter Marmaduke Ramsay gestorben ist. Während Darwin noch deprimiert überlegt, ob er die Kanaren allein erforschen soll, trifft am 29. August 1831 ein Brief Henslows ein, der einen Ausflug anderen Kalibers in Aussicht stellt: eine Reise um die Welt.

Die Königliche Admiralität will das Vermessungsschiff »Beagle« nach Südamerika schicken, und gesucht wird in erster Linie ein gebildeter Konversationspartner für den Kapitän. Wenn der Mann gleichzeitig Wissenschaftler ist, umso besser. Henslow hat die Sache ins Rollen gebracht. »Ich habe erklärt, dass Sie die am besten geeignete mir bekannte Person sind, von denen die für ein solches Unternehmen infrage kämen«, schreibt er. »Ich gründe diese Behauptung nicht auf die Annahme, dass Sie ein voll ausgebildeter Naturforscher wären, sondern reichlich qualifiziert dazu, zu sammeln, zu beobachten und alles das festzuhalten, was auf dem Gebiete der Naturgeschichte festhaltenswert ist.«

Darwin ist Feuer und Flamme. Die Stellenbeschreibung scheint wie auf ihn zugeschnitten: Als Gentleman entspricht er den Anforderungen von Kapitän Robert FitzRoy, und auf seinem Irrweg durch die Universitäten hat er sich zwar fragmentarische, aber in der Summe beachtliche wissenschaftliche Kenntnisse angeeignet. Er ist Schüler des besten englischen Meeresbiologen gewesen und kennt sich in Geologie, Botanik und Zoologie aus. Noch dazu kann er gut schießen und ausstopfen, um unbekannte Tiere mit nach England zu bringen.

»Die Reise der ›Beagle‹ ist das bei Weitem bedeutungsvollste Ereignis in meinem Leben gewesen und hat meine ganze Karriere bestimmt«, urteilt Darwin rückblickend. In Südamerika gewinnt er alle wichtigen Denkanstöße zur

Evolutionstheorie, und es ist nicht völlig ausgeschlossen, aber sehr unwahrscheinlich, dass er sie ohne die Reise von 1831 – 1836 entwickelt hätte. Sicherlich wäre aus Darwin auch so ein guter Naturwissenschaftler geworden – aber nicht der weltberühmte Denker, als den wir ihn heute kennen.

Insofern sind die Umstände der Reise ein bemerkenswerter Beleg für die produktiven Zufälle der Wissenschaftsgeschichte. Zunächst wird der Posten auf der »Beagle« Henslow und Jenyns angeboten. Beide lehnen ab. Dann ist der Vater dagegen. Darwin hat schon abgesagt, als sein Vater sich durch eine Intervention von Schwager Josiah Wedgwood doch überzeugen lässt. Auf die erneute Zusage folgt ein Brief FitzRoys, eigentlich sei der Posten längst an einen Freund vergeben. Erst als der zurückzieht, ist der Weg für Darwin frei. »Was habe ich für Wendungen erlebt«, schreibt er an Henslow, »bis heute habe ich Luftschlösser rund um die Fuchsjagd in Shropshire errichtet, und jetzt sind es Lamas in Südamerika«.

Die folgenden Monate verbringt Darwin damit, zu packen und sich von der Familie zu verabschieden. Er legt sich eine umfangreiche wissenschaftliche Ausrüstung zu und bekommt von Experten Tipps zur Konservierung von Fischen und Pflanzen. Henslow schenkt ihm zum Abschied eine Ausgabe von Humboldts Reise und rät ihm, sich die *Principles of Geology* von Charles Lyell zuzulegen. Am 27. Dezember 1831 legt die »Beagle« aus Plymouth ab.

Der Beginn der Reise verläuft wenig vielversprechend. Darwin ist schwer seekrank, und als die »Beagle« in Teneriffa Station macht, wird das Schiff wegen einer Cholera-Epidemie in England unter Quarantäne gestellt. Darwin ist am Boden zerstört, weil er die Kanaren nicht sehen wird. Dafür entschädigt der tropische Wald, als das Schiff am 28. Februar 1832 in Bahia einläuft. »Entzücken allein ist ein schwacher Begriff, um die Empfindungen eines Naturforschers auszudrücken, der zum ersten Mal allein durch einen brasilianischen Wald gewandert ist«, schreibt er in seinem Reisebericht. Und in einem Brief an Henslow: »Zuvor habe Humboldt ich bewundert, nun bete ich ihn beinahe an; er allein gibt eine Vorstellung von den Gefühlen, die im Geist beim ersten Betreten der Tropen geweckt werden«.

Die Sklaverei dagegen stößt Darwin in Brasilien ab. »Es bringt das Blut in Wallung und lässt doch das Herz erbeben, dass wir Engländer und unsere amerikanischen Abkömmlinge mit ihrem prahlerischen Freiheitsgeschrei dessen schuldig waren und sind«, schreibt er. Über das Thema gerät er mit FitzRoy ernsthaft in Streit, fast will ihn der Kapitän von Bord werfen. Die Darwins sind Whigs, die Liberalen jener Zeit, während FitzRoy erzkonservativ denkt.

Der Begriff Weltumsegelung ist bei Darwin nicht falsch, aber irreführend. Die »Beagle« soll für die Handelsschiffe des Empires die Häfen und Küsten Südamerikas vermessen und bleibt fast vier Jahre in diesen Gewässern, bevor sie über Australien nach England zurückkehrt. Während das Schiff die Küste herauf- und herunterfährt, verbringt Darwin die meiste Zeit an Land. Dabei legt er im Zuge seiner Studien viele Hundert Meilen zu Pferd zurück.

Auf den ersten Etappen lauscht Darwin Grillen, experimentiert mit Leuchtkäfern und beschreibt Ameisen, Spinnen und Wespen. Er nimmt Proben von Kleinstlebewesen, die das Kielwasser verfärben und fängt einen Hai. Er widmet sich Aasfressern, Spottdrosseln und sammelt Pflanzen im Wald. Zu finden gibt es viel. »Heute war ich unterwegs und kam zurück wie die Arche Noah«, berichtet er Henslow. Selbst die Flinte vermisst er nicht mehr: »Ich machte die Entdeckung, obgleich ohne es zu merken, dass das Vergnügen zu beobachten, zu schließen und zu urteilen viel höher stand als das der Geschicklichkeit des Jagens.«

Allerdings ist Darwin anfangs noch sehr verunsichert. »Eine große Quelle der Verwirrung für mich ist die völlige Unwissenheit, ob ich die richtigen Fakten notiere und ob sie von genügender Bedeutung sind, um andere zu interessieren«, schreibt er im Mai 1832 aus Rio an Henslow. Im August und November gehen aus Montevideo die ersten Kisten mit Tierfellen, getrockneten Pflanzen, Gesteinsproben, Fossilien und konservierten Tieren nach England. Henslow sammelt und sichtet die Funde. Er kann Darwin beruhigen – doch der erhält den Brief erst anderthalb Jahre später. »Ich begann schon zu glauben, meine Sammlungen wären derart armselig, dass Sie nicht wissen was Sie sagen sollen«, antwortet Darwin.

Besonders angetan haben es Henslow die Fossilien, die Darwin in der Bucht von Punta Alta ausgegraben hat. Es sind Fragmente großer Säugetiere. Henslow stellt sie in der Geologischen Sektion der British Association for the Advancement of Science aus, einer jährlichen Forscherversammlung. Dort erregen sie einiges Aufsehen. Wenn an die Evolutionstheorie gedacht wird, fällt meist das Stichwort Galapagosinseln. Doch es sind auch die südamerikanischen Fossilien, die Darwin an der Unveränderbarkeit der Arten zweifeln lassen.

Die geologische Beobachtungen und die Lektüre Lyells spielen ebenfalls eine Rolle. An der Universität hat Darwin gelernt, dass abrupte, katastrophale Veränderungen die Oberfläche der Erde geformt hatten. In den *Principles of Geology* steht genau das Gegenteil. Anhand der südamerikanischen Landschaft kommt Darwin zum gleichen Schluss: Der Kontinent ist in einer langsamen Bewegung aus dem Meer aufgestiegen. Die kaum wahrnehmbare Veränderung über einen langen Zeitraum wird die Blaupause für die Mutation der Tiere.

Darwins Reise ist nicht ungefährlich. Nördlich und südlich des Rio de la Plata herrschen chaotische Zustände. Regelmäßig kommt es zu Regimewechseln, auf dem Land herrscht ein Guerillakrieg zwischen Einheiten eingewanderter Europäer (»eine solch schurkische, banditenartige Armee ward nie zuvor zusammengestellt«) und den Ureinwohnern. Darwin wird unmittelbarer Augenzeuge des Genozids an den Indios, den er verurteilt. Er reitet enorme Strecken mit den argentinischen Gauchos, häufig durch Kriegsgebiet. In Buenos Aires und Montevideo gerät Darwin in Revolutionswirren. Als die »Beagle« im Frühjahr 1833 von den Falklandinseln für Reparaturen nach Montevideo zurückkehrt, konstatiert Darwin, in der Stadt sei nicht viel passiert – »abgesehen von ein paar Revolutionen«.

Im Reisebericht *Die Fahrt der »Beagle«*, den Darwin nach der Rückkehr verfasst, wechseln sich naturwissenschaftliche Erkenntnisse mit landeskundlichen und politischen Beobachtungen ab. Darwin streut Anekdoten wie seinen Versuch ein, die Bolas – die klassischen südamerikanischen Jagdinstrumente – zu schwingen: »Die Gauchos brüllten vor Lachen.« Allerdings verschweigt er die Seekrankheit und das Heimweh. Mehrmals überlegt er, die Reise abzubrechen. Besonders zu Henslow entwickelt er in diesen Jahren eine sehr enge Beziehung. Der gibt der Reise durch ihren Briefwechsel einen Sinn und bestärkt ihn darin, durchzuhalten. Darwin nennt ihn in seinen Briefen wiederholt »meinen obersten Admiral«.

Allmählich verlagert sich die Expedition nach Süden. Im unwirtlichen Feuerland an der Spitze des Kontinents kommt Darwin in Kontakt mit den Ureinwohnern. »Es waren die erbärmlichsten und elendigsten Wesen, die ich jemals erblickt hatte«, schreibt Darwin. »Angesichts solcher Männer vermag man sich kaum einzureden, dass dies Mitmenschen und Bewohner ein und derselben Welt sind.« Die Begegnung bleibt Darwin im Gedächtnis. Jahrzehnte später, als er die Abstammung des Menschen erforscht, greift er sie wieder auf.

Kapitän FitzRoy hat auf einer vorigen Reise drei Feuerländer mit nach England gebracht, die ihren Stammesgenossen nun die Segnungen der Zivilisation nahebringen sollen. Das Experiment scheitert auf der ganzen Linie. Als das Forschungsschiff mehrere Monate später erneut in der Gegend ist, sehen die Neuankömmlinge wieder genauso verwahrlost aus wie vor ihrem Ausflug nach England. Einer der Feuerländer von der »Beagle« heißt Jemmy Button. Sein Name und seine Geschichte werden 125 Jahre später das Vorbild für die Gestalt des Jim Knopf aus dem Kinderbuch *Jim Knopf und Lukas der Lokomotivführer* von Michael Ende.

Im Juni 1834 erreicht die »Beagle« den Pazifik und setzt ihre Vermessungen an der Westküste Südamerikas fort. Wieder verbringt Darwin die meiste Zeit an Land, um Flora und Fauna zu erforschen. Besonders interessiert ihn um diese Zeit auch die Geologie der Anden. Anfang 1835 beobachtet er interessiert einige simultane Vulkanausbrüche. Im Februar wird er Zeuge eines Erdbebens, das Concepción und Talcuana nahezu vollständig zerstört. »Beide Städte boten das schrecklichste und dabei auch interessanteste Schauspiel, das ich je gesehen habe«, schreibt er. Das Beben untermauert seine These vom aufsteigenden Kontinent: Die gesamte Küstenregion liegt plötzlich mehrere Fuß höher.

Im März 1835 bricht Darwin zu einer spektakulären Expedition auf: Er überquert mit zehn Maultieren, einem Pferd und zwei Führern die Anden auf zwei ihrer höchsten Pässe. Darwin findet in großer Höhe einen versteinerten Wald und Muschelschichten, dazu führt er Buch über die Gesteinsschichten. Die Szenerie beeindruckt ihn. Auf über 4.000 Meter Höhe notiert er: »Es war, als betrachte man ein Gewitter oder lauschte bei vollem Orchester einem Chor des Messias« – Darwin liebt Händel. Ende März kommt er in der Ebene jenseits der Anden an und reist Anfang April über einen anderen Pass zurück. Der Ausflug bringt Darwin viele neue geologische Erkenntnisse. »Vor lauter Nachsinnen über meine Arbeit konnte ich nachts buchstäblich nicht schlafen«, schreibt er an seine Schwester Susan.

Zwischendurch überkommen Darwin immer wieder Zweifel, welchen Beruf er ergreifen sollte. Einerseits wächst im Laufe der Reise Darwins Selbstbewusstsein als Naturforscher. In der Good Success Bay in Feuerland spielt er zum ersten Mal mit dem Gedanken an eine wissenschaftliche Karriere. Später ermutigt ihn FitzRoy, sein Tagebuch zu veröffentlichen, nachdem Darwin daraus vorgelesen hat. Andererseits mahnen die Schwestern in ihren Briefen regelmäßig, der Theologie treu zu bleiben. Und Darwin kann sich ausmalen, was sein Vater denkt. Der finanziert nach zwei Studien jetzt auch noch die Reise. »Ich sehne mich so sehr danach, zurückzukommen«, schreibt Darwin 1835 an Fox, »doch ich wage kaum in Richtung Zukunft zu blicken, denn ich weiß nicht, was aus mir werden soll.«

Nach Stationen in Peru kommt die »Beagle« am 17. September 1835 auf den Galapagosinseln an. Darwins Aufenthalt wird häufig so dargestellt, als sei ihm schlagartig die Idee von der Veränderbarkeit der Arten gekommen. Richtig ist: Die Pflanzen und Tiere der Inseln, die Darwin sammelt, bilden einen wichtigen Baustein seiner Theorie. Doch während er dort ist, bemerkt er ihre Besonderheiten noch nicht oder misst ihnen keine große Bedeutung bei.

Auf dem Archipel gibt es eine völlig eigene Tier- und Pflanzenwelt, wobei viele Arten eine Verwandtschaft mit denen des südamerikanischen Festlandes aufweisen. Das deutet auf eine eigenständige Entwicklung der Flora und Fauna auf dem abgeschiedenen Archipel hin. Mehr noch: Viele Tiere sehen auf einer Insel anders aus als auf einer anderen. Selbst jede einzelne Insel hat offenbar das Vermögen, eigene Arten und Varietäten hervorzubringen.

Darwin hat zwar viele Exponate gesammelt, aber bei den meisten nicht notiert, von welcher Insel dieses oder jenes Tier stammt. Bei den Vögeln zum Beispiel, die heute als Darwin-Finken berühmt sind, hat er die Fundorte nicht vermerkt. Nur bei den Spottdrosseln denkt er daran. In diesem Fall erkennt Darwin auch, dass es auf vier Inseln vier verschiedene Drosseln gibt. Doch die Fülle von Arten und Varietäten verwirrt ihn eher, als dass er analytische Schlüsse daraus zieht. Im Brief an Henslow, der den Aufenthalt auf der Inselgruppe zum Thema hat, weist nur ein Satz zaghaft auf die Bedeutung der Funde hin: »Ich schenkte außerdem den Vögeln viel Aufmerksamkeit, die ich für sehr sehr merkwürdig halte.«

Bei den Schildkröten des Archipels wird vollends deutlich, dass Darwin noch völlig im Dunkeln tappt. Er hat vom Vizegouverneur persönlich einen Hinweis erhalten: Der Mann behauptet, jede Insel an ihren Schildkröten zu erkennen. Darwin schenkt dem keinen Glauben, obwohl er es leicht nachprüfen könnte: FitzRoy lässt für die Reise über den Pazifik mehrere Dutzend Schildkröten als Proviant einfangen. Was Darwins zukünftiger Arbeit extrem nützlich sein könnte, wandert auf den Teller der Besatzung. Darwin isst eifrig mit. »Es ist das Los der meisten Reisenden, erst dann zu entdecken, was an einem Ort das Interessanteste ist, wenn sie sich wieder davon aufmachen«, erkennt er rückblickend.

Tahiti, Neuseeland, Australien und Tasmanien sind die nächsten Stationen der Reise. Ende März 1836 bricht die »Beagle« nach Südafrika auf. Darwin hat es inzwischen eilig, wieder heimzukommen. »Ich berechne und zähle jede Stunde der Heimreise, und einer verlorenen Stunde werden größere Folgen zugeschrieben als früher einer Woche«, schreibt er an seine Schwester Caroline. Auf der Fahrt durch den Indischen Ozean, auf den Keelinginseln, wird noch einmal seine geologische Leidenschaft geweckt. Große Korallenriffe umgeben die Inseln, und Darwin watet tagelang in ihnen herum. Seine Untersuchungen stützen die These, dass sich der Meeresboden langsam absenkt, während die Kontinente aufsteigen.

Die Wochen auf See verbringt Darwin damit, seine Sammlungen und Notizen zu ordnen und zu überarbeiten. Vom bloßen Beobachter hat Darwin sich längst emanzipiert. Wie Henslow versucht er, möglichst viele Fakten in eigenen Theorien zusammenzufassen. Manchmal hat er schon fertige Thesen im Kopf, bevor er die ersten Fakten zu Gesicht bekommen hatte. Das Ausformulieren fällt ihm schwerer. »Ich beginne soeben erst die Schwierigkeit zu entdecken, die es bedeutet, eigene Gedanken zu Papier zu bringen«, schreibt Darwin an seine Schwester Caroline. »Solange es sich nur um Beschreibung handelt, geht es hübsch leicht; doch wenn Schlussfolgerungen ins Spiel kommen, macht es mir große Schwierigkeiten, die richtigen Verbindungen, Klarheit und zumindest einen mäßig fließenden Stil zu finden.«

In Kapstadt trifft Darwin John Herschel, dessen naturwissenschaftliche Einführung er so begeistert gelesen hat. Der Beruf des Pfarrers verschwindet im Kielwasser der »Beagle«: Im Juli 1836 bittet Darwin von St. Helena aus Henslow, ihn für die Aufnahme in die Geologische Gesellschaft zu empfehlen. Kurz darauf steuert FitzRoy zur Überprüfung von Vermessungen noch einmal nach Bahia zurück. »Ich hasse die See und alle Schiffe, welche darauf segeln«, schreibt Darwin an Susan. Nach über vier Jahren Reisezeit hat er genug.

Am 2. Oktober trifft die »Beagle« endlich wieder in England ein. Darwin kann es kaum erwarten, seine Familie und Henslow wiederzusehen. Er hat die Reise als unsicherer junger Mann angetreten, der nicht weiß, was er will. Nun kehrt er selbstbewusst und mit einer naturwissenschaftlichen Sammlung zurück, die für eine ganze Karriere reichen wird.

»Zuvor habe ich Humboldt bewundert, nun bete ich ihn beinahe an; er allein gibt eine Vorstellung von den Gefühlen, die im Geist beim ersten Betreten der Tropen geweckt werden.«

Rio de Janeiro, 18. Mai 1832 an John Stevens Henslow

The Beagle in Murray Narrow, Beagle Channel von Conrad Martens
Das Aquarell erwirbt Darwin 1836.

H.M.S. BEAGLE

MIDDLE SECTION FORE AND AFT

1832

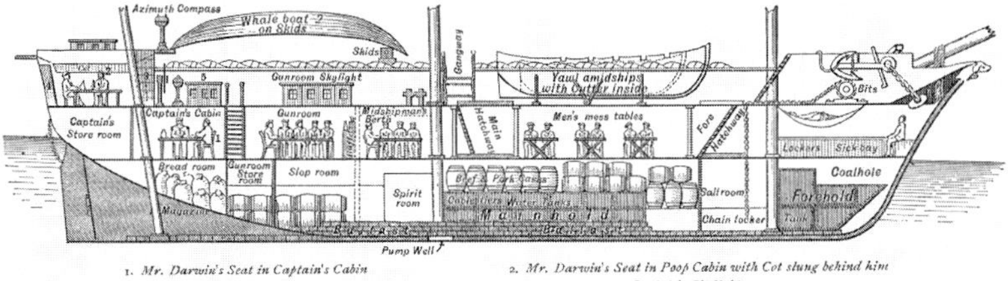

1. *Mr. Darwin's Seat in Captain's Cabin*
2. *Mr. Darwin's Seat in Poop Cabin with Cot slung behind him*
3. *Mr. Darwin's Chest of Drawers*
4. *Bookcase*
5. *Captain's Skylight*

UPPER DECK

1832

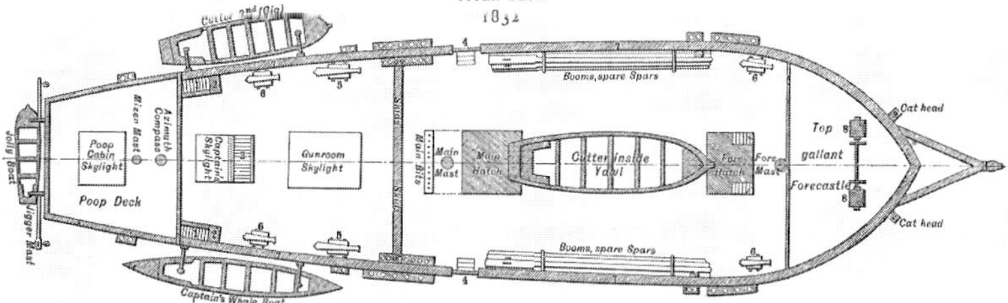

1. *Poop Ladders*
2. *Signal Flag Lockers*
3. *After Companion*
4. *Gangways*
5. *Brass nine pounders, Captain's private property*
6. *Six pounders*
7. *Hammock Nettings*
8. *Patent Windlass*

HMS Beagle 1832

27. September [1833] – Am Abend machte ich mich zu einer Exkursion nach Santa Fé auf, was nahezu dreihundert englische Meilen von Buenos Aires entfernt am Ufer des Parana liegt. Die Straßen in der Umgebung der Stadt waren nach dem Regenwetter außerordentlich schlecht. Ich hätte es nie für möglich gehalten, dass ein Ochsenkarren dort entlanggeschlichen wäre, jedenfalls erreichten sie kaum eine Meile in der Stunde, und dabei ging stets ein Mann voraus, um die beste Linie für die Unternehmung zu erkunden. Die Ochsen waren schrecklich abgeschunden: Es ist ein Fehler anzunehmen, mit verbesserten Straßen und einer gesteigerten Reisegeschwindigkeit nehme das Leid der Tiere in gleichem Maße zu. Auf der Straße nach Mendoza überholten wir einen Zug Karren und eine Herde Tiere. Die Entfernung beträgt ungefähr 580 geografische Meilen, und die Reise wird im Allgemeinen in fünfzig Tagen bewältigt. Diese Karren sind sehr lang, schmal und mit Schilf gedeckt; sie haben nur zwei Räder, deren Durchmesser in manchen Fällen bis zu zehn Fuß beträgt. Jeder wird von sechs Ochsen gezogen, die von einem mindestens zwanzig Fuß langen Stachelstock angetrieben werden; dieser ist unterm Dach aufgehängt; für die Deichselochsen gibt es einen kleineren, und für das mittlere Paar ragen im rechten Winkel Spitzen aus der Mitte des langen. Die ganze Vorrichtung sieht wie ein Kriegsgerät aus.

28. September – Wir gelangten durch die kleine Stadt Luxan, wo es eine Holzbrücke über den Fluss gibt – eine ganz ungewöhnliche Annehmlichkeit in diesem Land. Auch durch Areco kamen wir. Die Ebenen erschienen flach, waren es tatsächlich aber gar nicht, denn an verschiedenen Stellen war der Horizont fern. Die *estancias* liegen hier weit auseinander, denn es gibt wenig gutes Weideland, was daran liegt, dass das Land entweder von den Feldern eines scharfen Klees oder von großen Disteln überzogen ist. Letztere, aus Sir F. Heads lebhafter Beschreibung wohlbekannt, waren zu dieser Jahreszeit zu zwei Dritteln gewachsen; an manchen Stellen waren sie so hoch wie der Pferderücken, an anderen hingegen noch nicht aufgeschossen, und die Erde war kahl und staubig, wie auf einer Chaussee. Die Büschel trugen das leuchtendste Grün und sie gaben ein angenehmes Miniatur-Abbild gefurchten Waldlands ab. Wenn die Disteln ausgewachsen sind, sind die großen Felder undurchdringlich mit Ausnahme einiger weniger Pfade, die dann verschlungen wie in einem Labyrinth sind. Sie sind nur Räubern bekannt, welche zu dieser Jahreszeit darin hausen und des Nachts daraus hervorbrechen, um ungestraft zu rauben und Kehlen durchzuschneiden. Auf die Frage in einem Haus, ob die Räuber zahlreich

seien, sagte man mir: «Die Disteln stehen noch nicht hoch» – zunächst war die Bedeutung dieser Erwiderung nicht sehr einleuchtend. Es ist kaum interessant, diese Pfade aufzusuchen, denn bis auf die Viscacha und ihre Freundin, die Kanincheneule, leben dort nur wenige Tiere oder Vögel.

Die Viscacha[1] bildet, wie man weiß, ein auffallendes Merkmal der Zoologie der Pampas. Man trifft sie im Süden bis zum Rio Negro auf 41° S an, nicht jedoch darüber hinaus. Anders als das Aguti vermag sie auf den kiesigen und unfruchtbaren Ebenen Patagoniens nicht zu leben; sie bevorzugt einen Ton- oder Sandboden, der eine andere und reichere Vegetation hervorbringt. Bei Mendoza, am Fuße der Kordilleren, findet sie sich in enger Nachbarschaft mit der verwandten alpinen Art. Ihre geografische Ausbreitung ist insofern eigenartig, als sie, zum Glück für die Bewohner der Banda Oriental, nie östlich des Flusses Uruguay gesehen worden ist; dennoch gibt es in dieser Provinz Ebenen, die ihrer Lebensweise bestens zu entsprechen scheinen. Der Uruguay stellt für ihre Wanderung ein unüberwindliches Hindernis dar, obwohl die breitere Barriere des Parana überwunden wurde und die Viscacha in Entre Rios, der Provinz zwischen diesen beiden großen Flüssen, verbreitet ist. Bei Buenos Aires sind diese Tiere äußerst häufig. Ihr liebster Aufenthaltsort sind offenbar jene Teile der Ebene, die während der Hälfte des Jahres mit riesigen Disteln bedeckt sind, sodass andere Pflanzen ausgeschlossen sind. Die Gauchos versichern, dass sie von Wurzeln lebt, was aufgrund der großen Kraft ihrer Nagezähne und der Beschaffenheit der Orte, an denen sie sich aufhält, wahrscheinlich ist. Des Abends kommen die Viscachas zuhauf heraus und sitzen still am Eingang ihres Baus auf dem Hinterteil. Dann sind sie sehr zahm, und ein Mensch, der auf seinem Pferd vorbeireitet, scheint nur einen Gegenstand für ihre tiefsinnige Kontemplation zu bilden. Sie laufen sehr unbeholfen und ähneln, wenn sie vor einer Gefahr davonlaufen, mit dem hochgereckten Schwanz und den kurzen Vorderläufen stark großen Ratten. Ihr Fleisch ist, wenn zubereitet, sehr weiß und gut, wird aber selten gegessen.

Die Viscacha hat eine ganz auffallende Gewohnheit; sie schleift jeden harten Gegenstand zum Eingang ihres Baus: Um jede Gruppe Löcher herum sind viele Viehknochen, Steine, Distelstängel, feste Erdklumpen, trockener Dung usw. zu unregelmäßigen Haufen aufgeschichtet, die sich oftmals auf den Inhalt einer Schubkarre belaufen. Ein Herr hat mir glaubhaft versichert, er habe, als er im Dunkeln geritten sei, seine Uhr verloren; am Morgen sei er zurückgekehrt und habe die Umgebung eines jeden Viscacha-Lochs an der Straße abgesucht, worauf er sie, wie erwartet, schnell gefunden habe. Diese Gewohnheit, alles aufzuheben, was im Umkreis seiner Behausung liegt, muss große Mühen bereiten. Zu welchem Zweck das geschieht, vermag ich selbst im Entferntesten nicht zu vermuten: Zur Verteidigung kann es nicht sein, weil das Gerümpel hauptsächlich oberhalb der Öffnung des Baus abgelegt wird, welcher mit sehr geringer Neigung in die Erde geht. Zweifellos muss es einen geben; die Landbewohner indes kennen ihn nicht. Die einzige mir bekannte Analogie ist die Gewohnheit jenes außergewöhnlichen australischen Vogels, des *Calodera maculata*, aus Zweigen einen elegant gewölbten Durchgang zu machen, um darin zu spielen, und der im Umkreis alle Land- und Seemuscheln, Knochen und Federn von Vögeln sammelt, insbesondere bunte. Mr. Gould, der diese Fakten beschrieben hat, teilte mir mit, dass die Eingeborenen, wenn sie einen harten Gegenstand verloren haben, in diesen Spielpassagen suchen, und er weiß von einer Tabakspfeife, die so wiedergefunden wurde.

Die Kanincheneule *(Athene cunicularia)*, die schon so häufig erwähnt worden ist, bewohnt auf den Ebenen um Buenos Aires ausschließlich die Löcher der Viscacha; in der Banda Oriental hingegen ist sie ihr eigener Baumeister. Tagsüber, besonders aber abends, kann man diese Vögel in allen Richtungen häufig paarweise auf dem Hügel bei ihrem Bau stehen sehen. Bei einer Störung ziehen sie sich entweder in das Loch zurück oder stoßen einen schrillen, rauen Schrei aus und ziehen mit einem wunderlich wellenförmigen Flug ein Stückchen weiter, wo sie sich dann umdrehen und ihren Verfolger unverwandt ansehen. Gelegentlich kann man sie des Abends rufen hören. Im Magen von zweien, die ich öffnete, fand ich Reste von Mäusen, und einmal sah ich, wie eine kleine Schlange getötet und fortgetragen wurde. Schlangen sollen bei Tage ihre wichtigste Beute sein. Zur Veranschaulichung, welch unterschiedliche Nahrung Eulen zu sich nehmen, darf ich noch erwähnen, dass auf den Inseln des Chonos-Archipels Exemplare einer Art getötet wurden, die den Magen voller ansehnlicher Krabben hatten. In Indien[2] gibt es eine Fische fressende Eulengattung, die ebenfalls Krabben fängt.

Am Abend überquerten wir den Rio Arrecife auf einem einfachen Floß, welches aus zusammengeschnürten Fässern bestand, und schliefen in der Posthalterei auf der anderen Seite. An dem Tag bezahlte ich Pferdemiete für einunddreißig Wegstunden, und obwohl die Sonne glühend heiß brannte, war ich nur wenig ermüdet. Wenn Kapitän Head davon spricht, fünfzig Wegstunden am Tag zu reiten, kann ich mir nicht vorstellen, dass diese Strecke 150 englischen Meilen entspricht. Jedenfalls waren die einunddreißig Wegstunden nur 76 Meilen in gerader Linie, und in offenem Gelände würde ich vier zusätzliche Meilen für Richtungsänderungen als hinreichende Zugabe erachten.

29. und 30. September – Wir ritten weiter über Ebenen vom selben Gepräge. In San Nicolas sah ich erstmals den stattlichen Fluss Parana. Am Fuße des Plateaus, auf dem die Stadt steht, lagen etliche große Fahrzeuge vor Anker. Bevor wir in Rosario

anlangten, überquerten wir den Saladillo, einen Fluss mit schönem, klar fließendem Wasser, aber zum Trinken zu salzig. Rosario ist eine große Stadt, die auf einer völlig flachen Ebene gebaut ist, welche ein ungefähr sechzig Fuß über dem Parana gelegenes Plateau bildet. Der Fluss ist hier sehr breit und weist viele Inseln auf, die, ebenso wie das jenseitige Ufer, niedrig und bewaldet sind. Der Blick gliche dem auf einen großen See, wären nicht die länglich geformten Inselchen, welche allein schon eine Vorstellung von fließendem Wasser vermitteln. Die Steilhänge sind der pittoreskeste Teil; an manchen Stellen sind sie absolut senkrecht und von roter Farbe, dann sind sie wieder eine einzige zerklüftete Masse und mit Kakteen und Mimosenbäumen bestanden. Die wahre Pracht eines solch gewaltigen Flusses leitet sich indes aus der Überlegung ab, was für ein wichtiges Verkehrs- und Handelsmittel zwischen einer Nation und einer anderen er darstellt, über welche Entfernung er fließt und wie groß das Gebiet ist, aus dem er die gewaltige Menge Süßwasser zieht, die einem an den Füßen vorbeiströmt.

Über viele Wegstunden nördlich und südlich von San Nicolas und Rosario ist das Land vollkommen flach. Kaum etwas, was Reisende über seine extreme Flachheit geschrieben haben, kann als übertrieben gelten. Dennoch vermochte ich nie einen Ort zu finden, wo man, indem man sich langsam drehte, Gegenstände in manchen Richtungen nicht weiter entfernt sah als in anderen; das ist ein manifester Beweis für Ungleichheiten der Ebene. Auf dem Meer ist der Horizont für einen Menschen, dessen Auge sechs Fuß über der Wasserfläche ist, zwei und vier Fünftel Meilen entfernt. In ähnlicher Weise rückt der Horizont, je flacher die Ebene, desto näher, und dies zerstört meiner Meinung nach vollkommen die Erhabenheit, die man einer weiten flachen Ebene zugemessen hätte.

1. Oktober – Wir brachen bei Mondschein auf und erreichten bei Sonnenaufgang den Rio Tercero. Der Fluss wird auch der Saladillo genannt, und diesen Namen verdient er wohl, denn das Wasser ist brackig. Ich blieb den größeren Teil des Tages dort und suchte nach fossilen Knochen. Neben dem vollständigen Zahn eines Toxodons und zahlreichen verstreuten Wetzsteinen fand ich dicht beieinander zwei gewaltige Skelette, die aus dem senkrechten Hang des Parana scharf hervorstanden. Allerdings waren sie so stark zerfallen, dass ich lediglich kleine Fragmente eines der großen Backenzähne mitnehmen konnte; diese genügen jedoch als Beweis, dass die Überreste zu einem Mastodon gehörten, wahrscheinlich zu derselben Art wie jene, die einstmals die Kordilleren im oberen Peru in so großer Zahl bewohnt haben dürften. Die Männer, die mich im Kanu mitnahmen, sagten, sie hätten schon lange von diesen Skeletten gewusst und sich häufig gefragt, wie sie dorthin gelangt seien; da ihnen die Notwendigkeit einer Theorie bewusst war, kamen sie zu dem Schluss, dass

das Mastodon, ebenso wie die Viscacha, einmal ein Höhlentier gewesen sein muss! Am Abend ritten wir eine weitere Etappe und überquerten den Monge, einen weiteren brackigen Fluss, der die Reste der Erosion der Pampas mit sich führte.

2. Oktober – Wir gelangten durch Corunda, welches ob der Üppigkeit seiner Gärten eines der hübschesten Dörfer war, die ich sah. Von dort bis Santa Fé ist die Straße nicht sehr sicher. Die Westseite des Parana nach Norden hin ist nicht mehr bewohnt, weswegen die Indianer zuweilen so weit herabkommen und Reisenden auflauern. Dies wird auch durch die Landesnatur begünstigt, denn statt einer Grasebene gibt es dort offene Waldgebiete, die aus niedrigen stachligen Mimosen gebildet sind. Wir kamen an Häusern vorbei, die geplündert worden und seitdem verlassen waren, auch bot sich uns ein Anblick, den meine Führer mit großer Genugtuung betrachteten; es war, aufgehängt an einem Ast, das Skelett eines Indianers, dem die getrocknete Haut von den Knochen hing.

Am Morgen trafen wir in Santa Fé ein. Mit Überraschung beobachtete ich, welch großen Klimawechsel ein Unterschied von nur drei Grad zwischen hier und Buenos Aires bewirkte. Das zeigte sich an Kleidung und Gesichtsfarbe der Männer – an der gesteigerten Größe der *Ombu*-Bäume – an der Zahl neuer Kakteen und anderer Pflanzen – und insbesondere an den Vögeln. Binnen einer Stunde gewahrte ich ein halbes Dutzend Vögel, die ich in Buenos Aires nicht gesehen hatte. Angesichts dessen, dass es zwischen den beiden Orten keine natürliche Grenze gibt und das Land nahezu gleich ist, war der Unterschied weit größer, als ich erwartet hätte.

3. und 4. Oktober – An diesen beiden Tagen fesselten mich Kopfschmerzen ans Bett. Die gutmütige alte Frau, die mich versorgte, bat mich, etliche alte Arzneien zu versuchen. Es ist gängige Praxis, auf beide Schläfen ein Orangenblatt oder ein bisschen schwarzes Pflaster zu kleben; noch verbreiteter ist es, eine Bohne zu halbieren, die Hälften zu befeuchten und sie auf beide Schläfen zu legen, wo sie leicht haften. Es gilt als verkehrt, die Bohnen oder Pflaster zu entfernen, man lässt sie vielmehr abfallen, und manchmal, wenn ein Mann mit Flecken am Kopf gefragt wird, was das sei, antwortet er: »Ich hatte vorgestern Kopfschmerzen.« Viele der Heilmittel, welche die Menschen in diesem Land benutzen, sind grotesk und sonderbar, aber auch zu widerwärtig, um sie zu erwähnen. Eine der noch am wenigsten ekelhaften ist es, zwei Welpen zu töten, aufzuschneiden und sie auf beide Seiten eines gebrochenen Gliedes zu binden. Es besteht großer Bedarf an kleinen unbehaarten Hunden, die bei Kranken an den Füßen schlafen sollen.

Santa Fé ist eine stille Kleinstadt, sauber und ordentlich gehalten. Der Gouverneur, Lopez, war zur Zeit der Revolution gemeiner Soldat, ist aber nun seit siebzehn Jahren an der Macht. Diese Stabilität der Regierung liegt an seinem tyrannischen Gebaren, denn Tyrannei scheint für diese Länder noch immer besser geeignet als eine republikanische Staatsform. Die Lieblingsbeschäftigung des Gouverneurs ist Indianer jagen: Kurz davor metzelte er achtundvierzig nieder und verkaufte die Kinder zum Preis von £ 3 oder £ 4 das Stück.

5. Oktober – Wir überquerten den Parana nach Santa Fé Bajada, einer Stadt am gegenüberliegenden Ufer. Die Überfahrt dauerte einige Stunden, da der Fluss hier aus einem Labyrinth kleiner Läufe bestand, die durch niedrige, bewaldete Inseln getrennt waren. Ich hatte ein Empfehlungsschreiben für einen alten katalonischen Spanier, der mich mit ganz ungewöhnlicher Gastfreundschaft behandelte. Bajada ist die Hauptstadt von Entre Rios. 1825 zählte die Stadt 6.000 Einwohner und die Provinz 30.000; aber so wenig Einwohner es auch sind, hat doch keine Provinz mehr unter blutigen und verzweifelten Revolutionen gelitten. Man ist hier stolz auf Repräsentanten, Minister, ein stehendes Heer und Gouverneure: Es nimmt also nicht wunder, dass sie ihre Revolutionen haben. Eines künftigen Tages dürfte es eines der reichsten Länder La Platas sein. Sein Boden ist vielfältig und ergiebig, und seine nahezu inselartige Form gibt ihm durch die Flüsse Parana und Uruguay zwei großartige Verkehrsadern.

Ich wurde hier fünf Tage aufgehalten und verwandte die Zeit darauf, die Geologie der Umgebung zu untersuchen, die sehr interessant war. Am Fuß des Steilufers sehen wir Schichten, die Haifischzähne und Seemuscheln ausgestorbener Arten enthalten, von dort in einen gehärteten Mergel übergehen und weiter in die rote lehmige Erde der Pampas mit ihren kalkigen Konkretionen und den Knochen landlebender Vierfüßer. Dieser vertikale Schnitt erzählt uns eindeutig von einer großen Bucht mit reinem Salzwasser, die allmählich versumpft ist und schließlich in das Bett einer schlammigen Flussmündung verwandelt wurde, in welche treibende Kadaver gespült wurden. Bei Punta Gorda in der Banda Oriental fand ich einen Wechsel der Pampas'schen Mündungsablagerung zu einem Kalkstein, der einige derselben ausgestorbenen Seemuscheln enthielt, was entweder auf eine Veränderung der früheren Strömungen hindeutet oder, was wahrscheinlicher ist, auf eine Schwankung der Bodenhöhe der alten Flussmündung. Bis vor Kurzem waren meine Gründe dafür, dass die Pampasformation eine Mündungsablagerung ist, ihr allgemeines Erscheinungsbild, ihre Lage an der Mündung des bestehenden Stromes Plata und das Vorhandensein so vieler Knochen landlebender Vierfüßer. Nun aber besaß Professor Ehrenberg die Freundlichkeit, für mich etwas von dieser roten Erde zu untersuchen, die ich ganz unten in der Ablagerung, nahe bei dem Mastodonskelett, entnommen hatte, und er hat darin zahlreiche Infusoria gefunden, teils Salz-, teils Süßwasserformen, wobei Letztere stark überwogen; daher, meinte er, müsse das Wasser brackig gewesen sein. M. A. d'Orbigny fand am Ufer des Parana in einer Höhe von hundert Fuß große

Lager einer Mündungsmuschel, die heute hundert Meilen weiter abwärts, näher am Meer, lebt; ähnliche Muscheln fand ich in geringerer Höhe am Ufer des Uruguay: Dies zeigt, dass, kurz bevor die Pampas langsam zu trockenem Land angehoben wurden, das sie bedeckende Wasser brackig war. Unterhalb von Buenos Aires gibt es erhöhte Lager Seemuscheln von lebenden Arten, was ebenfalls beweist, dass die Periode der Erhebung der Pampas jüngeren Datums war.

In der Pampasablagerung bei Bajada fand ich den Knochenpanzer eines riesigen gürteltierähnlichen Tiers, dessen Inneres, nachdem die Erde entfernt war, einem großen Kessel glich; ebenfalls fand ich Zähne von Toxodon und Mastodon und einen Pferdezahn in demselben fleckigen und verrotteten Zustand. Dieser letztere Zahn interessierte mich sehr [3] und ich ermittelte mit der peinlichsten Sorgfalt, dass er zeitgleich mit den anderen Resten eingebettet war, denn da wusste ich noch nicht, dass bei den Fossilien von Bahía Blanca ein Pferdezahn in der Grundmasse verborgen war; auch war da noch nicht mit Sicherheit bekannt, dass die Reste von Pferden in Nordamerika verbreitet sind. Unlängst hat Mr. Lyell einen Pferdezahn aus den Vereinigten Staaten mitgebracht, wobei besonders interessant ist, dass Professor Owen in keiner Art, weder fossil noch heute lebend, jene leichte, aber eigentümliche Krümmung fand, die ihn charakterisierte, bis ihm einfiel, ihn mit dem Exemplar zu vergleichen, das ich hier gefunden hatte: Er hat dieses amerikanische Pferd *Equus curvidens* genannt. Sicher ist es in der Geschichte der Säugetiere ein erstaunliches Faktum, dass in Südamerika ein heimisches Pferd gelebt haben und wieder verschwunden sein soll, um in späteren Zeitaltern ihre Nachfolger in den zahllosen Herden zu finden, die von den wenigen Tieren abstammten, die von den spanischen Kolonisten mitgebracht wurden!

Dass in Südamerika ein fossiles Pferd, ein Mastodon, möglicherweise auch ein Elefant [4] und ein gehörnter Wiederkäuer, von den Herren Lund und Clausen in den Höhlen Brasiliens entdeckt, existiert haben, sind hinsichtlich der geografischen Verbreitung von Tieren interessante Fakten. Wenn wir Amerika heute nicht am Isthmus von Panama, sondern am südlichen Ende Mexikos [5] auf 20° N teilen, wo das große Tafelland ein Hindernis für die Wanderung der Arten darstellt, indem es das Klima beeinflusst und mit Ausnahme einiger Täler und eines Streifens Tiefland entlang der Küste eine breite Barriere bildet, so haben wir die zwei zoologischen Gebiete Nord- und Südamerika, die in starkem Gegensatz zueinander stehen. Allein einige wenige Arten haben die Grenze überwunden und können als Wanderer aus dem Süden angesehen werden, so Puma, Opossum, Kinkaju (Wickelbär) und Pekari. Südamerika zeichnet sich dadurch aus, dass es viele besondere Nager aufweist, eine Familie Affen, das Lama, das Pekari, ferner Tapir, Opossum und insbesondere mehrere Gattungen Edentata, deren Ordnung Faultier, Ameisenbär und Gürteltier einschließt. Nordamerika dagegen ist (einmal abgesehen von wenigen wandernden Arten) durch zahlreiche besondere Nager und durch vier Gattungen (Ochse, Schaf, Ziege und Antilope) gehörnter Wiederkäuer gekennzeichnet, von deren großer Untergruppe Südamerika, soweit bekannt, keine einzige Art aufweist. Früher, aber noch in der Periode, als die meisten der heute existierenden Muscheln schon lebten, besaß Nordamerika neben den gehörnten Wiederkäuern noch Elefant, Mastodon, Pferd und drei Gattungen Edentata, und zwar Megatherium, Megalonyx und Mylodon. In nahezu derselben Periode (wie von den Muscheln bei Bahía Blanca bewiesen) besaß Südamerika, wie soeben gesehen, Mastodon, Pferd, gehörnte Wiederkäuer und dieselben drei Gattungen (wie auch noch mehrere andere) Edentata. Somit ist offenkundig, dass Nord- und Südamerika dadurch, dass sie innerhalb einer späten geologischen Periode diese verschiedenen Gattungen gemein hatten, durch die Ausprägung ihrer Landbewohner viel enger verwandt waren, als sie es heute sind. Je länger ich über diesen Fall nachdenke, desto interessanter erscheint er mir: Ich kenne kein anderes Beispiel, bei dem wir die Zeit wie auch die Art und Weise der Aufteilung einer großen Region in zwei deutlich gekennzeichnete zoologische Gebiete fast genau bezeichnen können. Der Geologe, zutiefst beeindruckt von den Schwankungen des Bodens, welche die Erdkruste in jüngeren Perioden betroffen haben, wird sich nicht scheuen, über die jüngste Erhebung der mexikanischen Hochebene oder, noch wahrscheinlicher, über das jüngste Absinken des Landes im westindischen Archipel als Ursache der gegenwärtigen zoologischen Trennung von Nord- und Südamerika zu spekulieren. Die südamerikanische Ausprägung der westindischen Säugetiere[6] scheint darauf zu verweisen, dass dieser Archipel einmal mit dem südamerikanischen Kontinent vereint und danach ein Gebiet der Absenkung war.

Als Amerika, zumal Nordamerika, noch seine Elefanten, Mastodonten, Pferde und gehörnten Wiederkäuer hatte, war es in seiner zoologischen Ausprägung weit enger mit den gemäßigten Teilen Europas und Asiens verwandt als heute. Da die Reste dieser Gattungen auf beiden Seiten der Beringstraße[7] und auf den Ebenen Sibiriens zu finden sind, liegt es nahe, die Nordwestseite Nordamerikas als den ehemaligen Verbindungspunkt zwischen der Alten und der so genannten Neuen Welt zu betrachten. Und da so viele Arten, lebende wie ausgestorbene, derselben Gattungen die Alte Welt bewohnen und bewohnt haben, erscheint es als äußerst wahrscheinlich, dass die Elefanten, Mastodonten, Pferde und gehörnten Wiederkäuer Nordamerikas über das Land bei der Beringstraße, das seitdem abgesunken ist, von Sibirien nach Nordamerika eingewandert sind und von dort über das Land, das seitdem in Westindien abgesunken ist, nach Südamerika, wo sie sich eine Zeit lang mit den Formen vermischten, die für diesen südlichen Kontinent charakteristisch sind, und danach ausstarben.

Bei meiner Reise durchs Land erhielt ich mehrere lebhafte Beschreibungen der Auswirkungen der letzten großen Dürre, und deren Darstellung könnte ein Licht auf die Fälle werfen, bei denen eine Vielzahl von Tieren aller Arten zusammen eingelagert wurden. Die Zeit zwischen den Jahren 1827 und 1830 wird *gran seco* genannt, die große Dürre. In dieser Zeit fiel so wenig Regen, dass die Vegetation noch bis hin zu den Disteln einging; die Bäche trockneten aus und das ganze Land nahm das Aussehen einer staubigen Chaussee an. Besonders schlimm war es im nördlichen Teil der Provinz Buenos Aires und dem Südteil von Santa Fé. Vögel, wilde Tiere, Rinder und Pferde verendeten in sehr großer Zahl mangels Nahrung und Wasser. Ein Mann erzählte mir, die Hirsche[8] seien in seinen Hof zum Brunnen gekommen, den er habe graben müssen, um seine Familie mit Wasser zu versorgen, und dass Rebhühner kaum die Kraft hatten, wegzufliegen, wenn sie verfolgt wurden. Die niedrigste Schätzung des Verlustes an Vieh allein in der Provinz Buenos Aires belief sich auf eine Million Stück. Ein Grundbesitzer in San Pedro hatte vor diesen Jahren 20.000 Rinder; an deren Ende war ihm keines mehr geblieben. San Pedro liegt inmitten des besten Landes und hat schon heute wieder Tiere im Überfluss; doch während des letzten Teils des *gran seco* wurden lebende Rinder zum Verzehr der Einwohner mit dem Schiff gebracht. Die Tiere schweiften von ihren *estancias* und vermischten sich auf ihren Wanderungen tief in den Süden in solcher Zahl, dass eine Regierungskommission von Buenos Aires ausgeschickt wurde, um den Streit der Besitzer zu schlichten. Sir Woodbine Parish berichtete mir von einer weiteren und sehr merkwürdigen Quelle des Streits: Da die Erde so lange trocken war, wurden solche Mengen Staub umhergeweht, dass die Landmarken in diesem Land verdeckt wurden und die Leute die Grenzen ihrer Besitzungen nicht mehr bestimmen konnten.

Ein Augenzeuge teilte mir mit, die Rinder seien in Herden von Tausenden in den Parana gestürmt und dann, geschwächt von Hunger, außerstande gewesen, die schlickigen Ufer wieder zu erklettern, worauf sie ertrunken seien. Der Flussarm, der an San Pedro vorbeifließt, war so voller verwesender Kadaver, dass der Kapitän eines Fahrzeugs mir erzählte, der Gestank habe ihn vollkommen unpassierbar gemacht. Zweifellos gingen so mehrere hunderttausend Tiere im Fluss zugrunde; ihre fauligen Leiber sah man den Strom hinabtreiben, und aller Wahrscheinlichkeit nach lagerten sich viele in der Mündung des Plata ab. Alle kleinen Flüsse wurden stark salzhaltig, und das verursachte an manchen Stellen den Tod zahlloser Tiere, denn wenn ein Tier von solchem Wasser säuft, erholt es sich nicht mehr. Azara beschreibt die Tollheit der Wildpferde bei einem ähnlichen Anlass[9] wie sie in die Marschen rasten und jene, die als Erste hinkamen, von den Nachfolgenden niedergetrampelt und erdrückt wurden. Er setzt hinzu, mehr als einmal habe er die Kadaver von über tausend derart verendeter Wildpferde gesehen. Mir ist aufgefallen, dass die kleineren Flüsse in den Pampas mit einer Brekzie aus Knochen gepflastert waren, doch das ist wahrscheinlich eher das Ergebnis einer allmählichen Zunahme als der Vernichtung zu einer bestimmten Zeit. Auf die Dürre von 1827 – 32 folgte eine sehr regenreiche Zeit, die große Überschwemmungen auslöste. Daher ist es fast sicher, dass Tausende Skelette von den Ablagerungen schon des folgenden Jahres begraben wurden. Was würde wohl ein Geologe sagen, wenn er eine solch gewaltige Ansammlung von Knochen von allen möglichen Tieren und aus allen Zeiten, die derart in einer dicken Erdmasse begraben liegen, in Augenschein nähme? Würde er sie nicht einer Flut zuschreiben, die über das Land gegangen ist, statt dem normalen Lauf der Dinge? [10]

12. Oktober – Ich hatte beabsichtigt, meine Exkursion noch weiter auszudehnen, da ich mich jedoch nicht ganz wohl fühlte, sah ich mich veranlasst, mit einer Balandra, also einem einmastigen Fahrzeug von ungefähr hundert Tonnen, was nach Buenos Aires fuhr, zurückzukehren. Da das Wetter nicht sehr gut war, machten wir schon früh am Tag am Ast eines Baumes auf einer der Inseln fest. Der Parana ist voller Inseln, die einem beständigen Kreislauf von Zerfall und Erneuerung ausgesetzt sind. In der Erinnerung des Kapitäns waren mehrere große verschwunden und andere wiederum entstanden und von Vegetation geschützt. Sie bestehen aus Schlicksand ohne auch nur den kleinsten Kiesel und waren da ungefähr vier Fuß über dem Wasserspiegel; während des periodischen Hochwassers sind sie jedoch überflutet. Sie alle zeigen ein gemeinsames Bild; zahlreiche Weiden und einige wenige andere Bäume werden von einer großen Vielfalt von Kriechpflanzen zusammengehalten, wodurch sich ein dichter Dschungel bildet. Diese Dickichte gewähren Capybara und Jaguar Zuflucht. Die Furcht vor letzterem Tier machte alle Lust zunichte, durch den Wald zu streifen. An jenem Abend war ich noch keine hundert Yard vorangekommen, als ich unzweifelhafte Anzeichen dafür sah, dass hier eben noch ein Tiger war, sodass ich umkehren musste. Spuren gab es auf jeder Insel, und so, wie auf der vorigen Exkursion das Thema der Unterhaltung *el rastro de los Indios* gewesen war, war es hier nun *el rastro del tigre*.

Die bewaldeten Ufer der großen Flüsse scheinen der liebste Aufenthaltsort des Jaguars zu sein, südlich des Plata hingegen frequentieren sie, wie man mir sagte, das Schilf an den Seen: Wo sie auch sind, sie scheinen Wasser zu brauchen. Ihre gewöhnliche Beute ist das Capybara, sodass es allgemein heißt, wo das Capybara zahlreich ist, droht vom Jaguar geringe Gefahr. Falconer erklärt, an der Südseite der Plata-Mündung gebe es viele Jaguare, die sich dort hauptsächlich von Fisch ernährten; diese Aussage habe ich wiederholt gehört. Am Parana haben sie viele Holzfäller getötet und sind sogar nachts auf Schiffe gekommen. In Bajada lebt heute ein Mann, der, als er im Dunkeln von unten kam, an Deck gepackt wurde; er entrann jedoch mit dem Verlust des Gebrauchs eines Arms. Am gefährlichsten sind diese Tiere, wenn die Flut sie von den Inseln vertreibt. Man erzählte mir, einige Jahre zuvor habe ein sehr großer den Weg in die Kirche von Santa Fé gefunden: Zwei Padres, die nacheinander hineingingen, wurden getötet, und ein dritter, der nachsehen wollte, was los sei, entkam mit knapper Not. Das Tier wurde getötet, indem man es von einer Ecke des Gebäudes, das ohne Dach war, erschoss. Zu diesen Zeiten richten sie auch unter den Rindern und Pferden große Verheerungen an. Es heißt, sie töten ihre Beute, indem sie ihr das Genick brechen. Vertreibt man sie von dem Kadaver, kehren sie nur selten wieder zurück. Die Gauchos sagen, dass der Jaguar, wenn er des Nachts umherstreift, sehr von Füchsen geplagt wird, die ihm folgen. Das ist eine eigenartige Übereinstimmung damit, was häufig über die Schakale bestätigt wird, die in ähnlich aufdringlicher Weise den ostindischen Tiger begleiten. Der Jaguar ist ein geräuschvolles Tier, das nachts viel brüllt, besonders vor schlechtem Wetter.

An einem Tag, als ich am Ufer des Uruguay jagte, zeigte man mir bestimmte Bäume, zu denen diese Tiere beständig wiederkehren, um, wie es heißt, ihre Krallen zu schärfen. Ich sah drei weithin bekannte Bäume; vorne war die Rinde glatt gedrückt wie von der Brust des Tieres, und auf jeder Seite waren tiefe Kratzer oder vielmehr Rillen, die nahezu ein Yard lang in schräger Linie verliefen. Die Kratzer waren unterschiedlich alt. Eine gewöhnliche Methode, um zu ermitteln, ob sich ein Jaguar in der Nähe aufhält, ist, diese Bäume zu untersuchen. Ich stelle mir vor, dass diese Angewohnheit des Jaguars durchaus vergleichbar ist mit einer, die man tagtäglich bei der gemeinen Katze beobachten kann, wenn sie mit ausgestreckten Beinen und ausgefahrenen Krallen ein Stuhlbein kratzt, und ich habe von jungen Bäumen eines Obstgartens in England gehört, die so sehr stark beschädigt worden waren. Eine solche Gewohnheit dürfte auch der Puma pflegen, denn auf dem kahlen, harten Boden Patagoniens habe ich häufig Kerben gesehen, die so tief waren, dass kein anderes Tier sie hätte machen können. Ziel dieser Übung ist es, glaube ich, die Scharten ihrer Krallenspitzen auszuwetzen und nicht, wie die Gauchos meinen, sie zu schärfen. Der Jaguar wird ohne weitere Schwierigkeiten mithilfe von Hunden getötet, die ihn bellend auf einen Baum jagen, wo er dann mit Kugeln erledigt wird.

Aufgrund des schlechten Wetters blieben wir zwei Tage an unserem Liegeplatz. Unsere einzige Zerstreuung bestand darin, Fische fürs Abendessen zu fangen: Es gab mehrere Arten, die allesamt ein gutes Mahl abgaben. Ein Fisch, *annado* genannt (ein *Silurus*), fällt wegen des rauen, knirschenden Geräuschs auf, das er macht, wenn er mit Haken und Schnur gefangen wird; es ist auch deutlich zu vernehmen, wenn der Fisch noch im Wasser ist. Auch verfügt er über die Fähigkeit, einen Gegenstand wie Ruderblatt oder Angelleine mit dem kräftigen Stachel von Bauch- wie Rückenflosse festzuhalten. Am Abend war das Wetter recht tropisch; das Thermometer stand bei 26°C. Zahllose Leuchtkäfer schwebten umher, und die Moskitos waren sehr lästig. Ich streckte nur fünf Minuten die Hand aus, und bald war sie schwarz davon; es waren wohl nicht weniger als fünfzig, die alle eifrig saugten.

15. Oktober – Wir lichteten den Anker und passierten Punta Gorda, wo sich eine Kolonie friedlicher Indianer aus der Provinz Missiones befindet. Wir segelten schnell auf der Strömung hinab, doch noch vor Sonnenuntergang drehten wir aus einer törichten Furcht vor schlechtem Wetter in einem schmalen Arm des Flusses bei. Ich nahm das Boot und ruderte ein Stück den Bach hinauf. Er war sehr schmal, gewunden und tief; eine an jeder Seite dreißig bis vierzig Fuß hohe Wand aus Bäumen, die mit Schlingpflanzen verflochten waren, gaben dem Kanal ein eigentümlich düsteres Aussehen. Dort sah ich einen ganz ungewöhnlichen Vogel mit Namen Scherenschnabel *(Rhynchops nigra)*. Er hat kurze Beine, Schwimmfüße, extrem lange, zugespitzte Flügel und ungefähr die Größe einer Seeschwalbe. Der Schnabel ist seitlich abgeflacht, das heißt, in einer Ebene im rechten Winkel zu jenem des Löffelreihers oder der Ente. Er ist flach und elastisch wie ein elfenbeinerner Brieföffner, und der untere Teil ist, anders als bei jedem anderen Vogel, eineinhalb Zoll länger als der obere. Auf einem See bei Maldonado, in dem das Wasser nahezu vollkommen versickert war und der folglich von Fischbrut nur so wimmelte, sah ich etliche dieser Vögel, zumeist in kleinen Schwärmen, dicht über der Oberfläche rasch hin und her fliegen. Sie hielten den Schnabel weit geöffnet, wobei der untere Teil halb im Wasser steckte. Wie sie so übers Wasser strichen, pflügten sie es dabei: Das Wasser war ganz glatt, und der Anblick eines Schwarms, in dem jeder Vogel sein schmales Kielwasser auf der spiegelgleichen Oberfläche hinterließ, war ein ganz wundersames Schauspiel. Mitten im Flug schnellen sie häufig mit äußerster Geschwindigkeit herum und vermögen mit dem vorstehenden unteren Teil geschickt kleine Fische aufzupflügen, die sodann mithilfe der oberen und kürzeren Hälfte des scherenartigen Schnabels festgehalten werden. Dies sah ich wiederholt, während sie, Schwalben gleich, dicht vor mir fortwährend hin und her flogen. Verließen sie gelegentlich einmal die Wasserfläche, war ihr Flug wild, unregelmäßig und schnell; dann stießen sie auch laute, raue Schreie aus. Wenn diese Vögel fischen, fällt der Vorteil der langen Hauptfedern ihrer Flügel, indem sie sie trocken halten, sofort ins Auge. Werden sie so benutzt, gleicht ihre Form dem Symbol, durch das viele Maler Seevögel darstellen. Der Schwanz findet bei der Steuerung ihres unregelmäßigen Kurses stark Verwendung.

Diese Vögel sind entlang des Laufs des Rio Parana bis weit ins Landesinnere verbreitet; es heißt, sie bleiben das ganze Jahr über dort und brüten in den Marschen. Am Tage ruhen sie sich in Scharen in einiger Entfernung vom Wasser auf den Grasebenen aus. Wir lagen, wie ich schon sagte, in einem der tiefen Wasserläufe zwischen den Inseln des Parana vor Anker, der Abend neigte sich dem Ende zu, als unvermittelt einer der Scherenschnäbel erschien. Das Wasser war ganz unbewegt, und viele kleine Fische stiegen auf. Der Vogel flog lange Zeit in seiner wilden und unregelmäßigen Art dicht überm Wasser den schmalen Kanal auf und ab, der nun von der hereinbrechenden Nacht und den überhängenden Bäumen dunkel war. In Montevideo hatte ich beobachtet, dass manche große Schwärme den Tag über auf den Schlickbänken am Kopf der Hafenmole verweilten, so wie sie es auf den Grasebenen am Parana hielten, und jeden Abend flogen sie aufs Meer hinaus. Aufgrund dessen vermute ich, dass der Rhynchops im Allgemeinen bei Nacht fischt, wenn viele der niederen Tiere in größter Zahl an die Oberfläche kommen. M. Lesson schreibt, er habe gesehen, wie diese Vögel Muscheln der Mactrae öffneten, die in den Sandbänken an der Küste Chiles vergraben waren: Wegen ihres schwachen Schnabels, dessen unterer Teil so weit vorragt, und wegen ihrer kurzen Beine und langen Flügel ist es sehr unwahrscheinlich, dass das bei ihnen eine gängige Gewohnheit ist.

Auf unserer Fahrt den Parana hinab beobachtete ich nur drei weitere Vögel, deren Lebensweise einer Erwähnung wert ist. Einer ist ein kleiner Eisvogel *(Ceryle americana)*; er hat einen längeren Schwanz als die europäische Art und sitzt daher nicht in einer so steifen und aufrechten Position. Auch ist sein Flug, statt direkt und schnell wie der eines Pfeils, schwach und wellenförmig wie bei den weichschnabligen Vögeln. Er stößt einen leisen Laut aus, wie wenn zwei kleine Steine gegeneinander geschlagen werden. Ein kleiner grüner Papagei *(Conurus murinus)* mit grauer Brust scheint als Bauplatz die hohen Bäume auf den Inseln jedem anderen Ort vorzuziehen. Etliche Nester sind so dicht beieinander gebaut, dass sie eine große Stielmasse bilden. Diese Papageien leben stets in Schwärmen und richten auf den Maisfeldern großen Schaden an. Man sagte mir, bei Colonia seien im Lauf eines Jahres 2.500 getötet worden. Ein Vogel mit einem gegabelten Schwanz, der in zwei langen Federn ausläuft *(Tyrannus savana)*, von den Spaniern Scherenschwanz genannt, ist bei Buenos Aires sehr verbreitet: Gemeinhin sitzt er auf einem Zweig des *Ombu*-Baumes in der Nähe eines Hauses, unternimmt von dort kurze Flüge, um Insekten zu jagen, und kehrt dann zur selben Stelle zurück. In der Luft zeigt er in Flugweise und generellem Erscheinungsbild eine karikierende Ähnlichkeit mit der gemeinen Schwalbe. Er besitzt die Fähigkeit zu sehr kurzen Wendungen in der Luft, wobei er den Schwanz öffnet und schließt, manchmal in horizontaler oder seitlicher, manchmal auch in vertikaler Richtung, ganz wie eine Schere.

16. Oktober – Einige Wegstunden unterhalb von Rosario wird das Westufer von senkrechten Kliffs eingefasst, die sich in langer Linie bis unterhalb von San Nicolas ziehen; daher ähnelt es mehr einer Meeresküste als der eines Süßwasserflusses. Es ist dem Erscheinungsbild des Parana sehr abträglich, dass das Wasser, wegen der weichen Beschaffenheit seiner Ufer, sehr trübe ist. Der Uruguay, der durch granitisches Land fließt, ist viel klarer, und wo die beiden Flussbetten sich am oberen Ende des Plata vereinen, kann man die Wasser aus großer Entfernung an ihrer schwarzen und roten Farbe unterscheiden. Am Abend, der Wind stand nicht sehr günstig, machten wir wie üblich sogleich fest, und am nächsten Tag, als er recht frisch wehte, wenngleich mit günstiger Richtung, war der Kapitän zu träge, um an Aufbruch zu denken. In Bajada war er mir als *hombre muy aflicto* beschrieben worden – als ein stets trübsinniger Mann; gewiss nahm er aber auch alle Verzögerungen mit bewundernswerter Ergebung hin. Er war ein alter Spanier und schon viele Jahre hier im Land. Er bekundete eine große Zuneigung für die Engländer, beharrte aber störrisch darauf, dass die Schlacht von Trafalgar bloß wegen der spanischen Kapitäne gewonnen worden sei, die alle herübergeholt worden seien, und dass die einzige wirklich heldenhafte Tat auf beiden Seiten von dem spanischen Admiral vollbracht worden sei. Es kam mir ziemlich typisch vor, dass es diesem Manne lieber war, wenn seine Landsleute als die schlimmsten Verräter denn als ungeschickt oder feige angesehen wurden.

18. und 19. Oktober – Wir segelten langsam den stattlichen Strom hinab: Die Strömung half uns nur wenig. Auf unserer Talfahrt begegneten uns sehr wenige Fahrzeuge. Eines der besten Geschenke der Natur bei einem so gewaltigen Verkehrsweg scheint hier mutwillig weggeworfen – ein Fluss, auf dem die Schiffe von einem gemäßigten Land, das mit manchen Erzeugnissen ebenso reichlich versehen ist, wie es an anderen Mangel hat, zu einem anderen mit tropischem Klima und einem Boden, der, dem besten Kenner, M. Bonpland, zufolge, an Fruchtbarkeit vielleicht von keinem anderen Teil der Welt übertroffen wird. Wie anders böte sich das Bild dieses Flusses, wenn durch einen glücklichen Umstand englische Kolonisten als Erste den Plata hinaufgesegelt wären! Welch prächtige Städte lägen nun an seinen Ufern! Bis zum Tode Francias, des Diktators von Paraguay, müssen diese beiden Länder getrennt voneinander bleiben, so als wären sie an entgegengesetzte Orte des Erdballs gesetzt. Und wenn der alte blutrünstige Tyrann vor Gottes Richterstuhl gerufen ist, wird Paraguay von Revolutionen zerrissen, die in dem Maße seiner vorigen unnatürlichen Ruhe gewaltsam sein werden. Dieses Land wird wie jeder andere südamerikanische Staat

lernen müssen, dass eine Republik erst dann gedeihen kann, wenn sie über Männer verfügt, die von den Prinzipien Gerechtigkeit und Ehre erfüllt sind.

20. Oktober – Als wir an der Mündung des Parana angelangt waren, ging ich, da mir sehr daran gelegen war, nach Buenos Aires zu kommen, in Las Conchas an Land, um dorthin zu reiten. Am Landungsplatz stellte ich zu meiner großen Überraschung fest, dass ich in gewissem Maße Gefangener war. Eine heftige Revolution war ausgebrochen, und über alle Häfen war ein Embargo verhängt. Zu meinem Fahrzeug konnte ich nicht zurück, und über Land in die Stadt zu gelangen kam nicht in Betracht. Nach einer langen Unterredung mit dem Kommandanten erhielt ich die Erlaubnis, am nächsten Tag General Rolor aufzusuchen, der eine Abteilung Rebellen diesseits der Hauptstadt befehligte. Am Morgen ritt ich zu dem Lager. Der General, die Offiziere und die Soldaten erschienen mir allesamt als ausgemachte Schurken und waren es wohl auch. Der General war noch am Abend, bevor er die Stadt verließ, aus freien Stücken zum Gouverneur gegangen und hatte, die Hand auf dem Herzen, sein Ehrenwort gegeben, wenigstens er werde treu bis zum Letzten sein. Der General sagte mir, die Stadt sei in einem Zustand strenger Blockade, und das Einzige, was er tun könne, sei, mir einen Geleitbrief für den Oberbefehlshaber der Rebellen in Quilmes mitzugeben. Wir mussten daher einen großen Umweg um die Stadt nehmen, und nur unter großen Schwierigkeiten beschafften wir uns Pferde. Meine Aufnahme im Lager war recht höflich, doch beschied man mir, man könne mir unmöglich gestatten, die Stadt zu betreten. Daran lag mir allerdings sehr viel, da ich die Abreise der Beagle vom Rio Plata früher erwartete, als sie stattfand. Nachdem ich jedoch General Rosas' zuvorkommende Freundlichkeit mir gegenüber am Colorado erwähnt hatte, hätte nicht einmal Zauberei die Sache schneller ändern können als dieses Gespräch. Sogleich sagte man mir, zwar könnten sie mir keinen Geleitbrief geben, doch wenn ich meinen Führer und die Pferde zurückließe, könnte ich ihre Posten passieren. Das nahm ich nur allzu gern an, worauf mir ein Offizier mitgegeben wurde, der dafür sorgen sollte, dass man mich nicht an der Brücke aufhielt. Die Straße war eine Wegstunde lang völlig verlassen. Ich begegnete einem Trupp Soldaten, die sich damit zufrieden gaben, ernst auf einen alten Passierschein zu blicken, und endlich war ich nicht wenig erfreut, mich wieder in der Stadt zu finden. Diese Revolution wurde kaum von einem Vorwand von Missständen gestützt, doch in einem Staat, der im Laufe von neun Monaten (von Februar bis Oktober 1820) fünfzehn Regierungswechsel erlebt hatte – wobei jeder Gouverneur verfassungsgemäß auf drei Jahre gewählt war –, wäre es sehr unvernünftig, nach Vorwänden zu fragen. In diesem Fall verließ eine Gruppe Männer, siebzig an der Zahl – welche sich als Anhänger Rosas' über Gouverneur Balcarce empörten – die Stadt, worauf das ganze Land mit dem Namen

Rosas' auf den Lippen zu den Waffen griff. Die Stadt wurde daher abgesperrt, weder Vorräte noch Rinder oder Pferde durften hinein, ferner gab es nur wenige Scharmützel, und täglich wurden einige Männer getötet. Die äußere Partei wusste sehr wohl, dass sie, wenn sie die Versorgung mit Fleisch abschnitt, gewiss den Sieg erringen würde. General Rosas konnte von der Erhebung nichts gewusst haben, doch schien sie mit den Plänen seiner Partei wohl in Einklang zu stehen. Ein Jahr davor war er zum Gouverneur gewählt worden, er aber lehnte ab, außer die Sala übertrüge ihm außerordentliche Machtbefugnisse. Dies wurde ihm verweigert, und seither hat seine Partei gezeigt, dass kein anderer Gouverneur im Amt bleiben kann. Die Kampfhandlungen wurden auf beiden Seiten eingestandenermaßen so lange hinausgezögert, bis es möglich war, von Rosas zu hören. Einige Tage, nachdem ich Buenos Aires verlassen hatte, traf eine Meldung ein, wonach der General den Friedensbruch missbillige, er indes finde, dass die äußere Partei das Recht auf ihrer Seite habe. Durch die bloße Kenntnisnahme dessen flohen der Gouverneur, etliche Minister und ein Teil des Militärs in einer Zahl von einigen hundert aus der Stadt. Die Rebellen zogen ein, wählten einen neuen Gouverneur und wurden für ihre Dienste in einer Zahl von 5.500 Mann bezahlt. Nach diesem Verfahren war klar, dass Rosas letztlich Diktator werden würde: Gegen den Begriff König haben die Menschen in dieser wie auch in anderen Republiken eine besondere Abneigung. Seit wir Südamerika verlassen haben, haben wir gehört, dass Rosas gewählt worden ist, ausgestattet mit einer Macht und einer Amtszeit, die den verfassungsmäßigen Prinzipien der Republik vollkommen entgegengesetzt sind.

Anmerkungen | **1** Die Viscacha *(Lagostomus trichodactylus)* ähnelt ungefähr einem großen Kaninchen, jedoch mit größeren Nagezähnen und einem langen Schwanz: Allerdings hat sie wie das Aguti hinten nur drei Zehen. Seit drei bis vier Jahren werden die Häute dieser Tiere wegen des Fells nach England geschickt. **2** *Journal of Asiatic Society*, Bd. V, S. 363. **3** Ich brauche hier wohl kaum zu betonen, dass es gute Beweise gibt, dass zu Kolumbus' Zeiten noch kein Pferd in Amerika lebte. **4** Cuvier, *Ossemens Fossiles*, tom. I, S. 158. **5** Dies ist die geografische Teilung, die von Lichtenstein, Swainson, Erichson und Richardson vorgenommen wird. Der Abschnitt von Vera Cruz nach Acapulco, von Humboldt in dem »Political Essay on the Kingdom of Northern Spain« angegeben, wird zeigen, welch gewaltige Grenze das mexikanische Tafelland bildet. Dr. Richardson sagt in seinem großartigen *Report on the Zoology of North America*, 1836, vorgetragen vor der British Association, wo er über die Identifizierung eines mexikanischen Tiers mit dem *Synetheres prehensilis* spricht (S. 157): »Wir wissen nicht, mit welcher Berechtigung, doch wenn es stimmt, so ist es, wenn kein einzelnes Beispiel, so doch annähernd eines von einem Nagetier, das in Nord- wie Südamerika heimisch ist«. **6** Vgl. Dr. Richardsons *Report*, S. 157, ebenso *L'Institut*, 1837, S. 253. Cuvier sagt, der Kinkaju werde auf den größeren Antillen angetroffen, doch das ist zweifelhaft. M. Gervais erklärt, das *Didelphis crancrivora* werde dort angetroffen. Feststeht, dass die Westindischen Inseln einige Säugetiere aufweisen, die ihnen eigen sind. Aus Bahama wurde der Zahn eines Mastodons gebracht: *Edinburgh New Philosophical Journal*, 1826, S. 395. **7** Vgl. den hervorragenden Anhang von Dr. Buckland zu *Beecheys Voyage*, ebenso die Schriften Chamissos in *Kotzebues Voyage*. **8** In Kapitän Owens *Surveying Voyage* (Bd. II, S. 274) findet sich eine merkwürdige Schilderung der Auswirkungen der Dürre auf die Elefanten in Benguela (Westküste Afrikas). »Etliche dieser Tiere waren seit einiger Zeit als Gruppe in die Stadt eingedrungen, um die Brunnen in Besitz zu nehmen, da sie sich im Land kein Wasser verschaffen konnten. Die Einwohner sammelten sich, woraufhin es zu einem verzweifelten Kampf kam, welcher mit der letztlichen Niederlage der Eindringlinge endete, jedoch erst, nachdem sie einen Mann getötet und mehrere verwundet hatten.« Die Stadt soll eine Einwohnerschaft von nahezu dreitausend gehabt haben! Dr. Malcolmson teilte mir mit, dass in Indien wilde Tiere während einer großen Dürre in die Zelte von Truppen in Ellore eindrangen, und dass ein Hase aus einem Gefäß trank, welches ihm der Adjudant des Regiments hinhielt. **9** *Travels*, Bd. I, S. 374. **10** Diese Dürreperioden scheinen bis zu einem gewissen Grad periodisch aufzutreten; man sagte mir die Daten mehrerer anderer, und die Intervalle betrugen ungefähr fünfzehn Jahre.

Charles Darwin als junger Mann

Biografie II **Für die Schublade**
1836 – 1856

Nachdem Charles Darwin vom Ankunftshafen der »Beagle« so schnell wie möglich nach Hause gefahren ist und etwa eine Woche bei seiner Familie verbracht hat, beginnt er sich sofort um seine Sammlungen zu kümmern. Es wartet viel Arbeit: Inklusive der bereits nach England geschickten Kisten hat Darwin 1.259 in Alkohol konservierte Tiere sowie 3.907 Felle und getrocknete Tiere und Pflanzen von seiner Reise mitgebracht. Dazu kommen 770 Seiten Tagebuch und fast 2.000 Seiten geologische und zoologische Aufzeichnungen.

Als Erstes sucht er natürlich Henslow auf, dessen Haus als Basislager in Cambridge dient. Darwin hat relativ naive Vorstellungen, was die wissenschaftliche Aufarbeitung seiner Sammlung angeht: Man muss einfach die entsprechenden Experten ansprechen und ihnen geben, was sie wollen. In der Praxis stellt sich das als erheblich schwieriger heraus. Wie abzusehen ist, erklärt Henslow sich bereit, die Pflanzen zu klassifizieren. Er gibt Darwin Hinweise, wer sonst noch geeignet sein könnte. Der reist weiter nach London und quartiert sich bei Erasmus ein, der nach seinem Medizinstudium vom Vater ausgezahlt worden ist und privatiert.

Immerhin ist der Name Darwin wesentlich bekannter als er selbst je gedacht hätte. Dafür haben nicht nur die südamerikanischen Fossilien gesorgt, die Henslow ausgestellt hat. Sein Förderer liest 1835 außerdem einige von Darwins Briefen in der Philosophischen Gesellschaft von Cambridge vor, unter anderem den geologischen Bericht von der Andenüberquerung. Später verschickt Henslow die Briefe als Privatdruck an Kollegen. Als er nach England zurückkehrt, eilt Darwin der Ruf eines äußerst begabten jungen Wissenschaftlers voraus.

Sogar zum Vater ist Darwins Ruhm durchgedrungen. Adam Sedgwick, der Geologie-Nachhilfelehrer aus Cambridge, hat Robert Darwin besucht und Charles »eine Stelle unter den führenden wissenschaftlichen Männern« zugeschrieben. Der Vater erkennt, dass die Reise seinem Problemsohn endlich einen Beruf beschert hat. Er alimentiert Darwin mit 400 Pfund jährlich. Das ist genug, um sich als Privatgelehrter selbstständig zu machen. Darwin wird endgültig zum Wissenschaftler und besorgt sich eine Wohnung in London.

Die wissenschaftliche Elite der Stadt kennenzulernen, ist einfach. Viele wollen die Geschichte der Reise hören und laden Darwin zum Essen ein. Bloß seine Sammlung will niemand haben. Alle haben selbst schon genug Arbeit. Darwin realisiert, was ihm sein Förderer prophezeit hat: »Es ist klar, dass die Sammler die eigentlichen Naturforscher an Zahl so sehr übertreffen, dass Letztere keine Zeit haben«, schreibt er an Henslow.

Dass in den Museen Tausende von Spezies auf ihre Klassifizierung warten, ist das eine. Zum anderen ist die wissenschaftliche Welt nicht ohne Fallstricke. Darwin muss seine Sammlung klug platzieren, um sich keine Feinde zu machen. Auch damals wird Politik gemacht, es gibt Seilschaften und verfeindete Fraktionen. Die Londoner Museen und wissenschaftlichen Institutionen befinden sich im Umbruch: Ihre Leiter gehören meist zur Oberschicht und sind ehrenamtliche Selfmade-Wissenschaftler. Ihnen gegenüber stehen ehrgeizige Universitätsabsolventen, die den Wissenschaftsbetrieb – teils unterstützt von der Politik – nach französischem Vorbild modernisieren und in die Hand bezahlter Experten bringen wollen. Robert Grant, Darwins Mentor in Edinburgh, ist einer ihrer Wortführer.

Darwin ist zwar jung und liberal, aber weil er aus einer wohlhabenden Familie stammte, fühlt er sich den alten Eliten näher als den jungen Radikalen. Als Charles Lyell, der Autor der *Principles of Geology*, Darwin mit dem Zoologen Richard Owen bekannt macht und der sich bereit erklärt, die Fossilien zu untersuchen, erteilt Darwin postwendend seinem alten Mentor Grant eine Absage, da dieser mit Owen verfeindet ist.

Darwin bleibt nichts übrig, als seine Sammlung aufzuteilen und auf Experten zu warten, die in einem der jeweiligen Bereiche arbeiten. Im Laufe der nächsten Monate gibt es erste Interessenten. Der Zoologie-Professor Thomas Bell übernimmt die Reptilien. William Broderip interessiert sich für die südamerikanischen Muscheln. Die Pilze aus Feuerland und das versteinerte Holz aus den Anden gehen Anfang 1837 an Robert Brown, den Botaniker des Britischen Museums und Entdecker der nach ihm benannten Molekularbewegung. Ein Teil der Säugetiere sowie die Vögel von den Galapagosinseln wandern ins Zoologische Museum.

Darwin fügt sich schnell in die wissenschaftliche Gesellschaft ein, mitunter auch mit Schwierigkeiten. Peinlich berührt berichtet er Henslow, wie der Bibliothekar der Linnean Society ihn nach dem Vorkommen einer besonders schönen Pflanze gefragt hat: »Zu guter Letzt war ich gezwungen, auf vollkommene Unwissenheit zu plädieren, da ich über die Pflanzen, die ich gesammelt hatte, nicht mehr wusste als über den Mann im Mond.«

Am 4. Januar 1837 hält Darwin seinen ersten Vortrag in der Geologischen Gesellschaft. Thema ist die Erhebung Südamerikas aus dem Meer. Darwin arbeitet inzwischen an mehreren Projekten. Er verfasst aus seinem Tagebuch und seinen Notizen einen Reisebericht, der zusammen mit dem Bericht von Kapitän FitzRoy und dem einer früheren Südamerika-Reise der Königlichen Admiralität vorgelegt werden soll. Das Manuskript schließt Darwin im Juli 1837 ab, doch die Veröffentlichung verzögert sich, weil FitzRoy nicht fertig wird.

Darüberhinaus entwickelt Darwin den Plan, eine mehrbändige *Zoology* herauszugeben. Enthalten sein sollen die Berichte und Beschreibungen jener Experten, die Tiere oder Fossilien aus der Sammlung untersuchen. Die Kosten sind das größte Problem: Für die Abbildungen der Exponate müssen Holzschnitte her, und die sind teuer. Darwin gelingt es mithilfe von Henslows Kontakten, 1.000 Pfund Druckkostenzuschuss bei der britischen Regierung zu besorgen, sodass die *Zoology* gesichert ist. Außerdem plant Darwin, Bücher über seine geologischen Erkenntnisse aus Südamerika zu schreiben.

Als wäre das nicht genug Arbeit, kommt im Juni 1837 noch ein Projekt dazu: Darwin beginnt, sich in einem Notizbuch Gedanken über die Veränderbarkeit von Tieren und Pflanzen zu machen. Die Analyse einiger Fundstücke hat in ihm den Verdacht geweckt, dass mit der herkömmlichen Theorie der Unveränderbarkeit der Arten etwas nicht stimmen kann. Lyell erklärt die südamerikanischen Fossilien zu riesigen Vorgängern heutiger Tiere. Wie soll das ohne Veränderung möglich sein? Auch von den Vögeln der Galapagosinseln gibt es Neues. Der Ornithologe John Gould informiert Darwin, dass eine ganze Reihe von verschieden aussehenden Vögeln alle vom Finken abstammen. Darwin überlegt, wie die Arten von Südamerika überhaupt auf die abgelegene Inselgruppe gelangt sein können und wie sie sich dort verändert haben. Denn eine Veränderung muss es gegeben haben.

Henslow ist Darwins erster Ansprechpartner in naturhistorischen Dingen, beide sind inzwischen eng befreundet. »Und wenn ich achtzig Jahre alt bin, werde ich nicht aufhören zu staunen, dass ich ein wissenschaftlicher Autor geworden bin«, schreibt Darwin im November 1837 nach Cambridge. »Diese wunderbare Verwandlung verdanke ich allein Ihnen.« Doch von seinem Notizbuch erzählt Darwin nicht. Henslow ist ein gläubiger Mensch, Zweifel an der Schöpfungsgeschichte wird er nicht zulassen. Darwin, der auf der Reise noch an die Version der Bibel geglaubt hat, entwickelt sich seit der Rückkehr in die entgegengesetzte Richtung.

»Ich war aber in dieser Zeit allmählich dahin gekommen, einzusehen, dass dem Alten Testamente – mit seiner offensichtlich falschen Weltgeschichte, mit seinem babylonischen Turm, mit dem Regenbogen als Zeichen und seiner Art, Gott Gefühle eines rachedurstigen Tyrannen zuzuschreiben – nicht mehr Glauben zu schenken sei als den heiligen Schriften der Hindus oder dem Glauben irgendeines Wilden«, heißt es in der Autobiografie. Darwin wird ungläubig. »Wir geben zu, dass Trabanten, Planeten, Sonnen, das Universum, nein, ganze Systeme von Universen von Gesetzen regiert werden, aber beim kleinsten Insekt wollen wir, dass es in einem speziellen Akt erschaffen wurde«, bemerkt er 1837.

Doch die große Mehrheit seiner Kollegen denkt genau das. Sie sind wie Henslow anständige Anglikaner, und die Bibel bildet die Grundlage ihrer Forschung – die Entstehung der Welt wird durch die Schöpfungsgeschichte erklärt. Und das bedeutet: Alle Pflanzen und Tiere existieren bis in die Gegenwart in der Form, in der Gott sie erschaffen hat. Heute, da die Evolutionstheorie unumstritten ist, kann man sich nur schwer vorstellen, welch großes Tabu Darwin bricht. Mögen die verrückten Franzosen denken was sie wollen, in England herrscht eine Allianz von Wissenschaft und Kirche, die abweichendes Denken sanktioniert. Darwin ist ein Einzelkämpfer, und er tut gut daran, für die Schublade zu forschen.

Umso mehr, da es eine politische Dimension der Evolutionstheorie gibt. Wie die Darwin-Biografen Adrian Desmond und James Moore darlegen, sind die ersten Jahrzehnte des 19. Jahrhunderts in England eine Phase ständiger politischer Kämpfe. Die Fliehkräfte der Industrialisierung spalten die Gesellschaft, wiederholt revoltieren die Arbeiter und verarmten Slumbewohner. Parallel versuchen die liberalen Whigs, die langjährige Regierungsmacht der konservativen Tories zu brechen, um moderne Reformen einzuleiten. In diesem explosiven Gemisch droht eine Theorie der Evolution die aufbegehrende Unterschicht vollends zu entfesseln: Sind die Tiere nicht göttlicher Herkunft, ist der Weg nicht weit, den Ursprung des Menschen infrage zu stellen – und damit die göttlich begründete hierarchische Gesellschaftsordnung.

Darwin ist bewusst, dass eine Theorie der Evolution nicht vor der Spezies Mensch haltmachen kann. Im Zoo von London gibt es um diese Zeit erstmals einen Orang-Utan zu sehen, und er beobachtet das Weibchen – den Menschen im Hinterkopf – akribisch. »Der Wärter zeigte ihr einen Apfel, gab ihn ihr jedoch nicht, worauf sie sich auf den Rücken warf und wie ein kleines Kind strampelte und schrie«, schreibt Darwin im April 1838 an seine Schwester Susan. Er fühlte sich in seinem vorsichtigen Vorgehen insofern bestätigt, dass in London einige Jahre später populärwissenschaftliche evolutionäre Pamphlete kursieren, die enormes Aufsehen erregen und derer die Zensur vergeblich Herr zu werden versucht.

Währenddessen wächst Darwins Renommee. Er wird in den Vorstand der Geologischen Gesellschaft gewählt, im Oktober 1837 bietet man ihm den Sekretärsposten an. Trotz Bedenken bleibt Darwin vor lauter Lob nichts übrig, als zu akzeptieren. Im Februar 1838 wird er Vizepräsident der Entomologischen Gesellschaft. Doch Darwin ist nicht gerne unter Kollegen. Unter Menschen fühlt er sich unwohl, das Vortragen von Aufsätzen macht ihn nervös. Und er verabscheut den Lärm und Schmutz Londons, je länger er dort lebt.

1838 erscheint der erste Band der von Darwin herausgegeben *Zoology*: Richard Owens Analyse der fossilen Säugetiere. Darwin füllt währenddessen Notizbuch um Notizbuch mit Fragen, Spekulationen und Fakten zur Evolution. Eine wichtige Quelle dabei sind Tierzüchter, deren tägliche Praxis viel lehrreicher ist als alles, was in den Büchern steht. Darwin nimmt Kontakt zu Farmern auf und liest landwirtschaftliche Journale. Die Züchter bringen durch Kreuzungen sorgfältig ausgewählter Tiere in wenigen Generationen völlig neue Formen an Tauben, Hunden oder Rindern hervor. Wenn sogar der Mensch das schafft, wozu muss erst die Natur fähig sein?

Während Darwin sich beruflich mit der Kreuzung von Tieren beschäftigt, erwägt er privat eine Heirat. Er seziert das Thema wie eine geologische Schicht und erstellt eine lange Liste mit den Vor- und Nachteilen. »Kinder« und »Ein Zuhause« stehen »Zeitverlust« und »Weniger Geld für Bücher« gegenüber. Das Ergebnis: »Heiraten. Quod erat demonstrandum.« Eine Frau hat Darwin sich schon ausgeguckt: seine Cousine Emma. Die Ehe eines Darwin mit einer Wedgwood ist fast schon Familientradition und besitzt den praktischen Vorteil, das Vermögen beider Familien zusammenzuhalten. Außerdem ist eine stattliche Mitgift zu erwarten. Im November 1838 hält Darwin um Emma Wedgwoods Hand an.

Sie nimmt seinen Antrag an, aber es gibt ein Problem: Darwin hat Emma – gegen den Rat seines Vaters – von seinem geheimen Projekt erzählt. Sie aber ist wie alle Wedgwoods gläubige Unitarierin. Nach der Hochzeit am 29. Januar 1839 schreibt Emma ihrem Mann einen Brief, in dem sie ihrer ernsthaften Sorge um ein gemeinsames Zusammenleben nach dem Tod Ausdruck gibt. Darwin antwortet äußerst liebevoll, aber seine Arbeit gibt er nicht auf.

Inzwischen haben seine Überlegungen einen entscheidenden Anstoß bekommen: Darwin liest den »Essay on the Principle of Population« von Thomas Malthus. Der Volkswirtschaftler hat die Theorie aufgestellt, dass im Kampf um die Ressourcen Krankheiten, Tod und Hunger die Bevölkerungszahl niedrig halten. Es überlebt nur, wer sich behaupten kann. Malthus macht das Konkurrenzprinzip zum Motor einer Gesellschaft, was genau der Ideologie der in der Regel wirtschaftsliberalen Whigs entspricht. In der Politik sind die Folgen zu sehen: Die Whigs haben ein Gesetz durchgesetzt, das die Sozialhilfe abschafft und die Armen in Arbeitshäuser zwingt. Das drückt die Löhne und hat den positiven Nebeneffekt, dass ein erheblicher Teil der verarmten Bevölkerung in die Kolonien emigriert.

Darwin erkennt, dass es als Folge von Überbevölkerung auch in der Natur einen Kampf ums Überleben gibt: Er entdeckt das Prinzip der natürlichen Selektion, den wichtigsten Baustein seiner Theorie. Denn als er die Malthus-Lektüre mit dem Wissen über Tierzucht verknüpft, entsteht ein Motor evolutionärer Veränderung: Alle Tiere einer Art sind in Nuancen unterschiedlich. Von ihnen lässt der Populationsdruck nur diejenigen überleben, die zufällig am besten an die Umstände angepasst sind, denn natürliche Feinde und Futterknappheit dezimieren die Nachkommenschaft massiv. Die durch die Natur ausgewählten Tiere vermehren sich auf Kosten der anderen. Sie geben ihre Merkmale an die nächste Generation weiter, und im Laufe der Jahrhunderte verfestigen und verstärken sich diese Merkmale, bis erst eine Varietät der Art und irgendwann eine neue Art entsteht.

Im Mai 1839 erscheint endlich Darwins Reisebericht, der heute unter dem Namen *Die Fahrt der »Beagle«* berühmt ist. Der Kontrast zu FitzRoys Beitrag kann größer nicht sein: Während Darwins Buch vor neuen Theorien strotzt, erklärt FitzRoy alle geologischen Veränderungen durch die Sintflut. Der Hang zu Hypothesen wird Darwin in einigen Rezensionen des Buches angekreidet. Viele Naturforscher sehen ihre Aufgabe darin, Fakten zu sammeln und zu klassifizieren, ohne daraus Theorien zu entwickeln. Darwin ist da anders. Oft hat er eine Idee schon im Kopf, bevor er überhaupt mit dem Beobachten anfängt.

Das Echo in der Wissenschaft auf Darwins Bericht ist positiv. Humboldt, den Darwin um diese Zeit persönlich trifft, lobt das Buch über den grünen Klee. Bald kommt eine deutsche Übersetzung auf den Markt. »Der Erfolg dieses meines ersten literarischen Erzeugnisses stärkt meine Eitelkeit stets mehr als der irgendeines anderen meiner Bücher«, schreibt Darwin im Rückblick. Eines aber fehlt darin: Eine Erklärung, warum eine Reihe von Tieren auf den Galapagosinseln offenbar Veränderungen durchlaufen haben.

In diesen Jahren beginnt eine Krankheit Darwins Arbeit stark zu beeinträchtigen. 1839 klagt er monatelang über Migräne, 1840 ist er ein halbes Jahr arbeitsunfähig. Die Art der Krankheit, die Darwin ein Leben lang begleitet und deren hauptsächliche Symptome schwere Übelkeit und Erbrechen sind, ist bis heute Gegenstand medizinischer Spekulation. Eine Theorie lautet, Darwin habe sich in Südamerika durch einen Wanzenbiss mit der amerikanischen Schlafkrankheit angesteckt. Andere Ärzte diagnostizieren ein Trauma durch den frühen Tod der Mutter. Wieder andere erstellen einen neurologischen Befund. Darwin ist ein sehr vorsichtiger Mensch, und er wusste, dass seine Theorie revolutionäre Folgen haben wird. Das kann durchaus auf den Magen schlagen.

1841 beginnt Darwin wieder zu arbeiten, und im Mai 1842 erscheint sein erstes geologisches Buch: *Über den Bau und die Verbreitung der Korallenriffe*. Darwin präsentiert eine neue Theorie, die er auf den Keelinginseln entwickelt hat. Er erklärt die Korallenriffe durch das langsame Versinken von Inseln im Meer, während die sie umgebenden Riffe senkrecht nach oben wachsen, weil sie nur in seichten Gewässern überleben. Darwins Theorie wird 1952 experimentell bewiesen: Durch eine Bohrung stellt man fest, dass sich unter den Riffen tatsächlich Sockel von Kalkstein befinden – die Überreste toter Korallen.

Ebenfalls 1842 berichtet Darwin zum ersten Mal einem Kollegen von seiner Theorie der Arten. Es ist für ihn schwierig, ohne einen Partner zu arbeiten, der seine Gedanken kritisch retourniert. Henslow ist eine solche Instanz auf der Reise gewesen, doch jetzt kommt er nicht infrage. Darwins Wahl fällt auf Charles Lyell, mit dem ihn im Hinblick auf seine geologische Arbeit damals viel verbindet. Dessen Antwort fällt wenig begeistert aus. Lyell ist ein erklärter Gegner Lamarcks, deshalb missfällt ihm auch der Ansatz seines jungen Kollegen.

Darwin ist enttäuscht, aber er lässt sich nicht entmutigen. Im Juni 1842 fasst er seine Erkenntnisse auf 35 Seiten zum ersten Mal zusammen, wobei er viele Gedanken nur in Stichworten ausführt. Diese Skizze enthält bereits die Variation durch Züchtung, die natürliche Selektion, die Fossilien als Vorfahren gegenwärtiger Tiere, die Bedeutung der geografischen Isolation für die Variation, die übereinstimmenden Strukturen von Händen, Flossen und Flügeln sowie die Entstehung abortiver Organe: die Verkümmerung von Organen, die auf einer neuen evolutionären Stufe nicht gebraucht werden.

Kurz darauf ziehen Charles und Emma Darwin, mit mittlerweile einem Sohn und einer Tochter, aufs Land. Darwin erträgt London nicht mehr, und natürlich ist die Hoffnung auf eine gesundheitliche Erholung im Spiel. Die Familie entscheidet sich für ein Haus in Down in der Grafschaft Kent, sechzehn Meilen oder zwei Stunden Fahrt von London entfernt. Darwins Aufenthalt in der

Hauptstadt ist nicht mehr unbedingt erforderlich: Den Sekretärsposten in der Geologischen Gesellschaft hat er 1841 aufgegeben, und es steht nur noch ein Band der *Zoology* aus: Nach Owens Fossilien sind nacheinander die Säugetiere von Georg Waterhouse, die Vögel von John Gould und die Fische von Leonard Jenyns herausgekommen. Der Band über die Reptilien der Reise von Thomas Bell bildet 1843 den Abschluss.

Anfang 1844 veröffentlichte Darwin das Buch *Geologische Beobachtungen über die Vulkanischen Inseln*. Es basiert auf seinen Erkenntnissen von der Reise, dazu arbeitet er wie in fast allen seinen Büchern umfangreiches Forschungsmaterial anderer Autoren ein. »Ich hoffe, Ihr werdet meinen Band lesen«, schreibt Darwin über das Buch an Lyell, »denn wenn Ihr es nicht tut, fällt mir niemand anderes ein, der es lesen wird!«.

Um diese Zeit wagt Darwin einen zweiten Versuch, sich einem Kollegen zu offenbaren. Ihm ist der junge Botaniker Joseph Hooker aufgefallen, und er beginnt einen Briefwechsel. Hooker ist ebenfalls auf einem Forschungsschiff gewesen, unterwegs hat er *Die Fahrt der »Beagle«* gelesen. Darwin lässt Hooker erst einmal die Pflanzen der Galapagosinseln zukommen, »an denen selbst Humboldt beträchtliche Neugier zeigte« und die Henslow nicht hat bestimmen können. Und am 11. Januar 1844 kommt Darwin vorsichtig aus der Deckung.

»Neben einem allgemeinen Interesse an südlichen Ländern bin ich seit meiner Rückkehr mit einem sehr vermessenen Werke beschäftigt und kenne keinen Menschen, der es nicht töricht heißen würde«, beginnt Darwin wie ein reuiger Sünder. Er erzählt von den Galapagos und den Fossilien, schließlich kommt er zur Sache: »Endlich hat sich ein Lichtstrahl gezeigt, und ich bin nahezu überzeugt (völlig entgegengesetzt zu meiner anfänglichen Ansicht), dass die Spezies nicht unveränderlich sind (mir ist, als gestände ich einen Mord). Der Himmel bewahre mich vor Lamarcks Unsinn einer ›Neigung zum Fortschritt‹ und ›Anpassungen infolge des langsam wachsenden Willens der Tiere‹, aber die Schlüsse, zu denen ich gelange, unterscheiden sich nicht sehr von den seinigen.« Am Ende steht wieder ein wenig rhetorische Selbstgeißelung. »Sie werden nun stöhnen und bei sich denken, ›wem habe ich da geschrieben und meine Zeit vergeudet?‹ Noch vor fünf Jahren hätte ich das Gleiche gedacht ...«.

Als gestände er einen Mord – so kommt sich Darwin vor. Und das Opfer ist Gott. Ihm traut Darwin allenfalls noch zu, die Naturgesetze der Evolution zur Verfügung gestellt zu haben. Anders als Lyell reagiert Hooker nicht abweisend. Er glaubt Darwin nicht, aber er bekundet Interesse, wie der Kollege denn zu solchen Ansichten komme. Dies ist der Moment, in dem Henslow als bestimmende Figur in Darwins Leben verschwindet. In botanischen Fragen bleibt er wichtiger Ansprechpartner, aber die Theorie der Arten entwickelt Darwin in Briefen und Gesprächen mit Hooker zur Perfektion. Endlich hat er einen Partner gefunden – ein klassisches Male Couple, ein männliches Produktionspaar im Sinne Klaus Theweleits.

Ermutigt überarbeitet Darwin seinen Essay von 1842 und macht ein fast 200-seitiges, gut lesbares Buch daraus. Die Struktur bleibt die gleiche, nur zwei kurze Kapitel sind thematisch neu. Darwin bringt mehr Beispiele ein und formuliert die skizzierten Passagen aus. Dieser Essay ist es wert, veröffentlicht zu werden – Darwin tut es nicht. Immer noch hat er Angst um seine wissenschaftliche Reputation und die gesellschaftlichen Folgen. Dazu kommt ein schlechtes Gewissen: Alle seine Förderer in Cambridge – Henslow, Jenyns, Sedgwick, Fox – sind Wissenschaftler und Geistliche, denen die Unveränderbarkeit der Arten Gesetz ist. Kann er sie derart enttäuschen? Der wichtigste Grund ist aber dieser: Darwin hat noch nicht genug Belege, um die Theorie hieb- und stichfest zu machen.

Zumindest lässt er die Veröffentlichung des Essays posthum sicherstellen. »Wenn, so wie ich glaube, meine Theorie wahr ist und auch nur von einem sachverständigen Richter anerkannt wird, bedeutet dies einen beträchtlichen Schritt für die Wissenschaft«, schreibt er in einem Brief, den er seiner Frau hinterlegt. »Ich schreibe dies daher im Falle meines plötzlichen Ablebens als meinen feierlichsten und letzten Wunsch nieder, dass Du 400 Pfund für ihre Veröffentlichung aufwenden und Du selbst oder mithilfe Hensleighs alle Anstrengungen unternehmen wirst, sie bekannt zu machen.« Hensleigh ist Emmas Bruder. Darwin stellt seine Notizen zur Verfügung und nennt als Herausgeber Lyell, später Henslow und Hooker.

Im September 1844 bittet Darwin seine Frau, den Essay zu lesen. Wieder äußert Emma ihre Bedenken. Trotz unterschiedlicher religiöser Auffassungen ist Darwin wichtig, dass sie über seine Forschungen Bescheid weiß. Währenddessen wird die Zusammenarbeit mit Hooker immer intensiver. In seinen Briefen berichtet Darwin beinahe wöchentlich vom Stand der Dinge und überschüttet Hooker mit Fragen. Für Darwins Verhältnisse, der berufliche Kontakte wegen seiner Krankheit bereits reduziert, treffen sich beide häufig. Ende 1844 bringt Hooker einige junge Kollegen mit nach Down. Darwin beginnt, eine eigene Seilschaft aufzubauen, die ihn im Falle einer Veröffentlichung unterstützen kann.

1845 gibt Darwin der Öffentlichkeit einige Hinweise über seine Theorie. Es steht eine Neuausgabe seines Reiseberichts an, und Darwin arbeitet das Kapitel über die Galapagosinseln stark um. »Wenn man diese Abstufung und strukturelle Vielfalt bei einer kleinen, eng verwandten Vogelgruppe sieht, möchte man wirklich glauben, dass von einer ursprünglich geringen Zahl an Vögeln auf diesem Archipel eine Art ausgewählt und für verschiedene Zwecke modifiziert wurde«, heißt es über die Finken. Und am Ende des Kapitels spricht Darwin von »der Schöpfungskraft, wenn ein solcher Begriff Anwendung finden darf, die sich auf diesen kleinen, kargen und felsigen Inseln offenbart.« Schöpfungskraft – gegenüber der Ausgabe von 1839 ist das ein Quantensprung.

Im Oktober 1846 schließt Darwin die Aufarbeitung seiner Reise mit dem Buch *Geologische Betrachtungen über Südamerika* ab 85. Es beschreibt die Erhebung der Ost- und Westküste und analysiert fast den ganzen Kontinent. Besonderes Gewicht legt er auf die Geologie der Anden. Heute, da die Evolutionstheorie alles überschattet, wird kaum mehr registriert, was für ein guter Geologe Darwin gewesen ist. Nach seiner Reise hat er England nie mehr verlassen, und er bedauert das. »Der Gedanke, dass ich wahrscheinlich nie wieder das erlesene Vergnügen haben werde, geologisches Licht aus einer schwierigen dunklen Region nach oben zu bringen, lässt mich seufzen«, schreibt Darwin an Lyell.

Nach zehn Jahren Arbeit sind alle geologischen Fakten verarbeitet, alle Sammlungen verteilt. Nur eine kleine Entenmuschel aus Chile hat Darwin übrig. Er untersucht sie, und ehe er sich versieht, hat er ein neues Projekt. Hooker trägt seinen Teil dazu bei. In ihrem Briefwechsel spielt er meist den Advokat des Teufels, wozu er sich nicht einmal verstellen muss. Er präsentiert immer wieder Gegenargumente und entzieht vielen Überlegungen Darwins den Boden. Im Laufe der Jahre nimmt das Prozedere sportliche Züge an: Hooker stellt Darwin neue Hindernisse in den Weg, und der räumt sie durch ausgeklügelte Experimente aus dem Weg. Genau das wird die Evolutionstheorie später so überzeugend machen: Alle denkbaren Einwände sind bereits ins Kalkül gezogen und werden im Buch diskutiert.

Besonders skeptisch ist Hooker wegen Darwins mangelnder zoologischer Erfahrung. »Wie schmerzlich ist die Wahrheit Deiner Bemerkung (für mich), niemand habe das Recht, die Frage der Arten zu untersuchen, der nicht viele von ihnen in allen Einzelheiten beschrieben hat«, schreibt Darwin an seinen Partner. Die Entenmuscheln sind die Gelegenheit, genau das zu tun. Er besorgt sich aus englischen Sammlungen Exemplare, bittet Briefpartner in aller Welt, ihm welche zu schicken und wird schon bald mit Material überflutet. Später dehnt Darwin seine Arbeit auch auf fossile Muscheln aus, was die Arbeit wiederum verlängert.

Die Untersuchung ist mühselig. Es dauert zwei Tage, eine Muschel zu präparieren, zu säubern, unter dem Mikroskop zu sezieren und zu beschreiben. Dazu merkt Darwin, dass viele Klassifikationen willkürlich oder falsch sind. »Gestern fand ich heraus, dass vier oder fünf benannte Gattungen alle die nächste Art einer Gattung waren. Dies wird Ihnen einen Eindruck von dem großen Durcheinander geben, in dem sich meine armen Entenmuscheln befinden«, schreibt er an Hooker. Einen Teil der Tiere muss Darwin selbst benennen, was genauso knifflig ist – Arten und ihre Variationen scheinen fließend ineinander überzugehen.

»Nachdem ich eine Anzahl von Bildungen als verschiedene Spezies beschrieben, dann mein Manuskript zerrissen, sie wieder zu einer Spezies vereint, es dann wieder zerrissen, sie zu getrennten Spezies und wieder zu einer gemacht hatte, knirschte ich mit den Zähnen, verwünschte die Spezies und fragte mich, welche Sünde ich wohl begangen hätte, um eine solche Strafe zu verdienen«, klagt er Hooker sein Leid. Darwins Laune verschlechtert sich zusätzlich, als sein Partner 1847 zu einer Forschungsreise nach Indien und Tibet aufbricht – und das, als er gerade den Evolutions-Essay von 1844 zu lesen bekommen hat.

Dann stirbt im November 1848 Darwins Vater. Darwin ist schon in den Monaten zuvor sehr krank gewesen, und der Verlust verschlimmert seinen Zustand. Von den acht Jahren, in denen er die Entenmuscheln sowie einige andere Rankenfüßer beschreibt und vier Monografien darüber veröffentlicht, ist er zwei Jahre krank und arbeitsunfähig. »Meine Gesundheit wurde schlechter und schlechter; unaufhörliche Übelkeit, zitternde Hände und Schwindelgefühle«, berichtet er Henslow. »Ich dachte, ich würde den Weg allen Fleisches gehen.«

Darwin hat es schon erfolglos mit Opiumpillen und diversen Quacksalbereien versucht. Im März 1849 hört er von einer Kaltwasserkur in Malvern und fährt mit Emma und den sechs Kindern dorthin. Die Behandlungsmethoden sind unorthodox, aber sie helfen – wenigstens eine Zeit lang. Darwin trägt den ganzen Tag eine Kompresse, die in kaltes Wasser getaucht worden ist und regelmäßig erneuert wird. Morgens rubbelt man ihn mit nassen Handtüchern ab, und es gibt eine strenge Diät, die Darwin so beschreibt: »Zu keiner Zeit darf ich Zucker, Butter, Gewürze, Tee, Bacon oder irgendetwas Wohlschmeckendes zu mir nehmen.«

Ende Juni kehrt Darwin in besserem Zustand nach Down zurück. Mit der Kur fährt er noch jahrelang daheim fort. Er lässt eine Kaltwasserdusche in den Garten bauen, die er morgens benutzt. Nun widmet er sich wieder den Muscheln und stellt bemerkenswerte Sexualpraktiken fest. Manche weiblichen Muscheln besitzen mehrere parasitäre Männchen. Darwins Tempo aber bleibt gering: Der Wasserdoktor hat ihm nur zwei Stunden Arbeit täglich zugestanden.

Zwischendrin gerät Darwin wieder in Verzweiflung: Er sieht im Detail, wie unübersichtlich es in der zoologischen Welt zugeht. Die sorgsam ausgetüftelten Klassifikationssysteme sind bloß der hilflose Versuch, ein Raster über den Dschungel zu legen. Stabilität ist die Ausnahme, Veränderung allgegenwärtig. »Zum Teufel damit und den ganzen Tribus ausrotten; ich sehe kein Ende meiner Arbeit«, schreibt Darwin im Februar 1850 an Hooker. Dem Wissenschaftsbetrieb geht er fast völlig aus dem Weg, weil sich sonst sofort der Magen bemerkbar macht. Im November 1853 bekommt Darwin die Medaille der Royal Society – und muss nach der Dankesrede gleich wieder in Wasserkur fahren.

1854 erscheint endlich der letzte der vier Bände über die Muscheln. »Meine Arbeit war mir von beträchtlichem Nutzen, als ich in meinem *Ursprung der Arten* die Grundsätze einer natürlichen Klassifikation zu erörtern hatte«, schreibt Darwin in der Autobiografie. »Trotzdem bezweifle ich es noch, ob das Werk der Aufwendung von so viel Zeit wert war.« Immerhin hat er sich den Ruf eines ausgezeichneten Zoologen erworben, was seiner Theorie der Arten wesentlich mehr Glaubwürdigkeit verschaffen wird. Und er lernt über eine der Monografien Thomas Huxley kennen, ein ebenfalls um die Welt gereister Wissenschaftler mit brillanten rhetorischen Fähigkeiten. Er wird neben Hooker Darwins wichtigster Verbündeter. Aufgrund der Vehemenz, mit der er später für die Evolutionstheorie eintritt, erhält er den Beinamen »Darwins Bulldogge«.

Nun geht die Arbeit an der Theorie weiter. Darwin interessiert sich für die Verbreitung von Tieren und Pflanzenarten über das Meer. Er weiß, dass isolierte Gebiete wie die Galapagosinseln viele neue Arten hervorbringen und die Tiere eine Verwandtschaft mit dem Festland aufweisen. Also müssen sie über das Meer gelangt sein. Außerdem hat Hooker ihn mit dem Argument herausgefordert, dass die Flora auf Tasmanien und Feuerland ähnlich ist. Parallel versucht Darwin, die anatomischen Veränderungen von Zuchttieren zu objektivieren.

Darwin stellt Fragen, die niemand vor ihm gestellt hat: Wie lange treiben Pflanzensamen im Salzwasser, ehe sie untergehen? Können junge Muscheln am Fuß eines Vogels haften bleiben, wenn er aus dem Sumpf auffliegt? Sind Pflanzensamen noch keimfähig, nachdem ein Vogel sie im Gewölle herausgewürgt hat? Welche Blumen aus den Rocky Mountains kommen auch in den Alpen vor? Wiegt der Flügel einer zahmen Ente weniger als der einer Wildente? Unterscheiden sich das Fohlen eines Rennpferdes und das eines Zugpferdes in ihrer Größe? Warum ist der Anteil flügelloser Käfer auf Inseln höher als auf dem Festland?

Auf fast alle Fragen findet Darwin eine Antwort. Sein Haus ist um diese Zeit »eine Austauschbörse von globaler Bedeutung für exotische Haustiere«, wie es der britische Evolutionsbiologe Mark Ridley ausgedrückt. Darwin besorgt sich Tiere, Tierskelette und Pflanzen aus der ganzen Welt, seine Taubensammlung umfasst nahezu alle in England bekannten Arten. Er kreuzt Tiere, vermisst Skelette und denkt sich Experimente aus, eins fantasievoller als das andere. Natürlich gibt es immer wieder Rückschläge. »Die Fische im Zoologischen Garten haben die Samen, nachdem sie sie gefressen hatten, sämtlich wieder ausgespien, und Samen sinken im Salzwasser – die ganze Natur ist verdreht und will nicht so, wie ich es will, und im Moment wünsche ich mir, dass ich an meinen alten Entenmuscheln arbeiten könnte«, schreibt Darwin im Mai 1855 an Fox, der mittlerweile eingeweiht ist.

Doch in den meisten Fällen bestätigen Darwins Experimente die Theorie der Veränderung. Er häuft Beleg um Beleg an. Hooker gehen allmählich die Gegenargumente aus, er ist inzwischen nahezu überzeugt. »Es mag vermessen klingen, aber ich glaube, ich habe sogar Lyell bis zu einem gewissen Grad ins Wanken gebracht«, vermutet Darwin. Trotzdem will er noch nicht veröffentlichen. Ihm fällt immer wieder etwas ein, was noch zu prüfen ist, wer noch zu befragen ist, wie er die Theorie noch besser absichern kann.

Vielleicht wäre das noch Jahre oder Jahrzehnte so weitergegangen. Darwin scheut Ärger und Aufregung mehr denn je, und er weiß, dass eine Publikation ihm beides zur Genüge bringen wird. Doch dann geschieht im Frühjahr 1856 etwas Überraschendes: Charles Lyell drängt Darwin, rasch an die Öffentlichkeit zu gehen. Es gäbe da jemanden, der genau die gleiche Idee hat und ihm zuvorzukommen drohe. Damit ist die kuriose Entwicklung in Gang gesetzt, die zu Charles Darwins wichtigstem Buch *Die Entstehung der Arten* führt.

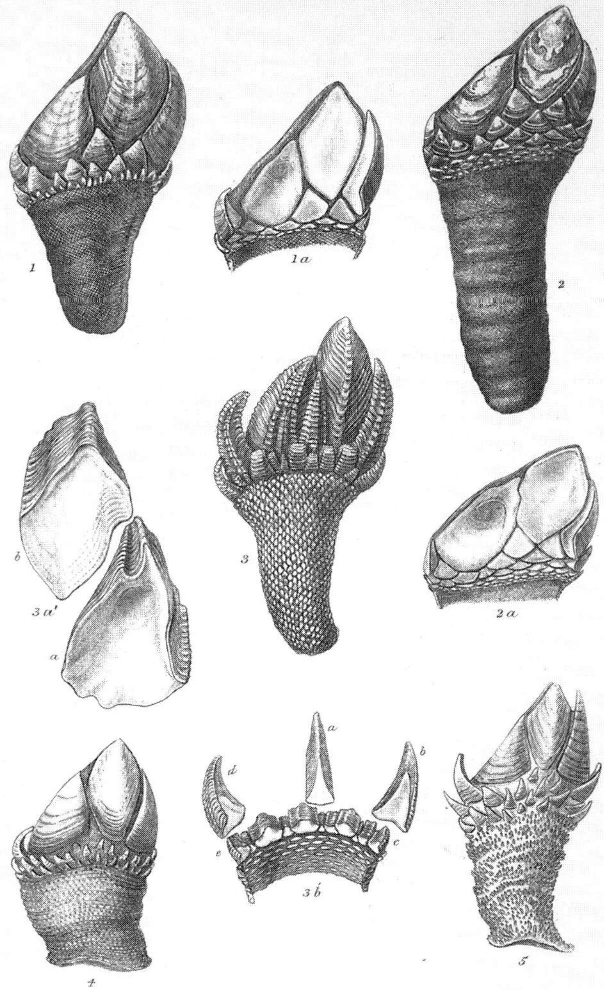

POLLICIPES.

Entenmuscheln

Meerechse

Die Aufmerksamkeit der Naturforscher, welche den Stillen Ozean besucht haben, scheint gänzlich durch die Laguneninseln oder Atolle – jene eigentümlichen Ringe von Korallen-Land, welche plötzlich aus den unergründlichen Tiefen des Ozeans aufsteigen – gefesselt worden zu sein, sodass sie die kaum weniger wunderbaren einschließenden Kanalriffe beinahe unbeachtet beiseite liegen gelassen haben. Die am allgemeinsten angenommene Theorie über die Bildung der Atolle ist die, dass sie auf untermeerischen Kratern basiert sind: wo können wir aber einen Krater von der Form vom Bow Atoll finden, welcher fünfmal so lang als breit ist, oder wie der von der Menchikoffinsel, mit seinen drei Bögen, der zusammen 60 Meilen lang ist; oder wie Rimsky Korsakoff, schmal, gekrümmt und 54 Meilen lang, oder von der der nördlichen Maldiva Atolle, welche aus zahlreichen ringförmigen Riffen zusammengesetzt sind, die auf den Rand einer Scheibe gestellt sind, – von welchen Scheiben eine 88 Meilen in der Länge und nur von 10 – 20 in der Breite misst? Eine weitere Schwierigkeit in dieser Theorie des Ursprungs von Atollen entspringt aus der notwendigen Annahme, dass eine so große Anzahl immenser Krater unterhalb des Meeresspiegels dicht zusammengedrängt sind. Es liegt aber, wie wir sofort sehen werden, eine noch größere Schwierigkeit darin, dass nämlich alle diese Krater nahezu auf demselben Niveau unterhalb des Meeresspiegels liegen müssen. Nichtsdestoweniger bin ich, wenn der Rand eines Kraters in der gehörigen Tiefe eine Basis darböte, doch weit davon entfernt leugnen zu wollen, dass sich nicht auf ihm ein, einem vollkommen charakteristischen Atoll gleiches Riff bilden könnte. Vielleicht existieren gegenwärtig einige derartige; es ist aber unglaublich, dass die größere Anzahl einen solchen Ursprung gehabt haben sollte.

Eine frühere und bessere Theorie hatte Chamisso[1] aufgestellt: er nimmt an, dass, da die massiveren Arten von Korallen die Brandung vorziehen, die äußeren Teile eines Riffes zuerst die Oberfläche erreichen und folglich einen Ring bilden werden. Ich habe im dritten Kapitel bemerkt, dass ein auf einer einzeln stehenden Bank wachsendes Riff eine atollähnliche Bildung anzunehmen streben würde; wenn daher Korallen von einer einige Faden tief in einem tiefen Meere untergetauchten Bank mit steilen Seiten und ebener Oberfläche emporwüchsen, so dürfte sich ein Riff bilden, welches von einem Atoll nicht zu unterscheiden sein würde; und ich glaube, einige derartige Riffe existieren in Westindien. Nach dieser Ansicht muss aber angenommen werden, dass in jedem einzelnen Falle die Grundlage aus einer ebenen Bank besteht; denn wäre sie wie eine Gebirgsmasse kegelförmig gebildet, so sehen wir keinen Grund, warum die Korallen von den Seiten aus emporwachsen sollten anstatt von den zentralen und höchsten Stellen. Da die Lagunen der Atolle zuweilen selbst mehr als 40 Faden tief sind, so muss nach dieser Ansicht auch ferner noch angenommen werden, dass die Korallen in einer Tiefe, in welcher sich die Wellen nicht brechen, kräftiger an den Rändern einer Bank als an ihrem zentralen Teil wachsen; und dies ist eine Annahme ohne Beweise. Wenn wir überdies die Zahl der Atolle inmitten des Stillen und Indischen Ozeans betrachten, so wird diese Annahme so vieler untergetauchter Bänke an und für sich sehr unwahrscheinlich.

Keine der Erwähnung werte Theorie ist vorgebracht worden, um diejenigen Barrieren- oder Kanalriffe zu erklären, welche Inseln von mäßigen Dimensionen ringförmig umgeben. Von dem großen Riffe, welches an der Küste von Australien liegt, hat man, aber ohne irgendwelche Beweise, angenommen, dass es auf dem Rande eines untermeerischen, parallel dem Ufer hinziehenden Absturzes ruhe. Der Ursprung der dritten Klasse, der der Saum- oder Strandriffe, bietet, wie ich meine, kaum irgendeine Schwierigkeit dar, sie entstehen dadurch, dass die Polypen in mäßigen Tiefen wachsen, und dicht an sanft abfallenden Stränden, wo das Wasser häufig trübe ist, gut gedeihen.

Welche Ursache hat denn nun den Atollen und Kanalriffen ihre charakteristische Form gegeben? Wir wollen einmal zusehen, ob sich nicht eine bedeutungsvolle Folgerung aus den folgenden Tatsachen ableiten lässt: – dass riffbildende Korallen nur in einer sehr beschränkten Tiefe üppig gedeihen, – und zweitens, dass auf ganzen Gebieten von ungeheuren Dimensionen keines der Korallenriffe und keine der Koralleninseln sich zu einer größeren Höhe über dem Meeresspiegel erhebt als zu der, welche von den Wellen und dem Winde aufgeworfene Massen erreichen. Ich mache diese letztere Angabe nicht ins Unbestimmte hin; ich habe mit Sorgfalt Beschreibungen jeder einzelnen Insel in den zwischen den Wendekreisen gelegenen Meeren gesucht, und meine Aufgabe wurde mir in einem gewissen Grade durch eine, im Jahre 1834 durch D'Urville und Lotton korrigierten Karte des Stillen Ozeans erleichtert, auf welcher die niedrigen Inseln von den höheren (selbst von denen, welche viel weniger als hundert Fuß hoch sind) dadurch unterschieden werden, dass sie ohne große Anfangsbuchstaben geschrieben worden.[2] Ich habe auch, hauptsächlich nach den Schriften von Cook, Kotzebue, Bellinghausen, Duperry, Beechey und Lütke in Bezug auf den Stillen Ozean, und nach Moresby[3] in Bezug auf den Indischen Ozean ermittelt, dass in den folgenden Fällen der Ausdruck »niedrige Insel« im strengen Sinne Land von der Höhe meint, welche gewöhnlich von den durch die Wellen und die Winde eines offenen Meeres aufgeworfenen Massen erreicht wird. Wenn wir eine

Linie ziehen, um die äußeren Atolle jenes Teils des Tuamotu-Archipels, in welchem die Inseln zahlreich sind, miteinander zu verbinden, – so wird die erhaltene Figur eine zugespitzte Ellipse sein (welche von Hood bis Lazareff Island reicht), deren längere Achse 840 geografische Meilen und deren kürzere 420 Meilen beträgt: auf diesem Raume[4] erhebt sich keine der zahllosen Inselchen, die zu großen Ringen verbunden sind, über das angegebene Niveau. Die Gilbert-Gruppe ist sehr schmal und misst 300 Meilen in Länge. In einer von dieser Gruppe aus verlängerten Linie liegt in der Entfernung von 240 Meilen der Marshall-Archipel, dessen Figur ein unregelmäßiges Viereck ist, das eine Ende ist breiter als das andere; seine Länge beträgt 520 Meilen mit einer mittleren Breite von 240 Meilen: diese beiden Gruppen zusammen sind 1.040 Meilen lang und ihre sämtlichen Inselchen sind niedrig. Zwischen dem südlichen Ende des Gilbert- und dem nördlichen Ende des Tuamotu-Archipels ist der Ozean dünn mit Inseln übersät, welche sämtlich, soweit ich es zu ermitteln imstande gewesen bin, niedrig sind, sodass sich vom südlichen Ende des Tuamotu-Archipels bis zum nördlichen Ende des Marshall-Archipels ein schmaler Streifen des Ozeans von mehr als 4.000 Meilen Länge findet, welcher eine ungeheure Anzahl von Inseln enthält, die sämtlich niedrig sind. Im westlichen Teile des Carolinen-Archipels findet sich ein Raum von 480 Meilen Länge und ungefähr 1.000 Meilen Breite, welcher dünn mit niedrigen Inseln übersät ist. Endlich ist im Indischen Ozean der Archipel der Maldivas 470 Meilen lang und 60 breit und der der Laccadivas 100 bis 150 Meilen: da sich eine niedrige Insel zwischen diesen beiden Gruppen findet, so kann man sie als eine einzige Gruppe von 1.000 Meilen Länge betrachten. Diesem lässt sich noch die Chagos-Gruppe niedriger Inseln hinzufügen, welche 280 Meilen entfernt in einer vom südlichen Ende der Maldivas verlängerten Linie liegt. Diese Gruppe misst mit Einschluss der untergetauchten Bänke 170 Meilen in der Länge und 80 in der Breite. Die Gleichförmigkeit der Richtung dieser drei Archipele, deren sämtliche Inseln niedrig sind, ist so auffallend, dass Capt. Moresby in einem seiner Aufsätze von ihnen als Teilen einer einzigen großen, 1.500 Meilen langen Kette spricht. Ich bin daher vollständig zu wiederholen berechtigt, dass ungeheure Räume sowohl im Stillen als auch im Indischen Ozean mit Inseln überstreut sind, von denen sich keine über die Höhe erhebt, bis zu welcher die Wellen und Winde in einem offenen Meere Substanz anhäufen kann.

Auf welche Grundlagen sind denn nun die Riffe und Koralleninselchen errichtet worden? Ein Grund muss ursprünglich unterhalb jeden Atolls in derjenigen begrenzten Tiefe vorhanden gewesen sein, welche für das erste Wachstum der riffbildenden Polypenstöcke unentbehrlich ist. Es wird vielleicht eine Vermutung gewagt werden, dass die erforderlichen Grundlagen durch die Anhäufung großer Sediment-Bänke dargeboten worden sein dürften, welche infolge der Wirkung oberflächlicher

Strömungen, möglicherweise unterstützt durch die wellenförmige Bewegung des Meeres, nicht ganz bis zur Oberfläche reichten. Dies scheint faktisch an einigen Stellen des westindischen Meeres der Fall gewesen zu sein. Aber in der Form und Lage der Atollen-Gruppen findet sich nichts, was diese Meinung unterstützte; und die Annahme, dass eine Anzahl ungeheurer Haufen von Sediment auf dem Grunde des großen Stillen und Indischen Ozeans in ihren zentralen Teilen weit vom Lande entfernt angesammelt worden sind, wo die dunkelblaue Farbe des durchsichtigen Wassers für seine Reinheit spricht, kann auch nicht einen Augenblick zugestanden werden.

Die vielen weit umher zerstreuten Atolle müssen daher auf felsigen Grundlagen ruhen. Wir können aber nicht glauben, dass ein breiter Berggipfel in einer Tiefe von einigen wenigen Faden unter einem jeden Atoll begraben liegt, und dass trotzdem über die ungeheuren oben genannten Gebiete hinweg nicht eine einzige Felsenspitze über den Meeresspiegel vorspringen sollte. Denn wir können die Gebirge unterhalb des Meeres nach denen auf dem Lande beurteilen; und wo könnten wir eine einzige Kette, geschweige denn mehrere derartige Ketten von vielen Hunderten Meilen in der Länge und von beträchtlicher Breite finden, deren breite Gipfel alle bis auf 120 bis 180 Fuß die nämliche Höhe erreichten? Selbst wenn ohne irgend weitere Beweise angenommen würde, dass die riffbildenden Korallen in einer Tiefe von 100 Faden gedeihen könnten, so würde doch das Gewicht des obigen Argumentes nur wenig vermindert werden; denn es ist sehr unwahrscheinlich, dass ebenso viele submarine Gebirge, als es in den verschiedenen oben speziell angeführten großen und weit voneinander getrennt liegenden Gebieten niedrige Inseln gibt, sämtlich sich bis innerhalb 600 Fuß von der Oberfläche des Meeres und nicht ein einziges über dieselbe erheben sollten, ebenso wie, dass sie in engeren Grenzen von ein- oder zweihundert Fuß von der nämlichen Höhe sein sollten. Diese Vermutung ist in so hohem Grade unwahrscheinlich, dass wir zu der Annahme getrieben werden, dass die felsigen Grundlagen der vielen Atolle niemals zu irgendeiner Periode sämtlich bis in eine Tiefe von einigen wenigen Faden unterhalb der Oberfläche untergetaucht gelegen haben, sondern dass sie in die nötige Lage oder das erforderliche Niveau, einige zu einer Zeit, und einige zu einer anderen, durch Bewegungen in der Erdrinde gebracht worden sind. Dies kann aber nicht durch Erhebung bewirkt worden sein; denn die Annahme, dass so zahlreiche und so weit voneinander getrennte Punkte nach und nach bis auf ein gewisses Niveau in die Höhe gehoben, dass aber nicht ein einziger Punkt bis über dies Niveau hinaus erhoben worden sei, ist vollständig so unwahrscheinlich wie die frühere Annahme und weicht faktisch nur wenig von jener ab. Denen, welche Ehrenbergs Schilderung der Riffe im Roten Meere gelesen haben, wird vielleicht der Gedanke kommen, dass viele Punkte auf diesen Gebieten erhoben worden sein könnten, dass aber, sobald sie erhoben waren, die vorspringenden Teile durch die zerstörenden Wirkungen der Wellen abgeschnitten worden wären: indessen wird eine augenblickliche Überlegung der beckenartigen Form der Atolle zeigen, dass dies unmöglich ist; denn das Emporheben und spätere Abreiben einer Insel wird eine flache Scheibe zurücklassen, welche wohl mit Korallen überkleidet werden, aber nicht eine tief konkave Oberfläche erhalten kann; überdies dürften wir doch erwarten, wenigstens an einigen Stellen das Gestein der Grundlage an die Oberfläche gebracht zu sehen. Wenn daher die Grundlagen der vielen Atolle nicht in ihre erforderliche Lage emporgehoben worden sind, so müssen sie mit Notwendigkeit bis zu ihr gesunken sein; und dies löst mit einem Male jede Schwierigkeit.[5] Denn wir können aus den im vorigen Kapitel mitgeteilten Tatsachen getrost schließen, dass die Korallen während eines allmählichen Sinkens in günstigen Umständen zum Aufbau ihrer soliden Gerüste und zum Erreichen der Oberfläche sich befunden haben, in dem Maße wie Insel auf Insel langsam verschwand. In dieser Weise dürften Gebiete von ungeheurer Ausdehnung in den zentralen und allertiefsten Teilen der großen Ozeane mit Koralleninselchen überstreut worden sein, von denen keines sich zu einer größeren Höhe erheben wird, als der, welche der vom Meere aufgehäufte Detritus erreicht, und nichtsdestoweniger könnten sie alle von Korallen gebildet worden sein, welche für ihr Wachstum absolut eine solide Grundlage innerhalb weniger Faden unter der Oberfläche bedürfen.

Es würde nicht am Orte sein, hier mehr zu tun als auf die vielen Tatsachen hinzuweisen, welche zeigen, dass die Vermutung eines allmählichen Sinkens über große Bezirke hin durchaus nicht unwahrscheinlich ist. Wir haben den klarsten Beweis dafür, dass eine Bewegung dieser Art möglich ist, in den aufrecht stehenden unter viele Tausend Fuß mächtigen Schichten begrabenen Baumstämmen; wir haben auch alle möglichen Gründe zu glauben, dass gegenwärtig große Gebiete allmählich im Sinken begriffen sind, in derselben Weise wie andere sich heben. Und wenn wir bedenken, wie viele Teile der Oberfläche der Erde innerhalb neuerer geologischen Zeiten erhoben worden sind, so müssen wir auch annehmen, dass es in entsprechendem Maßstab Senkungen gegeben hat, denn im anderen Fall würde die ganze Erde geschwollen sein. Es ist sehr merkwürdig, dass Sir Ch. Lyell[6], selbst in den ersten Auflagen seiner *Principles of Geology*, zu dem Schlusse kam, dass die Größe der Senkung im Stillen Ozean die der Erhebung übertroffen haben muss, weil die Ausdehnung an Land im Verhältnis zu den dort wirksamen Kräften, welche solches zu bilden streben, nämlich zum Wachstum von Korallen und zur vulkanischen Tätigkeit, sehr gering ist. Obgleich aber das Sinken eine sonst unerklärliche Erscheinung erklären kann, so darf doch gefragt werden: gibt es irgendwelche direkte Beweise für eine sinkende Bewegung in diesen Gebieten? Dies kann indessen kaum erwartet werden; denn es muss immer, ausgenommen in lange zivilisierten Ländern, äußerst schwierig sein, eine Bewegung zu entdecken, deren Tendenz dahin geht, den affizierten Teil zu verbergen. Wie lange dürfte nicht bei barbarischen und halbzivilisierten Nationen eine langsame Bewegung, selbst einer derartigen Erhebung, wie sie jetzt Skandinavien ergriffen hat, sich der Aufmerksamkeit entziehen!

Mr. Williams [7] hebt nachdrücklich hervor, dass die Überlieferungen der Eingeborenen, welche zu sammeln er sich große Mühe gegeben hat, das Erscheinen irgendeiner neuen Insel nicht andeuten; aber alles, was nach der Theorie der Senkung auftreten würde, würde sein, dass das Wasser zuweilen langsam in das Land übergreift, dass das Land dann wiederum durch Ansammlung von Detritus seine frühere Ausdehnung erhält, und dass vielleicht zuweilen ein Atoll mit Koralleninselchen auf ihm in ein kahl daliegendes oder ein untergesunkenes ringförmiges Riff verwandelt wird. Derartige Veränderungen werden natürlich zu den Zeiten stattfinden, wo das Meer während heftiger Stürme von mehr als gewöhnlicher Stärke über seine gewöhnlichen Grenzen steigt; und die Wirkungen der beiden Ursachen werden kaum voneinander zu unterscheiden sein. In Kotzebues Reise finden sich Schilderungen von Inseln sowohl im Carolinen- als im Marshall-Archipel, welche während Orkanen zum Teil fortgewaschen worden sind; und Kadu, der Eingeborene, welcher an Bord eines der russischen Schiffe war, sagte: »er habe auf Radack das Meer bis an den Fuß der Kokos-Bäume steigen sehen; es sei aber noch beizeiten beschworen worden«.[8] Neuerdings fegte ein Sturm zwei von den Carolineninseln gänzlich weg und verwandelte sie in Untiefen; zwei andere Inseln zerstörte er gleichfalls zum Teil.[9] Einer Überlieferung zufolge, welche Capt. Fitzroy mitgeteilt worden war, wird im Tuamotu-Archipel geglaubt, dass die Ankunft des ersten Schiffes eine große Überschwemmung veranlasst hätte, welche viele Menschenleben vernichtete. Stutchbury erzählt, dass im Jahre 1825 die westliche Seite vom Chain-Atoll in derselben Gruppe vollständig durch einen Orkan zerstört worden sei, und dass nicht weniger als 300 Menschenleben verloren worden seien; in diesem Fall wurde es »selbst den Eingeborenen offenbar, dass der Orkan allein nicht genügte, die heftige Bewegung des Ozeans zu erklären«.[10] Dass beträchtliche Veränderungen neuerdings bei einigen der Atolle im Archipele der niedrigen Inseln stattgefunden haben, geht augenscheinlich aus dem im letzten Kapitel mitgeteilten Falle der Mathildeninsel hervor.

Was die Pfingst- und Gloucesterinsel in dieser nämlichen Gruppe betrifft, so müssen wir entweder ihrem Entdecker, dem berühmten Erdumsegler Wallis eine große Ungenauigkeit zuschreiben oder annehmen, dass sie innerhalb einer Periode von 59 Jahren, zwischen seiner Reise und der des Capt. Beechey, eine beträchtliche

Veränderung erlitten haben. Die Pfingstinsel wird von Wallis beschrieben als »ungefähr vier Meilen lang und drei Meilen breit«. Gegenwärtig ist sie nur anderthalb Meilen lang. Die äußere Erscheinung der Gloucesterinsel ist, mit Capt. Beecheys Worten[11], »von ihrem Entdecker genau beschrieben worden«. Ihre jetzige Form und Ausdehnung weichen wesentlich davon ab. Das Blenheimriff in der Chagos-Gruppe besteht aus einem vom Wasser ausgewaschenen, 13 Meilen im Umfang messenden ringförmigen Riff, welches eine 10 Faden tiefe Lagune umgibt; an seiner Oberfläche finden sich einige wenige abgenagte Flecken von konglomeriertem Korallengestein ungefähr in der Größe von Hütten; und diese sieht Capt. Moresby ohne zu zweifeln als die letzten Überreste kleiner Inselchen an, sodass hier ein Atoll in ein atollförmiges Riff verwandelt worden ist. Die Bewohner des Maldiva-Archipels erklärten bereits im Jahre 1605, »dass die hohen Gezeiten und heftigen Strömungen immer die Zahl der Inseln verminderten«[12] und ich habe bereits nach der Autorität des Capt. Moresby gezeigt, dass das Zerstörungswerk noch im Fortgang begriffen ist, dass aber auf der anderen Seite die erste Entstehung einiger der kleinen Inseln den gegenwärtigen Bewohnern bekannt ist. In derartigen Fällen würde es äußerst schwierig sein, ein allmähliches Sinken der Grundlage, auf welchen diese veränderlichen Gebilde ruhen, zu entdecken.

Einige der Archipele von niedrigen Koralleninseln sind Erdbeben ausgesetzt; Capt. Moresby teilt mir mit, dass sie in der Chagos-Gruppe, welche eine zentrale Lage im Indischen Ozean einnimmt und weit von irgendeinem nicht aus Korallenbildungen bestehenden Land entfernt ist, häufig, wennschon nicht sehr heftig sind. Eine der Inseln in dieser Gruppe war früher von einer Schicht von Dammerde oder Humus bedeckt, welche nach einem Erdbeben verschwand; wie die Bewohner glauben, wurde sie durch den Regen in das darunter liegende zerklüftete Gestein gewaschen: die Insel wurde dadurch unfruchtbar gemacht. Chamisso[13] gibt an, dass Erdbeben auf den Marshall-Atollen, welche von irgendeinem hohen Land entfernt liegen, und ebenfalls auch auf den Inseln des Carolinen-Archipels gefüllt werden. Admiral Lüdtke teilt mir mit, dass er auf Oulleay-Atoll, einem zum letzteren Archipel gehörigen, mehrere gerade, ungefähr einen Fuß breite, Spalten beobachtet habe, welche einige Hundert Yards weit schräg über die ganze Breite des Riffs gelaufen seien. Spalten deuten Streckungen in der Erdrinde und deshalb wahrscheinlich Änderungen in ihrem Niveau an; diese Koralleninseln aber, welche erschüttert und gespalten worden sind, sind sicher nicht erhoben worden, sind daher wahrscheinlich gesunken. Wir werden später noch sehen, dass die Lage gewisser alter Gebäude auf dem Carolinen-Archipel deutlich ein neuerliches Sinken andeutet. In dem Kapitel über Keeling-Atoll habe ich auch versucht, durch direkte Beweise zu zeigen, dass die Insel während der neuerdings dort gefühlten Erdbeben gesunken ist. Die Tatsachen verhalten sich denn folgendermaßen: – es gibt viele große Räume im Ozean ohne irgendwelches hohes Land, welche mit Riffen und Inselchen bedeckt sind, die durch das Wachstum derjenigen Arten von Korallen gebildet worden sind, welche in großen Tiefen nicht leben können; und die Existenz dieser Riffe und niedrigen kleinen Inseln in solcher Anzahl und an so weit voneinander entfernten Punkten ist unerklärlich, ausgenommen nach der Theorie, dass ihre felsigen Grundlagen langsam und allmählich unter den Meeresspiegel gesunken sind, während die Korallen fortgefahren haben nach oben zu wachsen. Keine positiven Tatsachen stehen dieser Ansicht entgegen, und mehrere direkte Beweise, ebenso wie allgemeine Betrachtungen machen sie wahrscheinlich. Es finden sich auch Beweise für eine Veränderung in der Form bei einigen dieser Koralleninseln, mögen dieselben nun Folgen eines Sinkens sein oder nicht; und wir haben auch Beweise für unterirdische Störungen unter ihnen. Wird denn nun wohl die Theorie, zu welcher wir hiernach geführt worden sind, das merkwürdige Problem lösen: – was hat jeder Klasse von Riffen ihre eigentümliche Form gegeben?

Wir wollen einmal in unserer Fantasie eine von einem Saum- oder Strandriff (derjenigen Art, deren Ursprung allein keine Schwierigkeit darbietet) umgebene Insel innerhalb eines im Sinken begriffenen Gebietes verlegen.

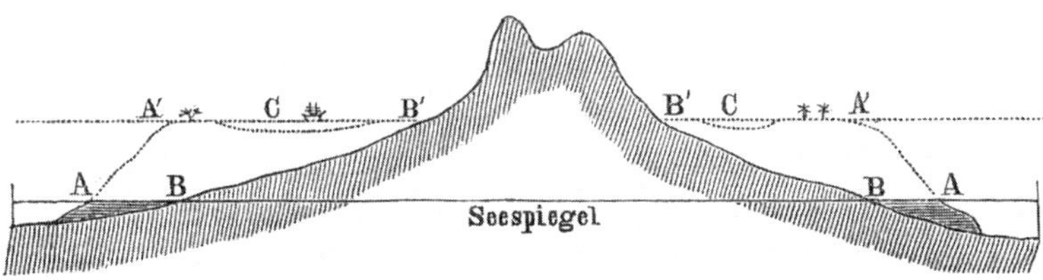

Fig. 5.

AA—Äuszerer Rand des Riffs am Meeresspiegel.
BB—Ufer der Insel.
A'A'—Äuszerer Rand des Riffs, nach seinem Wachsthum nach oben während einer Periode des Sinkens.
CC—Der Lagunen-Canal zwischen dem Riffe und den Küsten des umschlossenen Landes.
B'B'—Die Küsten der umschlossenen Insel.

N.B. In diesem und dem folgenden Holzschnitt konnte das Sinken des Landes nur durch ein scheinbares Erheben des Meeresspiegels dargestellt werden.

Die ununterbrochenen Linien im Holzschnitt (Fig. 5) sollen einen senkrechten Durchschnitt durch das Land und Wasser darstellen, und die horizontal schattierte Partie einen Durchschnitt durch das Riff. In dem Maße nun wie die Insel abwärts sinkt, entweder einige wenige Fuß auf einmal oder völlig unmerklich, werden, wie wir nach dem, was wir von den für das Wachstum der Korallen günstigen Bedingungen wissen, schließen dürfen, die von der Brandung am Rand des Riffes umwaschenen lebendigen Massen bald wieder die Oberfläche erreichen. Das Wasser wird indessen nach und nach immer mehr in das Land vordringen, wobei die Insel niedriger und kleiner und der Raum zwischen dem Rand des Riffs und dem Strand verhältnismäßig breiter wird. Ein Durchschnitt des Riffs und der Insel in diesem Zustand nach einem Sinken von mehreren Hundert Fuß ist im Holzschnitt durch die punktierten Linien angegeben; es wird dabei angenommen, dass sich kleine Koralleninseln auf dem neuen Riff gebildet, und dass ein Schiff in dem Lagunenkanal vor Anker gegangen ist. Dieser Durchschnitt ist in jeder Beziehung der eines einschließenden Kanalriffes und ist in der Tat von Ost nach West durch den höchsten Punkt der eingeschlossenen Insel Bolabol[14] genommen. Derselbe Durchschnitt ist noch deutlicher im folgenden Holzschnitt (Fig. 6) in den ununterbrochenen Linien gegeben worden. Die Breite des

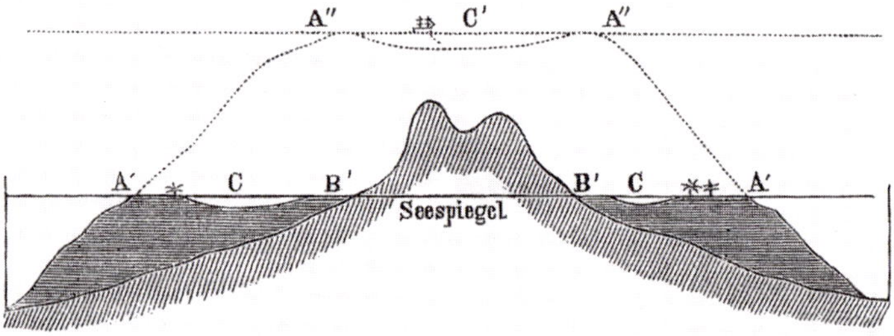

Fig. 6.

A′A′.—Äuszere Ränder des Canal Riffes am Meeresspiegel. Die Cocos-Bäume stellen Corallen-Inselchen dar, welche sich auf dem Riffe gebildet haben.

CC.—Der Lagunen-Canal.

B′B′.—Die Küsten der Insel, meist aus niedrigem alluvialem Land und aus Corallen-Detritus von dem Lagunen-Canal gebildet.

A″A″.—Die äuszeren Ränder des nun ein Atoll bildenden Riffs.

C.—Die Lagune des neugebildeten Atolls. Im Verhältnis zum Maszstabe ist die Tiefe der Lagune und des Lagunen-Canals übertrieben.

Riffs und seine Abdachung sowohl an der äußeren als an der inneren Seite wird durch das Wachstumsvermögen der Korallen unter verschiedenen Bedingungen, beispielsweise der Kraft der Brandungswellen und der Strömungen, denen sie ausgesetzt gewesen sind, bestimmt worden sein; und der Lagunenkanal wird tiefer oder seichter sein im Verhältnis zum Wachstum der zart verzweigten Korallen innerhalb des Riffs und zur Anhäufung von Sediment, auch im Verhältnis zur Schnelligkeit des Sinkens und der Dauer der dazwischen tretenden stationären Perioden.

Aus diesem Durchschnitt geht offenbar hervor, dass eine von dem äußeren Rand des neuen Riffs bis zu der Grundlage des soliden Gesteins gezogene senkrechte Linie, jene geringe Tiefengrenze, in welcher die am erfolgreichsten bauenden Polypen leben können, um so viele Fuß übertrifft, als die Senkung in Fuß beträgt, – die Korallen sind in dem Maße wie das Ganze tiefer sank, von einer aus anderen Korallen und deren zusammengekitteten Bruchstücken gebildeten Grundlage aus nach oben gewachsen. Auf diese Art verschwindet die vorher so bedeutend erscheinende Schwierigkeit über diesen Punkt.

In dem Maß als der Raum zwischen dem Riff und der untersinkenden Küste fortdauernd an Breite und Tiefe zunahm und als die schädlichen Wirkungen des Niederschlags und des vom Land herabgeführten süßen Wassers demzufolge verringert wurden, wird die größere Anzahl der Kanäle, von denen das Riff in seinem Zustand als Strandriff durchbrochen worden sein muss, besonders diejenigen, welche vor den kleineren Strömen lagen, durch das Wachstum der Korallen verstopft worden sein: auf der Seite des Riffs gegen den Wind, wo die Korallen am kraftvollsten wachsen, werden die Durchbrüche wahrscheinlich zuerst geschlossen worden sein. Bei Barrieren- oder Kanariffen werden daher die durch das Abführen der Flutwasser des Lagunenkanals offen gehaltenen Durchbrüche meist auf der Seite unter dem Wind liegen, und sie werden noch immer vor den Mündungen der größeren Ströme liegen, obschon sie jenseits des Einflusses ihres Sediments und ihres Süßwassers entfernt sind; – und dies ist, wie gezeigt worden ist, gewöhnlich der Fall.

Unter Bezugnahme auf die beistehende Zeichnung, in welcher das neugebildete Kanalriff durch eine ununterbrochene Linie, anstatt durch eine punktierte, wie es in dem früheren Holzschnitt war, dargestellt ist, wollen wir annehmen, dass der Prozess des Sinkens anhält; dann wird der Berg mit zwei Spitzen zwei kleine innerhalb eines ringförmigen Riffes eingeschlossene Inseln bilden. Nehmen wir an, dass die Insel fortfährt zu sinken, so wird das Korallenriff fortfahren auf seinem eigenen Grund nach oben zu wachsen, während das Wasser Zoll für Zoll in das Land vordringt, bis die letzte und höchste Zinne bedeckt ist und ein vollkommenes Atoll übrig bleibt. Ein senkrechter Durchschnitt durch dieses Atoll ist im Holzschnitt durch die punktierten Linien wiedergegeben; – ein Schiff ankert in seiner Lagune und die Breite und Abdachung des Riffs werden von den verschiedenen Umständen abhängen, denen es ausgesetzt worden ist, genau so wie eben für die Kanalriffe angegeben wurde. Jedes weitere Sinken wird keine Veränderung im Atoll hervorbringen, ausgenommen eine Verminderung seiner Größe, da das Riff nicht genau senkrecht aufwärts wächst.

Ich will hier bemerken, dass eine Bank entweder von Felsen oder von gehärtetem Sediment, welche im Niveau der Meeresoberfläche liegt und von lebenden Korallen umsäumt ist, durch Sinken sofort in ein Atoll verwandelt werden würde, ohne, wie es bei einem die Küsten einer Insel umsäumenden Riffe der Fall ist, durch die zwischenliegende Form eines Kanalriffes durchzugehen. Wenn, wie früher bemerkt wurde, eine derartige Bank einige wenige Faden untergetaucht läge, so würde das einfache Wachstum der Korallen ohne die Hilfe einer Senkung ein Gebilde hervorbringen, welches von einem echten Atoll kaum zu unterscheiden wäre; denn die Korallen am äußeren Rand würden, weil sie dem offenen Meer frei ausgesetzt sind, kräftig wachsen und einen zusammenhängenden Ring zu bilden streben, während das Wachstum der weniger massiven Arten in der zentralen Ausbreitung durch das dort gebildete Sediment, wie durch das von den Brandungswellen nach innen gewaschene, gehindert würde; und in dem Maß als das Wasser seichter wird, wird auch ihr Wachstum durch die unreinen Zumischungen zum Wasser und wahrscheinlich auch durch die geringe Menge von Nahrung, die ihnen durch die schwächer gewordenen Strömungen zugeführt wird, gestört werden. Das Sinken eines auf eine Bank dieser Art gegründeten Riffs wird der zentralen Ausbreitung oder der Lagune größere Tiefe, den Seiten Steilheit und durch das reichliche Wachstum der Korallen dem ganzen Umriss Symmetrie geben; wie wir aber gesehen haben, können sich die größeren Gruppen von Atollen im Stillen und im Indischen Ozean nicht auf Bänken dieser Art gebildet haben.

Wenn anstatt einer Insel, wie es in der Abbildung dargestellt ist, die Küste eines Kontinents, die von einem Riff umsäumt ist, sinken sollte, so wird ein großes barriereartiges Riff, gleich dem an der Nordostküste von Australien, das notwendige Resultat sein; es würde vom Festland durch einen Kanal mit tiefem Wasser getrennt sein, welcher im Verhältnis zur Größe der Senkung und zu der geringeren oder größeren Neigung des Meeresgrundes breit sein würde. Die Wirkung der fortdauernden Senkung eines Kanalriffs und seine wahrscheinliche Umwandlung in eine Kette einzelner Atolle wird in Betracht gezogen werden, wenn die fortschreitende Zerstückelung der größeren Maldiva-Atolle erörtert wird.

Wir sind nun imstande wahrzunehmen, dass die große Ähnlichkeit in der Form, den Dimensionen, der Bildungsart und der relativen Lage von Strandriffen und kreisförmig einschließenden Kanalriffen, und von diesen letzteren Riffen und den Atollen, das notwendige Resultat der während des Sinkens vor sich gehenden Umwandlung der einen Klasse in die andere ist. Nach dieser Ansicht müssen die drei Klassen von Riffen allmählich ineinander übergehen. Riffe, welche einen intermediären Charakter zwischen denen der Barrierenriff-Klasse und der der Strandriffe besitzen, existieren wirklich; so erstreckt sich z. B. an der südwestlichen Küste von Madagaskar ein Riff mehrere Meilen lang hin, innerhalb dessen sich ein breiter von 6 bis 8 Faden tiefer Kanal findet, aber das Meer wird außerhalb desselben nicht plötzlich tief. Derartige Fälle lassen indessen einen Zweifel zu; denn ein altes Strandriff, welches sich auf einer Basis seiner eigenen Bildung ausgebreitet hat, würde kaum von einem Kanalriff zu unterscheiden sein, welches durch einen geringen Betrag von Senkung erzeugt worden ist und dessen Lagunenkanal während einer langen Periode stationären Bestehens mit Sediment beinahe erfüllt ist. Zwischen Kanalriffen, welche entweder eine einzige hohe Insel oder mehrere kleine niedrige einschließen, und Atollen, welche eine bloße Wasserfläche umgeben, kann eine sehr auffallende Reihe nachgewiesen werden.

Bei Neukaledonien erstreckt sich das Kanalriff 150 Meilen lang auf jeder Seite der submarinen Verlängerung der Insel hin; und am nördlichen Ende scheinen diese Riffe zerbrochen und in ein ungeheures, einige wenige niedrige Koralleninselchen tragendes Atoll umgewandelt zu sein. Wir können uns vorstellen, dass wir bei Neukaledonien die Wirkung der Senkung faktisch im Fortschritt begriffen sehen: – das Wasser dringt am nördlichen Ende der Insel immer weiter vor, nach welchem hin die Gebirge abfallen, und die Riffe erhöhen stetig ihre massiven Gebäude in der Linie ihres früheren Wachstums.

Einwände gegen unsere Theorie der Bildung von Atollen und Kanalriffen. Der ungeheure Betrag an Senkung sowohl der horizontalen als vertikalen Ausdehnung nach, in Bezug auf die Größe des Gebiets und die Tiefe, welche notwendig ist, um jedes Gebirge, selbst das höchste, in den ganzen ungeheuren Räumen der gegenwärtig mit Atollen überstreuten Ozeane unterzutauchen, wird wahrscheinlich den meisten Personen als ein äußerst bedenklicher Einwand gegen die Theorie erscheinen. Da aber Kontinente, so groß wie die Räume, von denen hier angenommen wird, dass sie gesunken sind, über den Meeresspiegel erhoben worden sind, – da ganze Gebiete, wie z. B. in Skandinavien und Südamerika, sich jetzt erheben, – und da man keine Gründe vorbringen kann, warum nicht an einigen Stellen der Erdrinde eine Senkung in einem so großen Maßstab hätte vorkommen können, wie eine Erhebung, so hat dieser Einwand wenig Gewalt. Das Merkwürdige dabei ist, dass eine sinkende Bewegung von einer solchen Ausdehnung und einem solchen Grade innerhalb einer Periode stattgefunden haben soll, während welcher die Korallen fortgefahren haben den nämlichen Riffen neue Substanz zuzufügen. Es ließe sich vielleicht noch ein anderer und weniger augenfälliger Einwand gegen die Theorie vorbringen, nämlich dass, – obschon angenommen wird, dass die Atolle und Kanalriffe eine lange Zeit hindurch beständig gesunken sind, – doch ihre Lagunen und Lagunenkanäle nur selten über 40 und niemals über 60 Faden tief werden. Wenn aber unsere Theorie der Betrachtung wert ist, so geben wir bereits zu, dass die Schnelligkeit der Senkung für gewöhnlich nicht die des Wachstums der massiven Korallen nach oben, welche an den Rändern des Riffs leben, übertroffen hat, sodass wir weiter nur noch anzunehmen haben, dass die Geschwindigkeit niemals die übertroffen hat, mit welcher die Lagunen und Lagunenkanäle durch das Wachstum der hier lebenden zarten Korallen und durch die Anhäufung von Sediment ausgefüllt werden. Da dieser Auffüllungsprozess bei weit vom Land entfernt liegenden Kanalriffen und den größeren Atollen ein äußerst langsamer sein muss, so werden wir zu der Schlussfolgerung geführt, dass die sinkende Bewegung immer gleichförmig langsam gewesen ist. Und diese Folgerung stimmt ganz mit dem überein, was von der Geschwindigkeit neuerlicher Hebungsbewegungen bekannt ist.

Ich glaube, es ist in diesem Kapitel gezeigt worden, dass die Senkung sowohl die normale Bildung als auch die weniger regelmäßigen Formen jener zwei großen Klassen von Riffen erklärt, welche gerechter Weise das Erstaunen aller Naturforscher erregt haben, die durch den Stillen und Indischen Ozean gereist sind. Auch die Notwendigkeit, dass eine Grundlage in der gehörigen Tiefe zum Wachstum der Korallen über gewisse große Gebiete hin existiert haben muss, zwingt uns beinahe dazu, diese Theorie anzunehmen.

Anmerkungen | **1** *Kotzebues erste Reise,* Bd. 3, S. 331. **2** Ich habe auf dieser Karte einige wenige Irrtümer in Bezug auf die Höhe der Inseln entdeckt, welche im Anhange erwähnt werden sollen, wo ich von den Korallen-Bildungen in geografischer Ordnung handle. Auch wegen einer eingehenderen Erwähnung der Daten, auf welche sich die folgenden Angaben gründen, muss ich auf den Anhang verweisen. **3** S. auch Capt. Owens und Lieut. Woods Aufsätze im *Geographical Journal* über die Maldiva- und Laccadiva-Archipele. Diese Beobachter erwähnen besonders die Niedrigkeit der Inselchen; ich gründe aber meine Angaben in Bezug auf diese beiden Gruppen und auf die Chagos-Gruppe hauptsächlich auf Informationen, welche mir Capt. Moresby mitgeteilt hat. **4** Die Metia- oder Aurorainsel ist emporgehoben worden; sie liegt aber nordöstlich von Tahiti, und auf der diesem Bande beigefügten Karte liegt sie dicht außerhalb der, den hier erwähnten Raum umgrenzenden Linie. Ich werde später Veranlassung haben, einige Bemerkungen über die vermutliche unbedeutende Erhebung (von ungefähr drei Fuß) der Atolle des Archipels der Niedrigen Inseln nach ihrer ursprünglichen Bildung zu machen. **5** Die weitere mit der Krater-Hypothese verbundene Schwierigkeit, die ich oben andeutete, wird nun deutlich werden; denn nach dieser Ansicht muss angenommen werden, dass die vulkanische Tätigkeit innerhalb der erwähnten Gebiete eine ungeheure Anzahl von Kratern gebildet hat, welche alle bis innerhalb weniger Faden von der Oberfläche und keiner über dieselbe sich erhoben hätte. Die Vermutung, dass die Krater zu verschiedenen Zeiten über den Meeresspiegel erhoben gewesen, aber durch die Brandung abgetragen und später mit Korallen überkleidet worden wären, ist nahezu den nämlichen Einwürfen ausgesetzt, wie den oben angeführten; ich halte es aber für überflüssig, alle die einer solchen Ansicht entgegenstehenden Gründe einzeln anzuführen. Auch Chamissos Theorie hat wegen der Annahme der Existenz so vieler, sämtlich in der gehörigen Tiefe unter der Oberfläche des Wassers liegenden Bänke einen wesentlichen Mangel. Dieselbe Bemerkung gilt für eine Hypothese des Lieut. Nelson *(Geolog. Transactions,* V 01. V, S. 122), welcher vermutet, dass die ringförmige Struktur dadurch verursacht wird, dass eine größere Anzahl von Korallenkeimen an die abschüssige Seite als an den zentralen Teil einer submarinen Bank befestigt wird; sie gilt gleichfalls für die früher gehegte Meinung (*Forsters Observ*. S. 151), dass die Laguneninseln ihre eigentümliche Form den instinktiven Neigungen der Polypen verdanken. Dieser letzteren Ansicht zufolge stellen sich die Korallen am äußeren Rand des Riffs instinktiv den Brandungen entgegen, um den in der Lagune lebenden und zu anderen Gattungen und zu anderen Familien gehörigen Formen Schutz zu gewähren! **6** *Principles of Geology*, 6. edit., Vol. III., S. 386. **7** *Williams' Narrative of Missionary Enterprise*, S. 31. **8** *Kotzebues erste Reise*. Bd. 3, S. 168. **9** *Desmoulins in Comptes rendus*, 1840, S. 837. **10** *West of England Journal*, Nr. 1, S. 35 **11** *Beecheys Voyage to the Pacaific,* Kap. VII und *Wallis' Reise auf dem »Dolphin«*, Kap. IV. **12** S. einen Auszug aus *Pyrards Reise* in Capt. Owens Aufsatz über den Maldiva-Archipel, im *Geographical Journal*, Vol. II, S. 84. **13** S. Chamisso in *Kotzebues erster Reise*, Bd. 3, S. 182 und 136. **14** Der Durchschnitt ist nach der im Atlas der Reise der »Coquille« gegebenen Karte gemacht worden. Der Maßstab ist 0,57 auf eine Meile. Die Höhe der Insel ist nach Lesson 4.026 Fuß. Die tiefste Stelle des Lagunenkanals ist 162 Fuß; seine Tiefe ist im Holzschnitt der Deutlichkeit wegen übertrieben worden.

»Keiner, der nur 24 Stunden auf See gewesen ist, hat das Recht zu behaupten, Seekrankheit erlebt zu haben. Das wahre Elend beginnt erst, wenn man so erschöpft ist, dass auch schon die kleinste Anstrengung das Gefühl hervorruft, ohnmächtig zu werden.«

Bahia, 8. Februar 1832 in einem Brief an seinen Vater

Südlich vom Plata. – Die Küste wird bis Bahia Blanca (39° s. Br.) entweder aus einem horizontalen Zuge von Klippen oder von ungeheuren Anhäufungen von Sanddünen gebildet. Innerhalb Bahia Blanca wird ein kleines Stück von Tafelland ungefähr zwanzig Fuß über Hochwasserstand, Punta alta genannt, aus Schichten verkitteten Gerölls und roten erdigen Lehms gebildet, welche äußerst reich an Muschelschalen (mit anderen, die lose auf der Oberfläche liegen) und an Knochen ausgestorbener Säugetiere sind. Diese Muscheln, der Zahl nach zwanzig, zusammen mit einem *Balanus* und zwei Korallen sind sämtlich neue Spezies, welche noch das benachbarte Meer bewohnen. Sie werden im vierten Kapitel aufgezählt werden, bei der Beschreibung der Pampas-Formation; fünf von ihnen sind identisch mit den emporgehobenen aus der Nähe von Buenos Aires. Das nördliche Ufer von Bahia Blanca wird zum großen Teil aus ungeheueren Sanddünen gebildet, welche auf Geschiebe mit rezenten Muscheln liegen und in dem Ufer parallelen Linien angeordnet sind. Diese Züge sind durch flache, aus steifem, unreinem, roten Ton gebildeten Stellen voneinander getrennt, in welchen ich in der Entfernung von ungefähr zwei Meilen von der Küste beim Graben einige wenige minutiöse Fragmente von Seemuscheln fand. Die Sanddünen erstrecken sich mehrere Meilen landeinwärts und stehen auf einer Ebene, welche bis zu einer Höhe von zwischen ein- und zweihundert Fuß aufsteigt. Zahlreiche kleine gut abgerundete Rollsteine von Bimsstein liegen zerstreut sowohl auf der Ebene, als den Sandhügeln: bei Monte Hermosa auf dem glatten Gipfel einer Klippe fand ich viele von ihnen in einer Höhe von 120 Fuß (Winkelmessung) oberhalb des Meeresspiegels. Diese Bimssteingerölle wurden ursprünglich ohne Zweifel von der Cordillera herabgebracht, und zwar durch die Flüsse, welche den Kontinent durchkreuzen, in derselben Weise wie der Fluss Negro in alten Zeiten Bimsstein herabgebracht hat und noch immer herabbringt, und wie der Fluss Chupat Schlacken herabführt: wenn sie einmal bis zur Mündung des Flusses gelangt sind, werden sie natürlich den Küsten entlang gewandert und dann während der Erhebung des Landes in verschiedenen Höhen aufgeworfen worden sein. Der Ursprung der tonigen platten Stellen, welche die parallelen Züge der Sanddünen trennen, scheint eine Folge davon zu sein, dass die Gezeiten eine Neigung haben (wie sie an den meisten seichten geschützten Küsten haben, wie ich glaube), parallel zum Ufer und in einer gewissen Entfernung von ihm eine Bank aufzuwerfen; diese Bank wird allmählich größer, bietet eine Basis für die Anhäufung von Sanddünen dar: und der seichte Raum innerhalb derselben wird dann mit Schlamm erfüllt. Die Wiederholung dieses Prozesses ohne irgendeine Erhebung des Landes wird eine horizontale, von parallelen Zügen von Sandhügeln quer durchsetzte Ebene bilden; während einer langsamen Erhebung des Landes werden die Hügel auf einer sanft geneigten Fläche ruhen, wie der an dem nördlichen Ufer von Bahia Blanca. Ich habe keine Muscheln in dieser Gegend in einer größeren Höhe als 20 Fuß gefunden, und es muss daher das Alter der von der See angetriebenen Bimssteingerölle, die jetzt in der Höhe von 120 Fuß liegen, unbestimmt bleiben.

Die Ebene, welche Bahia Blanca umgibt, schätzte ich der Hauptsache nach zu 200 – 300 Fuß; sie hebt sich unmerkbar nach der entfernten Sierra Ventana zu. Es finden sich in dieser Umgebung einige andere und niedrigere Ebenen; sie stützen sich aber nicht eine an den Fuß der anderen in der später zu beschreibenden Art, wie es für Patagonien so charakteristisch ist. Die Ebene, auf welcher die Niederlassung steht, wird von vielen niedrigen Sandhügeln gekreuzt, welche äußerst reich an den minutiösen Muscheln der *Paludestrina australis* D'ORB. sind, welche jetzt in der Bucht lebt. Diese niedrige Ebene wird nach Süden bei der Cabeza del Buey von einem von Klippen gebildeten Rand einer weiten Ebene der Pampas-Formation begrenzt, deren Höhe ich zu sechzig Fuß schätzte. Auf der Höhe dieser Klippe ist ein Zug hoher Sanddünen vorhanden, welcher sich mehrere Meilen in einer ostwestlichen Linie erstreckt.

Südlich von Bahia Blanca fließt der Fluss Colorado zwischen zwei dem Anschein nach von 30 – 40 Fuß hohen Ebenen. Von diesen Ebenen erhebt sich die südliche bis zum Fuße des großen Sandsteinplateaus des Rio Negro und die nördliche stößt an eine Böschung der Pampas-Ablagerung, sodass der Colorado in einem fünfzig Meilen weiten Tal zwischen den oberen Böschungen fließt. Ich führe dies an, weil ich auf der unteren Ebene am Fuße der nördlichen Böschung eine ungeheuere Anhäufung von hohen Sanddünen durchkreuzte, deren Breite die Gauchos zu nicht weniger als acht Meilen schätzten. Diese Dünen ziehen nach Westen von der Küste aus, welche 20 Meilen entfernt ist, weit landeinwärts in mit dem Tale parallelen Linien; sie werden voneinander durch tonige platte Stellen getrennt, genau denen an dem nördlichen Ufer von Bahia Blanca gleich. Gegenwärtig findet sich keine Quelle, woher diese ungeheuere Anhäufung von Sand ausgehen könnte; wenn aber, wie ich glaube, die oberen Böschungen früher einmal die Ufer des Aestuariums bildeten, so würde in diesem Falle die Sandstein-Formation des Rio Negro einen unerschöpflichen Vorrat von Sand dargeboten haben, welcher natürlich auf dem nördlichen Ufer sich angehäuft haben wird, wie an jedem Teile der Küste zwischen Bahia Blanca und Buenos Aires, welche den Südwinden offen steht.

Bei San Blas (40° 40' s. Br.), ein wenig südlich von der Mündung des Colorado, hat Mr. D'Orbigny vierzehn Spezies lebender Muscheln (sechs von ihnen identisch mit denen von Bahia Blanca) in ihren natürlichen Stellungen eingebettet gefunden. Nach der Tiefenzone, welche diese Muscheln bekanntlich bewohnen, müssen sie 32 Fuß in die Höhe gehoben worden sein. Er hat auch von fünfzehn bis zwanzig Fuß oberhalb dieser Schicht Reste eines alten Strandes gefunden.

Zehn Meilen weiter südlich, aber 120 Meilen westlich, bei Port S. Antonio, haben die mit der Aufnahme beschäftigten Offiziere, wie sie mir versichern, viele alte Seemuscheln auf der Oberfläche des Bodens verstreut gefunden, ähnlich denen, die an anderen Teilen der Küste von Patagonien gefunden wurden. Bei S. Josef, 90 Meilen südlich in nahezu derselben Länge habe ich oberhalb des Kieses, welcher eine alte tertiäre Formation bedeckt, ein unregelmäßiges Bett und Hügel von Sand in einer Mächtigkeit von mehreren Fuß gefunden, die außerordentlich reich an Muscheln von *Patella deaurita, Mytilus magellanicus,* dieser Letztere noch viel von seiner Färbung behaltend, *Fusus magellanicus* (und eine Varietät desselben) und einem großen *Balanus* (wahrscheinlich *B. Tulipa*) waren, die alle noch jetzt an dieser Küste zu finden sind: ich schätzte die Höhe dieser Schicht zu achtzig bis hundert Fuß über dem Meeresspiegel. Nach Westen von dieser Bucht liegt eine Ebene, deren Höhe zwischen 200 und 300 Fuß geschätzt wurde: diese Ebene scheint nach vielen Messungen eine Fortsetzung des Sandsteinplateaus des Rio Negro zu sein. Der nächste Ort südwärts wo ich landete war Port Desire, 340 Meilen entfernt; aber von den dazwischenliegenden Distrikten erhielt ich durch die Freundlichkeit der Beamten der Küstenaufnahme, besonders von Lieut. Stokes und Mr. King, viele Handstücke und Skizzen, welche vollkommen genügten die große Gleichförmigkeit des ganzen Küstenzuges nachzuweisen. Ich will hier angeben, dass das ganze Patagonien aus einer Tertiär-Formation besteht, welche auf Hügeln von Porphyr und Quarz ruht, und dieselben zuweilen umgibt: die Oberfläche ist in viele weite Täler und stufenförmige Ebenen ausgewaschen, welche eine über der anderen sich erheben, und alle von unregelmäßigen Schichten von Geschiebe bedeckt sind, das hauptsächlich aus Porphyr-Gesteinen besteht. Diese Geröllformation wird besonders am Ende des Kapitels beschrieben werden.

Der Zweck, weshalb ich die folgenden Messungen der Ebenen mitteile, wie sie von den Offizieren der Aufnahme angestellt wurden, ist, wie später gezeigt werden wird, der, die merkwürdige Gleichförmigkeit der neueren Hebungsbewegungen nachzuweisen. Rund um die südlichen Teile des Nuevo Golfs bis zum Flusse Chupat (siebzig Meilen südlich von S. Josef) scheinen mehrere Ebenen vorhanden zu sein, von denen die am besten sich auszeichnenden hier dargestellt werden.

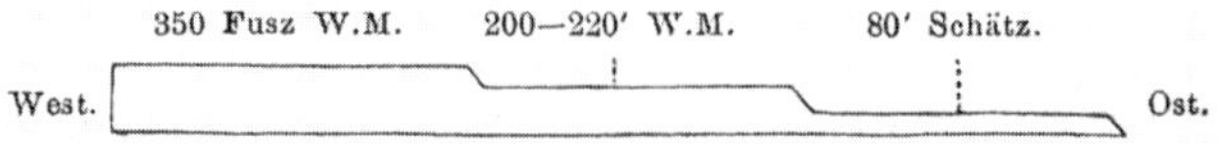

Meeresspiegel; Maszstab $^1/_{20}$ Zoll auf senkrechte 100 Fusz.

NB. W. M. heiszt immer Winkel- oder trigonometrische Messung.
Ba. M. „ „ barometrische Messung.
Schätz. „ „ Schätzung durch die Beamten der Küstenaufnahme.

Durchschnitt der stufenförmigen Ebenen südlich von Nuevo Golf.

Die obere Ebene ist hier gut ausgeprägt (Table hills); ihr Rand bildet eine Klippe oder eine Böschungslinie, viele Meilen lang, welche über eine niedrigere Ebene vorspringt. Die unterste Ebene entspricht der von San Josef mit den rezenten Muscheln an ihrer Oberfläche. Zwischen dieser niedrigsten und der obersten Ebene ist wahrscheinlich mehr als eine stufenförmige Terrasse vorhanden; mehrere Messungen weisen die Existenz der zwischenliegenden von der in der Zeichnung gegebenen Höhe nach.

In der Nähe des nördlichen Vorlandes der großen Bay von St. George (100 Meilen südlich vom Rio Chupat) wurden zwei gut markierte Ebenen von 250 und 330 Fuß gemessen; es wird angegeben, dass dieselben um einen großen Teil der Bucht sich herum erstrecken. An ihrem südlichen Vorlande, 120 Meilen von dem nördlichen Vorlande entfernt, wurde die Ebene von 250 Fuß wiederum gemessen. In der Mitte der Bay wurde eine höhere Ebene an zwei benachbarten Stellen (Tilli Roads und C. Marques) zu einer Höhe von 580 Fuß gefunden. Mr. Stokes teilt mir mit, dass oberhalb dieser Ebene nach dem Inneren zu mehrere stufenförmige Ebenen vorhanden waren, deren höchste zu 1.200 Fuß geschätzt wurde, und welche man dem Anschein nach in derselben Höhe 150 Meilen weit nordwärts ziehen sah. Alle diese Ebenen sind in große Täler ausgewaschen und bedeutend entblößt worden. Der folgende Durchschnitt erläutert die allgemeine Struktur der großen Bay von St. George. An dem südlichen Vorlande der Bay von St. George (in der Nähe von C. Three Points) ist

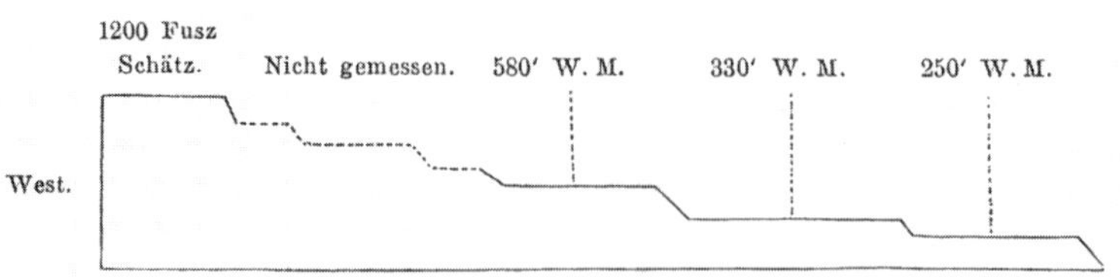

Meeresspiegel; Maszstab $^1/_{20}$ Zoll auf senkrechte 100 Fusz.

Durchschnitt der Ebenen in der Bay von St. George.

die 250 Fuß-Ebene sehr ausgedehnt. Bei Port Desire (40 Meilen südwärts) machte ich mit dem Barometer mehrere Messungen einer Ebene, welche der Nordseite des Hafens und der offenen Küste entlang sich hinstreckt, und welche von 245 bis 255 Fuß an Höhe variiert: diese Ebene stößt an den Fuß einer höheren Ebene von 330 Fuß, welche sich auch weit nach Norden der Küste entlang und gleichfalls in das Innere hinein erstreckt. In der Entfernung wurde ein noch höheres landeinwärts gelegenes Plateau gesehen, dessen Höhe ich nicht kenne. An drei gesonderten Stellen beobachtete ich, dass der Klippenrand der Ebene von 245 bis 255 Fuß von einer Terrasse oder einer schmalen Ebene umrandet war, welche zu ungefähr 100 Fuß hoch geschätzt wurde. Diese Ebenen sind in dem folgenden Durchschnitte dargestellt:

Hebung von Patagonien. Cap. 1.

Fig. 3.

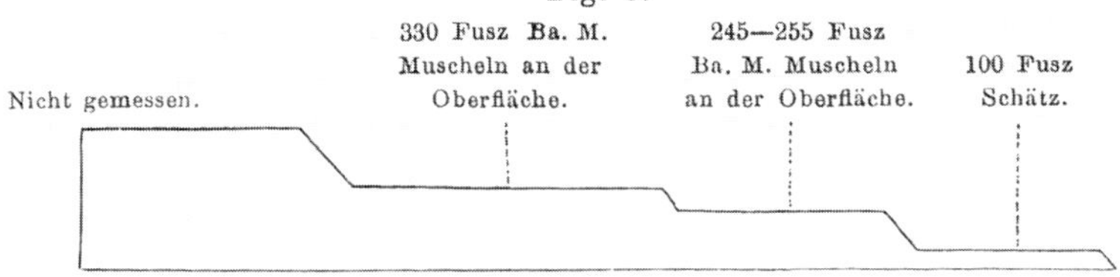

Meeresspiegel; Maszstab $^{1}/_{20}$ Zoll auf senkrechte 100 Fusz.
Durchschnitt der Ebenen bei Port Desire.

An vielen Stellen, selbst in der Entfernung von drei und vier Meilen von der Küste, fand ich auf der mit Geröll bedeckten Fläche der 245- bis 255-Fuß- und der 330-Fuß-Ebene Muscheln von *Mytilus magellanicus, M. edulis, Patella deaurita,* und eine andere *Patella*, welche zu stark abgerieben, um bestimmt zu werden, aber allem Anscheine nach einer Art ähnlich war, welche in außerordentlicher Menge den Blättern des Kelp anhängend gefunden wurde. Diese Arten sind die gemeinsten jetzt an dieser Küste lebenden. Die Muscheln schienen alle sehr alt zu sein: das Blau der Miesmuscheln war stark verbleicht, und nur Spuren von Farbe konnten in den Patellen wahrgenommen werden, an denen die äußere Fläche sich abschieferte. Sie lagen zerstreut auf der glatten Fläche des Gerölles, aber waren an gewissen Stellen am reichlichsten, besonders am oberen Rand der kleineren Täler: sie enthielten meist Sand im Inneren; und ich vermute, dass sie durch alluviale Tätigkeit aus dünnen Sandschichten ausgewaschen worden sind, von denen Spuren noch zuweilen das Geröll bedeckend getroffen werden. Die verschiedenen Ebenen haben sehr ebene Oberflächen; alle aber sind von zahlreichen, breiten, gewundenen, flachsohligen Tälern ausgehöhlt, in denen, nach den Gebüschen zu urteilen, niemals Flüsse fließen. Diese Bemerkungen über den Zustand der Muscheln und über die Beschaffenheit der Ebenen beziehen sich auch auf die folgenden Fälle, sodass sie nicht wiederholt zu werden brauchen.

Südwärts von Port Desire sind die Ebenen bedeutend entblößt worden, und nur kleine Stücke von Tafelland bezeichnen noch ihre frühere Ausdehnung. Aber Bird Island gegenüber wurden zwei beträchtliche stufenförmige Ebenen gemessen, und als beziehentlich 350 und 590 Fuß hoch gefunden. Diese letztere Ebene erstreckt sich der Küste entlang bis dicht an Port S. Julian (110 Meilen südlich von Port Desire), wo wir den folgenden Durchschnitt finden:

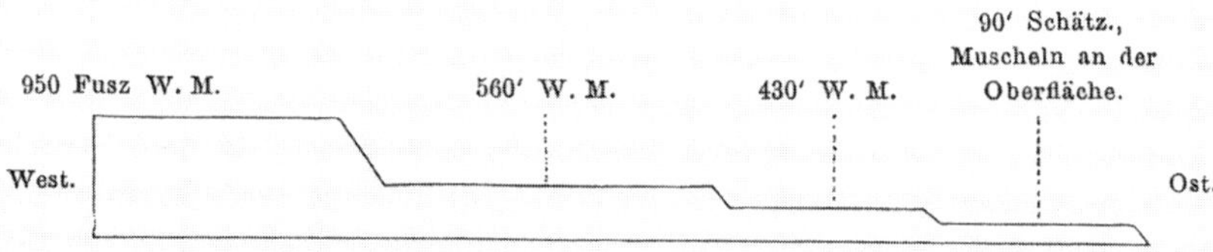

Meeresspiegel; Maszstab $^1/_{20}$ Zoll auf senkrechte 100 Fusz.
Durchschnitt der Ebenen von Port S. Julian.

Die unterste Ebene wurde zu 90 Fuß geschätzt: sie ist deshalb merkwürdig, weil das gewöhnliche Kiesbett tief in Höhlungen ausgewaschen ist, welche mit sandiger und rötlicher erdiger Masse erfüllt sind, ebenso wie die allgemeine Fläche mit solcher bedeckt ist. In einer von diesen so erfüllten Höhlungen war das Skelett der *Macrauchenia patachonica* eingebettet, wie später beschrieben werden wird. Auf der Oberfläche und in den oberen Teilen dieser erdigen Masse fanden sich zahlreiche Schalen von *Mytilus magellanicus* und *M. edulis, Patella deaurita,* und Bruchstücke anderer Spezies. Diese Ebene ist ziemlich horizontal, aber nicht sehr ausgedehnt, sie bildet ein sieben oder acht Meilen langes Vorgebirge von drei oder vier Meilen Breite. Die oberen Ebenen in dem obigen Durchschnitte wurden von Offizieren der Aufnahme gemessen, sie waren alle von dicken Schichten von Geschieben bedeckt, und waren sämtlich mehr oder weniger entblößt: die 950-Fuß-Ebene bestand nur aus einzelnen, abgestutzten, mit Geröll gekrönten Hügeln, von denen zwei nach Messungen nur drei Fuß voneinander verschieden waren. Die 430-Fuß-Ebene erstreckt sich, scheinbar kaum ohne irgendeine Unterbrechung, bis in die Nähe des nördlichen Einganges des Rio Santa Cruz (fünfzig Meilen weiter südlich); dort fand es sich aber, dass sie nur 330 Fuß hoch war.

Auf der südlichen Seite der Mündung des Santa Cruz haben wir den folgenden Durchschnitt, welchen ich mit mehr Einzelheiten zu geben imstande bin, als in den vorhergehenden Fällen:

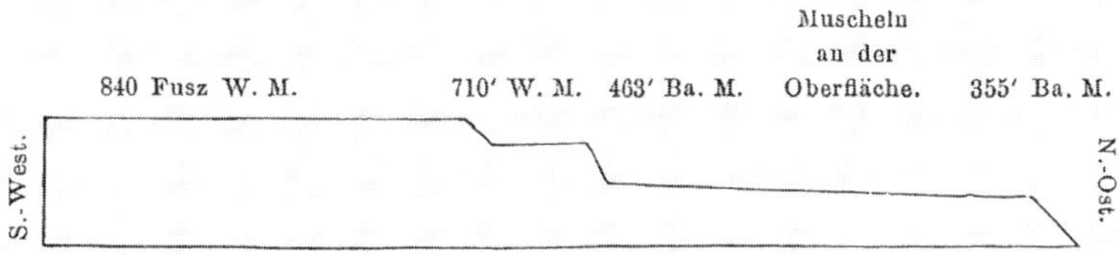

Meeresspiegel; Maszstab $^{1}/_{20}$ Zoll auf senkrechte 100 Fusz.
Durchschnitt der Ebenen an der Mündung des Rio Santa Cruz.

Die mit 355 Fuß bezeichnete Ebene (wie durch den Barometer und durch Winkelmessungen ermittelt wurde) ist eine Fortsetzung der oben erwähnten 330-Fuß-Ebene, sie erstreckt sich in einer nordwestlichen Richtung den südlichen Ufern des Aestuariums entlang. Sie wird von Geschiebe bedeckt, welches an den meisten Stellen von einer dünnen Schicht sandiger Erde bedeckt wird, und ist von vielen flachsohligen Tälern durchschnitten. Sie erscheint dem Auge völlig horizontal, aber bei dem Vorschreiten in einer südsüdwestlichen Richtung nach einer ungefähr sechs Meilen entfernten Böschung zu, und gleichfalls beim Durchschreiten in einer nordwestlichen Linie fand sich, dass sie zuerst unmerklich, und dann für die letzte halbe Meile merklich anstieg bis dicht zum Fuße der Böschung: an diesem Punkte war sie 463 Fuß hoch, was eine Erhebung von 108 Fuß in den sechs Meilen ergibt. Auf dieser Ebene von 355 bis 463 Fuß fand ich mehrere Schalen von *Mytilus magellanicus* und eines *Mytilus*, welcher, wie mir Mr. Sowerby mitteilt, bis jetzt noch unbenannt ist, obschon er als ein an der Küste noch lebend vorkommender wohlbekannt ist: *Patella deaurita, Fusus*, ich glaube *magellanicus* aber das Exemplar ist verloren worden; und in der Entfernung von vier Meilen von der Küste in einer Höhe von ungefähr 400 Fuß fanden sich Fragmente der nämlichen Patelle und einer *Voluta* (augenscheinlich *V. ancilla*) zum Teil in die oberflächliche sandige Erde eingebettet. Alle diese Muscheln hatten dasselbe alte Ansehen wie die aus den vorhergehenden Örtlichkeiten. Da die Flut diesem Teile der Küste entlang zur Periode der Syzygien vierzig Fuß steigt und daher eine gut ausgesprochene Strandlinie bildet, suchte ich besonders nach Furchen und Leisten beim Durchschneiden dieser Ebene, welche, wie wir gesehen haben, in ungefähr sechs Meilen 108 Fuß sich erhebt; ich konnte aber keinerlei Spuren solcher finden. Die nächsthöchste Ebene ist 710 Fuß über dem Meeresspiegel;

sie ist sehr schmal, aber horizontal und mit Geschiebe bedeckt; sie stößt an den Fuß der 840-Fuß-Ebene. Diese Gipfelebene erstreckt sich so weit das Auge nur reichen kann sowohl landeinwärts, der südlichen Seite des Tales des Santa Cruz entlang, als nach Süden, dem atlantischen Ozean entlang.

Schlussbemerkungen über die Erhebung der südöstlichen Küste von Amerika und über die Wirkung des Meeres auf das Land. Emporgehobene Schalen von Molluskenarten, welche jetzt noch als die gemeinsten Spezies in dem benachbarten Meere leben, kommen, wie wir gesehen haben, in Höhen vor von zwischen einigen wenigen und 410 Fuß, in Zwischenräumen von 33° 40' bis 53° 20' s. Br. Dies ist eine Entfernung von 1.180 englischen Meilen, ungefähr gleich der Entfernung von London bis zum Nordkap von Schweden: Da die erratische Formation sich in nahezu derselben Höhe 150 Meilen südwärts von 53° 20' erstreckt, dem südlichsten Punkte, wo ich landete und emporgehobene Muscheln fand, und da die ebenen Pampas viele Hundert Meilen nach Norden von diesem Punkte an sich erstrecken, wo D'Orbigny in der Höhe von 100 Fuß Schichten von der *Azara* fand, so muss der Raum, welcher innerhalb der neueren Periode emporgehoben worden ist, in einer nordsüdlichen Linie weit über 180 Meilen betragen haben. Mit dem Ausdruck »neuere« meine ich nur jene Periode, innerhalb deren die jetzt lebenden Mollusken ins Leben gerufen wurden; denn wir werden im vierten Kapitel sehen, dass sowohl bei Bahia Blanca als bei P. S. Julian die Säugetiere, welche mit diesen Muscheln gleichzeitig existierten, zu ausgestorbenen Spezies gehören. Ich habe gesagt, dass die emporgehobenen Schalen nur in Zwischenräumen auf dieser Küstenlinie gefunden wurden; dies kann aber aller Wahrscheinlichkeit nach dem zugeschrieben werden, dass ich an den zwischenliegenden Punkten nicht gelandet bin; denn wo ich nur immer landete, mit Ausnahme des Rio Negro, wurden Muscheln gefunden: überdies sind die Schalen auf Ebenen oder Terrassen verstreut, welche, wie wir sofort sehen werden, auf große Strecken hin sich mit einer gleichförmigen Höhe ausdehnen. Ich bestieg die höheren Ebenen nur an einigen wenigen Stellen, infolge der Entfernung von der Küste, in welcher ihre Böschungen meist sich hinziehen, sodass ich bei Weitem nicht sicher weiß, ob 410 Fuß das Maximum der Erhebung dieser emporgehobenen Überreste ist. Die Muscheln sind diejenigen, welche jetzt noch im lebenden Zustande am allerhäufigsten in dem benachbarten Meere vorkommen.[1] Sie haben sämtlich ein altes Ansehen; aber einige, besonders die Miesmuscheln, haben, obschon sie dem Wetter vollständig ausgesetzt daliegen, in einer beträchtlichen Ausdehnung ihre Farben behalten; dieser Umstand erscheint auf den ersten Blick überraschend; es ist aber jetzt bekannt, dass der färbende Stoff des *Mytilus* so dauerhaft ist, dass er bestehen bleibt, wenn die Schale selbst vollständig zersetzt ist.[2] Die meisten Muscheln sind zerbrochen; ich habe nirgends zwei Schalen noch verbunden gefunden, die Fragmente sind nicht abgerundet, mindestens in keinen von den Exemplaren, welche ich mit nach Hause gebracht habe.

Was die Breite des emporgehobenen Bezirkes in einer von Osten nach Westen gehenden Linie betrifft, so sehen wir aus den Muscheln, welche in den inneren schmalen Teilen der Magellanstraße gefunden werden, dass die ganze Breite der Ebene, obschon sie dort sehr schmal war, emporgehoben worden ist. Es ist wahrscheinlich, dass in diesem südlichsten Teile des Kontinents sich die Bewegung unter dem Meere weit nach Osten hin erstreckt hat; denn auf den Falklandinseln sind, obschon ich keine Muscheln finden konnte, Walfischknochen von mehreren kompetenten Beobachtern bemerkt worden, die in einer beträchtlichen Entfernung von dem Meere auf dem Lande und in der Höhe von einigen Hundert Fuß über dem Meeresspiegel gelegen haben.[3] Überdies wissen wir, dass im Feuerlande die erratische Formation innerhalb der neueren Zeit emporgehoben worden ist, und eine ähnliche Bildung kommt an den nordwestlichen Ufern (Byron-Sound) dieser Inseln vor.[4] Die Entfernung von diesem Punkte bis zur Cordillera des Feuerlandes beträgt 360 Meilen, welches wir als die wahrscheinliche Breite des neuerdings emporgehobenen Bezirks annehmen können. In der Breite von Rio Santa Cruz wissen wir nach den an der Mündung und in der Mitte des Tales gefundenen Muscheln, dass die ganze Breite (ungefähr 160 Meilen) der Fläche östlich von der Cordillera emporgehoben worden ist. Nach der Abdachung der Ebenen, wie sich aus dem Laufe der Flüsse mehrere Grade nach Norden vom Santa Cruz ergibt, ist es wahrscheinlich, dass die durch die Schalen an der Küste bezeugte Erhebung sich gleichfalls bis zur Cordillera erstreckt hat. Wenn wir indessen noch weiter nördlich bis zu den Provinzen von La Plata blicken, dürfte diese Folgerung sehr gewagt sein; es ist nicht bloß die Entfernung von Maldonado (wo ich emporgehobene Schalen fand) bis zur Cordillera groß, nämlich 760 Meilen, sondern am oberen Ende des Aestuariums des Plata ist ein von Nordnordosten nach Südsüdwesten gelegener Höhenzug tertiärer vulkanischer Gesteine beobachtet worden[5], welcher wohl eine von der der Anden ganz verschiedene Erhebungsachse andeuten dürfte. Überdies sind im Zentrum der Pampas in der Kette von Cordova heftige Erdbeben gefühlt worden[6], während in Mendoza am östlichen Fuße der Cordillera nur sanfte Schwingungen, von den Ufern des Stillen Ozeans aus fortgepflanzt, jemals erfahren worden sind. Es kann daher die Erhebung der Pampas Folge mehrerer verschiedener Bewegungsachsen sein, und wir können nach den emporgehobenen Schalen rings um das Aestuarium des Plata nicht die Breite des innerhalb der neueren Zeit emporgehobenen Bezirkes beurteilen.

Es ist nicht bloß die oben speziell geschilderte lange Küstenstrecke innerhalb der neueren Zeit emporgehoben worden, sondern ich glaube, es lässt sich nach der Ähnlichkeit der Höhe der von Geröll bedeckten Ebenen an verschiedenen Punkten ruhig schließen, dass in dem Erhebungsprozess ein merkwürdiger Grad von Gleichförmigkeit bestanden hat. Ich will vorausschicken, dass, als ich die Ebenen maß, dies nur geschah, um die Höhen zu ermitteln, in denen Muschelschalen vorkamen; als ich später diese Messungen mit einigen von den während der Aufnahme gemachten verglich, war ich von ihrer Gleichförmigkeit überrascht und brachte alle diejenigen, welche die Gipfelpunkte der Ebenen darstellten in Tabellen zusammen. Die Ausdehnung der 330 – 355 Fuß-Ebene ist sehr auffallend, da sie sich über einen Raum von 500 geografischen Meilen in einer nordsüdlichen Linie findet. Ich gebe hier eine Tabelle der Messungen. Die Winkelmessungen und alle Schätzungen rühren von Beamten der Aufnahme her, die barometrischen von mir selbst:

Gallegos-Fluss nach Coy Inlet (zum Teil Winkelmessung, zum Teil Schätzung)	350 Fuß
Südseite des Santa Cruz (Winkel- und barometrische Messung)	355 Fuß
Nordseite desselben (Winkelmessung)	330 Fuß
Bird Island, Ebene gegenüber von (Winkelmessung)	350 Fuß
Port Desire, sich mit der Küste entlang erstreckende Ebene (barom. Messung)	330 Fuß
St. Georges Bay, nördliches Vorgebirge (Winkelmessung)	330 Fuß
Tafelland, südlich von New Bay (Winkelmessung)	350 Fuß

Eine in der Höhe von 245 bis 255 Fuß variierende Ebene scheint sich mit großer Gleichförmigkeit von Port Desire bis nördlich von St. Georges Bay eine Entfernung von 170 Meilen zu erstrecken, und einige annähernde Messungen, gleichfalls in der folgenden Tabelle mitgeteilt, weisen auf die viel bedeutendere Ausdehnung von 780 Meilen hin:

Coy Inlet, südlich von (teils Winkelmessung, teils Schätzung)	200 – 300 Fuß
Port Desire (barometrische Messung)	245 – 255 Fuß
Cap Blanco (Winkelmessung)	250 Fuß
Nördliches Vorgebirge von St. Georges Bay (Winkelmessung)	250 Fuß
Südlich von New Bay (Winkelmessung)	200 – 220 Fuß
Nördlich von San Josef (Schätzung)	200 – 300 Fuß
Ebene des Rio Negro (Winkelmessung)	200 – 220 Fuß
Bahia Blanca (Schätzung)	200 – 300 Fuß

Überdies ist die Ausdehnung der 560- bis 580-, und der 80- bis 100-Fuß-Ebene merkwürdig, obschon etwas weniger augenfällig als in den früheren Fällen. Bedenkt man, dass ich diese Messungen nicht aus einer Reihe herausgenommen, sondern alle diejenigen benutzt habe, welche die Ränder der Ebene bezeichnen, so halte ich es für kaum möglich, dass dieses Übereinstimmen in der Höhe zufällig sein sollte. Wir müssen daher schließen, dass die Tätigkeit, was auch dieselbe gewesen sein mag, durch welche diese Ebenen in ihre jetzige Form gebracht worden sind, eigentümlich gleichförmig gewesen ist.

Diese Ebenen oder großen Terrassen, von denen drei oder vier häufig wie Stufen eine hinter der anderen sich erheben, sind durch die Entblößung der alten patagonischen tertiären Schichten und durch die Ablagerung einer Masse von gut abgerundetem Geröll auf ihre Oberfläche gebildet worden, welche in der Nähe der Küste von 10 bis 35 Fuß an Mächtigkeit variiert, aber nach dem Inneren zu an Dicke zunimmt. Das Geröll wird häufig von einer dünnen unregelmäßigen Schicht sandiger Erde bedeckt. Die Ebenen steigen sanft, obschon selten für das Auge merkbar, von dem Gipfelrande einer Böschung bis zum Fuße der nächst höheren auf. Innerhalb einer Entfernung von 150 Meilen zwischen Santa Cruz bis Port Desire, wo die Ebenen besonders gut entwickelt sind, finden sich mindestens sieben Stufen oder Absätze, einer über dem anderen. Auf den drei unteren, nämlich denen von 100 Fuß, 250 Fuß und 350 Fuß an Höhe, sind jetzt lebende litorale Muschelschalen außerordentlich reichlich entweder auf der Oberfläche zerstreut oder zum Teil in der oberflächlichen sandigen Erde eingebettet. Durch welche Tätigkeit auch immer diese drei unteren Ebenen geformt sind, unzweifelhaft sind alle die höheren, bis hinauf zu einer Höhe von 950 Fuß bei San Julian und von 1.200 Fuß (nach Schätzung) der St. Georges Bay entlang, gleich gebildet worden. Ich glaube, es kann in Anbetracht des Vorhandenseins der emporgehobenen Meeresmuscheln nicht bestritten werden, dass das Meer die während der Stadien irgendwelcher Art in dem Erhebungsprozess tätige Kraft gewesen ist.

Wir wollen nun kurz diesen Gegenstand betrachten: wenn wir die jetzt existierende Küstenlinie ansehen, so ist das Zeugnis für die bedeutende denudierende Kraft des Meeres sehr deutlich; denn vom Cap St. Diego in 54° 30' s. Br. bis zur Mündung des Rio Negro in 31° s. Br. (eine Länge von mehr als 800 Meilen) wird das Ufer mit merkwürdig wenig Ausnahmen von kühnen nackten Klippen gebildet: an vielen Orten sind die Klippen hoch; so sind sie südlich von Santa Cruz zwischen 800 und 900 Fuß hoch, wobei ihre horizontalen Schichten plötzlich abgeschnitten sind, hierdurch die ungeheuere Masse von Substanz anzeigend, welche entfernt worden ist. Nahezu diese ganze Küstenlinie besteht aus einer Reihe größerer oder geringerer Kurven, deren Hörner und gleichfalls gewisse gerade vorspringende Teile aus hartem Gestein gebildet werden; es sind daher die konkaven Teile offenbar die Wirkung und das Maß der denudierenden Wirkung auf die weicheren Schichten. Am Fuße aller der Klippen wird das Meer bis weit hinaus sehr allmählich tiefer, und der Grund besteht in einer

Ausdehnung von einigen Meilen überall aus Geschiebe. Ich untersuchte sorgfältig den Grund des Meeres in der Höhe des Santa Cruz und fand, dass seine Neigung genau dieselbe war, sowohl in ihrer Größe als ihrer eigentümlichen Krümmung wie die der 355-Fuß-Ebene an demselben Orte. Wenn daher die Küste mit dem Boden des benachbarten Meeres jetzt plötzlich 100 oder 200 Fuß emporgehoben würde, so würde eine landeinwärts gelegene Klippenreihe, d.h. eine Böschung gebildet werden, mit einer mit Geschiebe bedeckten Ebene an ihrem Fuße, welche sanft nach dem Meere zu abfiele und eine Neigung hätte, wie die der jetzt existierenden 355-Fuß-Ebene. Wegen der denudierenden Tätigkeit des Meeres würde diese neu gebildete Ebene mit der Zeit wieder rückwärts in eine Klippe ausgenagt werden, und Wiederholungen dieser Hebungs- und Denudationsprozesse würden eine Reihe von mit Geschiebe bedeckten, sanft abfallenden Terrassen, einer über der anderen hervorbringen, wie diejenigen, welche die Küsten von Patagonien einfassen.

Die hauptsächlichste Schwierigkeit (denn es gibt noch andere unbeträchtliche) bei dieser Ansicht ist die Tatsache, – soweit ich mich auf zwei zusammenhängende Reihen von Peilungen verlassen kann, welche zwischen Santa Cruz und den Falklandinseln sorgfältig ausgeführt worden sind, und auf mehrere zerstreute Beobachtungen an dieser und anderen Küsten, – dass die Rollsteine auf dem Meeresgrund schnell und regelmäßig an Größe mit der zunehmenden Tiefe und Entfernung vom Ufer abnehmen, während am Geschiebe auf den geneigten Ebenen keine solche Abnahme in der Größe wahrnehmbar war. Die folgende Tabelle gibt das mittlere Resultat vieler Sondierungen auf der Höhe von Santa Cruz:

Innerhalb zweier Meilen vom Ufer waren viele von den Geröllsteinen von bedeutender Größe, untermischt mit einigen kleineren.

Entfernung	Tiefe	Größe der Geröllsteine
3 – 4 Meilen vom Ufer	11 – 12 Faden	So groß wie Walnüsse; in allen Fällen mit einigen kleineren untermischt.
6 – 7 " " "	17 – 19 "	So groß wie Haselnüsse.
10 – 11 " " "	23 – 25 "	Von drei bis vierzehntel Zoll im Durchmesser.
12 " " "	30 – 40 "	Zweizehntel Zoll.
12 – 150 " " "	45 – 65 "	Einzehntel Zoll bis zum feinsten Sand.

Ich wendete besondere Aufmerksamkeit auf die Größe der Geröllsteine auf der 355-Fuß-Ebene von Santa Cruz und bemerkte, dass auf dem Gipfelrande der jetzigen Meeresklippen viele halb so groß waren wie ein Manneskopf, und bei dem Übergang von diesen Klippen bis zum Fuß der nächst höchsten Böschung, eine Entfernung von sechs Meilen, konnte ich keinerlei Zunahme in ihrer Größe beobachten. Wir werden sofort sehen, dass die Theorie einer langsamen und beinahe unmerklichen Erhebung des Landes alle mit den geröllbedeckten Terrassen in Zusammenhang stehenden Tatsachen erklärt, und zwar besser, als die Theorie plötzlicher Erhebungen von ein- bis zweihundert Fuß.

D'Orbigny hat nach den emporgehobenen Muschelschalen bei San Blas, welche in den Stellungen eingebettet sind, in welchen sie lebten, und nach den Schalen der *Azara labiata* hoch an den Ufern des Parana, welche verbunden und nicht abgerollt sind, vermutet, dass die Erhebung des nördlichen Patagoniens und des Plata plötzlich gewesen sein muss; denn er meint, wenn sie allmählich gewesen wäre, würden diese Muschelschalen sämtlich auf hintereinander liegenden Strandlinien abgerollt sein. Aber in geschützten Buchten, so wie in der von Bahia Blanca, wo nur immer das Meer ausgedehnte Schlammbänke anhäuft, oder wo die Winde ruhig Sanddünen aufhäufen, können Muschelschichten zuverlässig in den Stellungen eingebettet erhalten werden, in denen sie gelebt hatten, selbst während das Land dasselbe Niveau behielt; jeder, auch der geringste Grad von Erhebung wird direkt zu ihrer Erhaltung beitragen. Ich sah eine Menge Orte in Bahia Blanca, wo dies bewirkt worden sein könnte, und bei Maldonado ist es beinahe sicher bewirkt worden. Wenn ich sage, dass die Erhebung des Landes langsam gewesen ist, so will ich dabei nicht die kleinen Stöße ausschließen, welche, wie an der Küste von Chile, Erdbeben begleiten, und durch derartige Bewegungen können Muschelschichten leicht emporgehoben werden, selbst an Stellen, welche einer heftigen Brandung ausgesetzt sind, ohne irgendeine Abreibung zu erleiden: so wurde beispielsweise 1835 eine felsige Ebene in der Höhe der Insel Santa Maria mit einem Stoße über die Flutgrenze emporgehoben und mit klaffenden und verfaulenden Miesmuscheln, die noch immer an den Grund auf welchem sie gelebt hatten befestigt waren, bedeckt zurückgelassen. Wenn D'Orbigny die vielen langen parallelen Linien von Sandhügeln mit unendlich zahlreichen Muscheln von *Mactra* und *Venus* in einem niedrigen Niveau in der Nähe des Uruguay gekannt hätte, wenn er bei Bahia Blanca die ungeheueren Sanddünen mit vom Wasser abgeriebenen Bimsstein-Rollsteinen, die in parallelen Linien eine hinter der anderen bis zu einer Höhe von mindestens 120 Fuß sich hinziehen, gesehen hätte, wenn er die Sanddünen mit den zahllosen *Paludestrina*-Schalen an der unteren Ebene in der Nähe des Forts an diesem Orte und jene lange Reihe an dem Rande der Klippe sechzig Fuß höher hinauf gesehen hätte, wenn er jene langen und großen Gürtel paralleler Sanddünen, acht Meilen in der Breite, überschritten hätte, welche in der Höhe von vierzig bis fünfzig Fuß oberhalb des Colorado liegen, wo jetzt kein Sand angesammelt werden kann, – so glaube ich nicht, dass er gemeint haben würde, dass die Erhebung dieses großen Distriktes plötzlich gewesen sei. Sicherlich müssen die Sanddünen (besonders wenn sie an Muscheln so reich sind), welche in so verschiedenen Niveaus reihenweise stehen, sämtlich lange Zeit zu ihrer Anhäufung erfordert haben; und ich zweifele daher nicht daran, dass die letzten hundert Fuß der Erhebung von La Plata und dem nördlichen Patagonien äußerst langsam gewesen sind.

Wenn wir diesen Schluss auf das zentrale und südliche Patagonien ausdehnen, so kann die Steigung der aufeinander folgend sich erhebenden mit Geschiebe bedeckten Ebenen ebenso gut erklärt werden, wie nach der augenfälligeren, bereits mitgeteilten Ansicht einiger weniger vergleichsweise großen und plötzlichen Erhebungen; in jedem Falle müssen wir lange Perioden der Ruhe annehmen, während welcher das Meer tief in das Land hineinfraß. Wir wollen annehmen, dass die jetzige Küste sich mit einer nahezu gleichförmig langsamen Geschwindigkeit erhebe, doch hinreichend schnell, um zu verhindern, dass die Wellen jeden Teil schnell entfernen, sobald er erhoben ist, so wird in diesem Falle jeder Teil des gegenwärtigen Meeresgrundes nacheinander eine Strandlinie bilden und, da er einer gleichen Einwirkung ausgesetzt ist, auch ähnlich affiziert werden. Es kann von keiner Bedeutung sein bis zu welcher Höhe die Flut steigt, selbst wenn sie bis vierzig Fuß steigt, wie bei Santa Cruz, denn sie wird mit gleicher Gewalt und in gleicher Art und Weise auf jede hintereinander folgende Linie wirken. Es besteht daher in der Tatsache, dass die 355 Fuß-Ebene bei Santa Cruz 108 Fuß bis zum Fuß der nächst höheren Böschung ansteigt und doch keine Zeichen irgendeiner besonderen Strandlinie auf ihr darbietet, keine Schwierigkeit; denn nach dieser Ansicht ist die ganze Fläche ein Strand gewesen. Ich kann nicht versuchen, die genaue Einwirkung der Flutwellen während einer Erhebung des Landes zu verfolgen, die langsam, aber hinreichend schnell war, um Denudation zu verhüten oder zu hemmen: wenn sie aber dem analog ist, was an geschützten Teilen der gegenwärtigen Küste statt hat, wo Geröll sich jetzt in großer Menge anhäuft[7], so wird eine geneigte, dick mit gut abgerundeten Rollsteinen von ungefähr derselben Größe bedeckte Ebene schließlich zurückbleiben. Auf das sich jetzt anhäufende Geröll werfen die Wellen vom Winde unterstützt zuweilen eine dünne Decke von Sand, zusammen mit den gemeinen Küstenmuscheln. Es werden in dieser Weise von Stürmen emporgeworfene Muscheln während einer Erhebungsperiode niemals wieder vom Meere berührt werden. Nach dieser Ansicht von einer langsamen und allmählichen Erhebung des Landes, die durch Perioden der Ruhe und Denudation unterbrochen wurde, können wir daher verstehen, warum die Rollstücke über die ganze Weite der stufenartigen Ebenen von ungefähr derselben Größe sind, – woher der gelegentliche dünne Überzug von sandiger Erde kommt, – und ebenso das Vorhandensein zerbrochener nicht abgerollter Fragmente derjenigen Muscheln einsehen, welche jetzt ausschließlich in der Nähe der Küste leben.

Anmerkungen | **1** Capt. King, *Voyages of Adventure and Beagle*, Vol. I, S.6 und 133. **2** S. Lyells *Proofs of a Gradual Rising in Sweden*, in: *Philosoph. Transactions,* 1835, S.1; s. auch Smith, of Jordan Hill, in dem: *Edinb. New Philos. Journal*, Vol. XXV, S. 303. **3** *Voyages of Adventure and Beagle*, Vol. II, S. 227 und Bougainville, *Voyage*, Tom. I, S.112. **4** Ich verdanke diese Tatsache der Freundlichkeit des Capt. Sulivan, R.N., eines äußerst kompetenten Beobachters. Ich erwähne den Umstand besonders deshalb, weil ich in meinem Aufsatz über die erratische Formation (S. 427, Übers. S. 66) nach Untersuchung der nördlichen und mittleren Teile der östlichen Insel gesagt habe, dass die Formation hier gänzlich fehle. **5** Diese vulkanische Formation wird im 4. Kapitel beschrieben werden. Es ist nicht unwahrscheinlich, dass die Höhe der am oberen Ende des Aestuariums des Plata gefundenen emporgehobenen Muscheln, welche bedeutender ist als bei Bahia Blanca oder bei San Blas, eine Folge des Umstandes ist, dass die Erhebung dieser letzteren Orte mit der entfernten Reihe der Cordillera in Verbindung stand, während die Erhebung der Provinzen von La Plata mit der daran stoßenden tertiären vulkanischen Achse im Zusammenhang stand. **6** S. Sir W. Parishs Werk über La Plata, S. 242. Wegen einer Bemerkung über ein Erdbeben, welches einen See in der Nähe von Cordova entwässerte, s. auch Temples *Travels in Peru*. Sir W. Parish teilt mir mit, dass eine Stadt zwischen Salta und Tucuman (nördlich von Cordova) früher gänzlich durch Erdbeben zerstört wurde. **7** Auf der östlichen Seite von Chiloë, welche Insel, wie wir im nächsten Kapitel sehen werden, sich jetzt erhebt, beobachtete ich, dass alle Strandzüge und die ausgedehnten den Gezeiten zugänglichen flachen Strecken aus Geröll bestehen.

Darwins Thinking Path

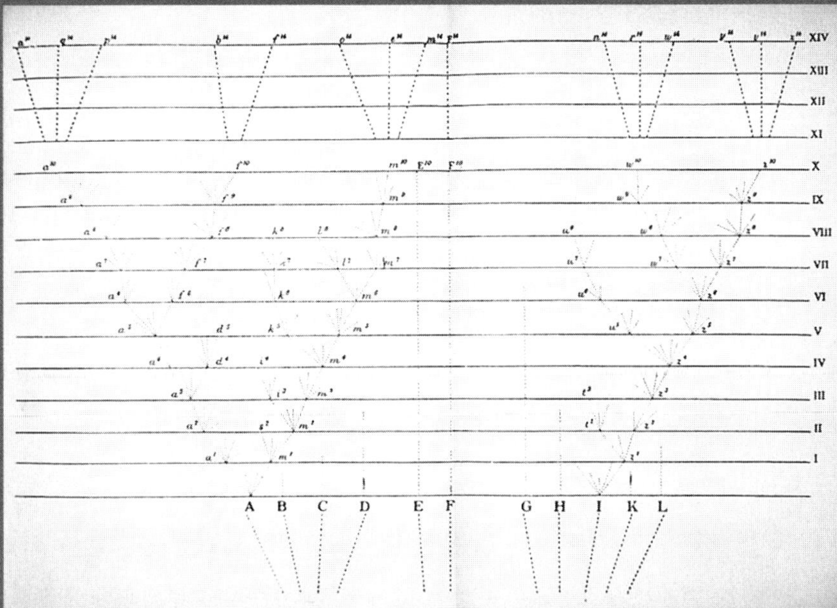

Diagramm aus *Die Entstehung der Arten*

Biografie III **Stellvertreterkriege**
1856 – 1871

Charles Lyell rät Darwin Ende April 1856, einen Aufsatz über seine Theorie in einer wissenschaftlichen Zeitschrift zu veröffentlichen. Lyell ist eine Abhandlung aufgefallen, die zwar etwas verklausuliert daherkommt, aber Darwins Ideen stark ähnelt. Der Autor heißt Alfred Russel Wallace, ein Naturforscher, der im Gebiet des heutigen Indonesien forscht. Darwin lehnt es ab, einen Aufsatz zu publizieren, weil er sich außerstande sieht, eine kurze Zusammenfassung seiner Forschungsergebnisse zu liefern. Auch nimmt er Wallace' Aufsatz nicht so ernst wie Lyell. »Ich weiß nicht was ich davon halten soll«, schreibt Darwin an ihn, »eigentlich ist mir die Vorstellung zuwider, zu schreiben, um mir Priorität zu sichern, doch ich wäre gewiss verärgert, würde jemand anderes meine Theorien vor mir veröffentlichen«.

Nachdem Darwin auch noch bei Hooker Rat gesucht hat, entschließt er sich, ein Buch von eher geringem Umfang zu schreiben. Parallel dazu setzt er seine Salzwasser-Experimente fort. Es »könnten etwas über ein Siebtel der Pflanzen jedes Landes über 924 Meilen transportiert werden und würden danach keimen«, schreibt er im April 1857 an Hooker. Auch den Kampf ums Dasein stellt Darwin experimentell nach. Er sät Pflanzen aus und zählt auf einer abgemessenen Fläche die hervorkommenden Triebe. »Es waren 357, und von ihnen sind bereits 277 getötet worden, hauptsächlich durch Schnecken«, meldet er Hooker.

Im Mai 1857 beginnt Darwin mit Wallace sogar einen Briefwechsel, ohne sich der Gefahr bewusst zu sein, die ihm durch den Kollegen droht. Er konstatiert zwar, »dass wir gleich denken und bis zu einem gewissen Grade zu ähnlichen Schlüssen gelangt sind«, doch glaubt sich Darwin durch die Erwähnung seiner anstehenden Veröffentlichung offenbar auf der sicheren Seite. Außerdem teilt er Wallace mit, dass er schon zwanzig Jahre am Thema arbeitet.

Die Fertigstellung des Buches verzögert sich allerdings. Darwin fällt es schwer, sich kurz zu fassen, sodass Umfang und Zeitaufwand zunehmen. Das wiederum zieht regelmäßige Krankheitsschübe und Kuraufenthalte nach sich. »Die Arbeit an meinem ewigen Buch über die Arten droht mich zu überwältigen. Es geht über meine Kräfte, dennoch hoffe ich, noch lange genug zu leben, um es zu vollenden«, schreibt Darwin an Lyell. Erst im Juni 1858 ist das Manuskript nahezu fertig – und mit einem Mal Makulatur: Wallace schickt Darwin eine

Abhandlung, in der zusammengefasst genau das Gleiche steht wie in dem Buch.

»Es kümmerte mich sehr wenig, ob die Menschen mir oder Wallace die meiste Originalität zuschrieben«, behauptet Darwin in seiner Autobiografie. Das stimmt nicht ganz. Als Gentleman fühlt er sich zwar an einen Ehrenkodex gebunden und glaubt, Wallace den Vortritt überlassen zu müssen. Gleichwohl ist Darwin nicht ganz unschuldig daran, dass man die Evolutionstheorie heute allein mit seinem und nicht mit Wallace' Namen verbindet.

Lyell hat ihm nach dem ersten Schock geschrieben und ermutigt, trotzdem zu veröffentlichen. »Jetzt wäre ich ausgesprochen froh, einen allgemeinen Abriss meiner Ansichten auf etwa zwölf Seiten veröffentlichen zu können. Doch ich kann mich nicht davon überzeugen, dass dies ehrenhaft wäre«, antwortet Darwin. »Meinen Sie nicht, ob Wallace mir mit der Übersendung seiner Notizen die Hände gebunden hat?« Gleichzeitig deutet Darwin aber an, wie sich sein Urheberrecht beweisen lässt. Er verweist auf den Essay von 1844 und den Brief an Asa Gray, dem er im September 1857 die Grundzüge seiner Theorie erläutert hat. Und am Ende des Briefes bittet er Lyell, Hooker miteinzubeziehen.

Mit anderen Worten: Darwin überlässt die Entscheidung seinen Freunden Lyell und Hooker. Und er muss wissen, dass sie ihn nicht im Stich lassen – genauso wie er sich immer darauf verlassen kann, dass sie die unzähligen Fragen in seinen Briefen beantworten, auch wenn Darwin sie mit Höflichkeitsformeln wie »Aber nur wenn auch Zeit ist« oder »Wäre es allzu vermessen …« umrankt. Wenn es darum ging, Informationen zu bekommen, ist Darwin ein im Ton sehr freundlicher, aber in der Sache sehr hartnäckiger Brieffreund. Einmal schreibt er an Asa Gray: »Dies wird ein so außerordentlicher Brief, wie Sie ihn noch nie von mir erhalten haben, denn er wird nicht eine Frage oder Bitte enthalten.« Auf den letzten Zeilen möchte Darwin dann ganz nebenbei doch noch etwas wissen. Eine ähnliche Rhetorik durchzieht auch der Brief, in dem er Lyell nach einem ehrenvollen Ausweg fragt.

Andere Briefe sind da deutlicher. »Ich habe es immer für möglich gehalten, dass man mir zuvorkommt, aber ich bildete mir ein, über genügend geistige Größe zu verfügen, mir nichts daraus zu machen«, schreibt Darwin im Juli 1858 an Hooker, »doch nun finde ich mich im Irrtum und bestraft«. Lyell und Hooker haben inzwischen ein Verfahren ausgedacht, das Darwins Chancen intakt lässt: Auf einer Sitzung der Linnean Society am 1. Juli 1858 werden Darwins und Wallace' Erkenntnisse gleichzeitig präsentiert.

Zunächst liest der Sekretär den Abschnitt »Natürliche Mittel der Selektion« aus Darwins Essay von 1844 vor. Dann folgt ein Auszug des Briefes an Asa Gray, weil hier auch das Prinzip der Divergenz enthalten ist. Schließlich kommt das Manuskript von Wallace zum Vortrag. Indem die Abfolge Darwins zeitlichen Vorsprung betont, wird er als der eigentliche Entdecker dargestellt – der er in gewisser Weise auch ist. Darwin arbeitet seit 1837 an der Theorie, und sein Material ist umfangreicher und komplexer als das von Wallace, der seiner Evolution zudem eine Teleologie Richtung sozialistische Gesellschaft verpasst. Doch hätte Lyell, an den Darwin das Manuskript von Wallace ursprünglich weitergeben sollte, es an die nächste Zeitschrift geschickt, hätte Darwin sein Vorsprung nicht viel genützt. Sein Bedürfnis, sich gegen alle Einwände abzusichern, ist ihm fast zum Verhängnis geworden.

Man sollte meinen, dass Wallace sich um seine Entdeckung betrogen fühlt. Das Gegenteil ist der Fall: Er begibt sich freiwillig in die zweite Reihe. Darwin ist für ihn ein großes Vorbild – sein Erweckungserlebnis als Naturforscher sind nicht nur die Reiseberichte Humboldts, sondern auch Darwins *Die Fahrt der »Beagle«* gewesen. Wallace will nicht mehr, als von Wissenschaftlern wie Darwin oder Lyell als ihresgleichen akzeptiert zu werden. Das liegt auch am Klassenunterschied: Darwin ist Mitglied der Oberschicht, während der mittellose Wallace seine Reisen durch den Verkauf von Fellen und Tieren finanzieren muss.

Darwin ist auf der entscheidenden Sitzung nicht anwesend. Falls das der Befürchtung geschuldet ist, es würde Aufruhr geben, hätte er ruhig kommen können. Die drei Vorträge zur Mutation der Arten gehen in der Fülle der anderen Beiträge nahezu unkommentiert unter. Die Öffentlichkeit nimmt erst Notiz, als Darwin sein fast fertiges Mammutwerk zu einer fast vierhundert Seiten starken Fassung eindampft und diese im November 1859 veröffentlicht.

»Es ist ohne Zweifel die Hauptarbeit meines Lebens«, charakterisiert Charles Darwin das Buch, das unter dem Titel *Über die Entstehung der Arten durch natürliche Zuchtwahl oder die Erhaltung der begünstigten Rassen im Kampf ums Dasein* herauskommt. Das altertümliche Wort Zuchtwahl ist die zeitgenössische Übersetzung für den Originalbegriff »Selection«. Unter Darwins Büchern wird dieses das einflussreichste. Bis dahin ist sein Name der gelehrten Welt ein Begriff, *Die Entstehung der Arten* macht ihn berühmt. Die Erstauflage ist nach einem Tag vergriffen – dieses Thema interessiert auch das Bürgertum.

Das in diesem Band vorgestellte Kapitel »Der Kampf ums Dasein« demonstriert, wie komplex Darwins Verständnis von den Abhängigkeitsverhältnissen im Pflanzen- und Tierreich geworden ist. Aus dem theoretischen Essay von 1844, der vieles nur hat behaupten können, dessen Grundlage aber noch an einigen Stellen erkennbar ist, ist eine anschauliche Beschreibung voller faszinierender Beispiele aus der ganzen Welt geworden. Das Kapitel wirkt wie eine moderne Biologiestunde und weist dazu eine fast literarische Qualität auf, die sich bei Darwin selten findet. Er kann ein sehr kurzweiliger Briefpartner sein, aber im wissenschaftlichen Werk ist der Schachtelsatz die dominierende stilistische Spezies.

Auch die Radikalität der Konkurrenz in der Natur, die man heute in jedem Tierfilm lernt, ist völlig neu. Wissenschaftler mit evolutionären Ansätzen hat es viele gegeben. In einer historischen Einleitung, die Darwin der dritten Auflage der *Entstehung der Arten* beifügt, listet er fast zwanzig Vorgänger auf. Die meisten schenken dem Einfluss des Klimas zu große Bedeutung und übersehen, dass Fressen und Gefressenwerden die Basis für Veränderung bildet. Abgesehen davon ist niemand sonst Mitglied in Taubenzüchtervereinen, besucht Landwirtschaftsmessen und verfüttert Pflanzensamen an Spatzen, die Spatzen an Adler und untersucht deren Exkremente auf keimfähiges Saatgut. Darwin ist ein außergewöhnlicher Wissenschaftler geworden, und *Die Entstehung der Arten* zeigt das in aller Deutlichkeit.

Im Laufe der jahrelangen Arbeit hat auch Darwins Verständnis der Auslese an Tiefe gewonnen, wie das Kapitel »Natürliche Zuchtwahl oder Überleben des Passendsten« beweist (wobei der Ausdruck »Survival of the Fittest« von Herbert Spencer stammt). Die wichtigste Neuerung gegenüber dem Essay von 1844 ist ein Mechanismus, den Darwin das Prinzip der Divergenz nennt. Es funktioniert nach der Maxime, »dass die größte Summe an Leben durch die größte Differenzierung der Struktur vermittelt werden kann«. Anders ausgedrückt: Die Natur erreicht nur bei möglichst verschiedenen Bewohnern die größte Bevölkerungsdichte.

Hooker wies Darwin auf die große Zahl verschiedener Pflanzenarten hin, die auf einer knapp zwei Quadratmeter großen Fläche wachsen. Bei nur einer Pflanzenart ist die Dichte des Grases geringer. Mit dem Wissen um das Streben aller Lebewesen nach größtmöglicher Verbreitung und die natürliche Auslese im Hinterkopf kommt Darwin zu dem Schluss, »dass, je weiter die Abkömmlinge einer Spezies im Bau, Konstitution und Lebensweise auseinandergehen, sie umso besser geeignet sein werden, viele und sehr verschiedene Stellen im Haushalt der Natur einzunehmen und somit befähigt werden, an Zahl zuzunehmen«.

Deshalb entwickelt sich eine Art fächerförmig fort. Erst spaltet sich eine Stammart in zwei oder mehrere Varietäten auf, diese divergieren erneut und so geht der

Prozess über zahllose Generationen weiter. Viele Verzweigungen sterben aus, weil diese Varietäten verdrängt werden, doch an den äußeren Linien des Fächers entstehen am Ende neue Arten. Nur diese schaffen es, die Bevölkerungsdichte noch weiter zu erhöhen, weil sie den größten Grad an Verschiedenheit gegenüber den bisherigen Bewohnern aufweisen. Nach vielen tausend Generationen gehören diese neuen Arten häufig nicht einmal mehr zur gleichen Gattung – der nächsthöheren Klassifizierungskategorie – wie die Stammart, von der alles ausgegangen ist.

Darwin benutzt das Bild eines alten, weitverzweigten Baumes. »Von den vielen Zweigen, welche munter gediehen, als der Baum noch ein bloßer Busch war, leben nur noch zwei oder drei, die jetzt als mächtige Äste alle anderen Verzweigungen abgeben«, formuliert er. An deren Enden befinden sich die neuen Arten. Die abgestorbenen und abgefallenen Zweige stehen für die ausgestorbenen Varietäten bis hin zu den Fossilien.

Die Auslese und das Prinzip der Divergenz sind für Darwin Grundlage der – einer Baumstruktur ebenfalls ähnlichen – Klassifikation. »Aus diesen Prinzipien lassen sich die Natur der Verwandtschaften und die im allgemeinen deutlich ausgesprochenen Verschiedenheiten der unzähligen organischen Wesen aus jeder Klasse auf der ganzen Erdoberfläche erklären«, schreibt er. 1857 spricht er in einem Brief an den Harvard-Botaniker Asa Gray vom »Ursprung der Klassifikation«. In der Tat bringt Darwins System Ordnung in die Dinge. Viele Wissenschaftler glauben, dass alle Tiere benennbar sind, weil Gott jedes einzeln erschaffen hat. So wird die Klassifikation zur Rekonstruktion des Schöpfungsplans. Darwin nennt diesen Ansatz schon 1842 eine »hohle hochtrabende Phrase«. Er will Flora und Fauna nach ihrer Verwandtschaft klassifizieren – einem genealogischen Prinzip.

Denn die gläubige Wissenschaft funktioniert nur, wenn man nicht allzu genau hinschaut. In der Natur wimmelt es von Varietäten, Subspezies und nicht eindeutig klassifizierbaren Wesen. Die Wissenschaftler sind bei Hunderten von Organismen uneins, ob sie eigene Arten oder nur Varietäten sind. Nach allem was er über die evolutionären Fähigkeiten der Natur weiß, steht Darwin hingegen auf dem völlig neuen Standpunkt, »dass man eine gut ausgeprägte Varietät mit Recht eine beginnende Spezies nennen kann«. Und er hat mit dem Prinzip der Divergenz eine Erklärung für die Menge an minimal unterschiedlichen Tieren.

Darüber hinaus enthält *Die Entstehung der Arten* die Ergebnisse der Experimente, mit denen Darwin die geografische Verbreitung von Tieren und Pflanzen untersucht hat. Er diskutiert die Probleme seiner Theorie sowie die Einwände gegen sie, wie Darwin sie im Briefwechsel mit Hooker jahrelang erörtert und ausgeräumt hat. Und es gibt Kapitel, in denen einige Gedanken des Essays von 1844 ausführlich dargestellt werden.

Die Reaktionen auf das Buch sind gespalten. Natürlich ist die Kirche empört, und auch viele der anglikanischen Wissenschaftler wie Adam Sedgwick gehören zu den Gegnern. Henslow, den Darwin erst vor wenigen Jahren eingeweiht hat, ist das Buch zu hypothetisch. »Ich fürchte, Ihr werdet Eurem Schüler in diesem Fall nicht zustimmen«, ahnt Darwin Ende 1859. Auf der anderen Seite stehen Darwins Adjutanten: Lyell, Hooker, Huxley und andere Kollegen, die im Wissenschaftsbetrieb inzwischen Karriere gemacht haben. In den folgenden Jahren sind sie es, die der Theorie zum Durchbruch verhelfen. Darwin selbst hält sich aus der Diskussion heraus, steht mit seinen Freunden aber in ständigem Briefkontakt. Es ist ein Stellvertreterkrieg: Es geht um sein Werk, aber andere fechten den Kampf für ihn aus.

Der große Aufschrei aber bleibt aus. England ist moderner und liberaler geworden. Die Whigs sitzen nicht mehr ständig in der Opposition, die Macht der alten Tory-Eliten ist gebrochen, die Konkurrenz als Prinzip politischen Handelns anerkannt. Insofern liefert Darwin, der den Kampf ums Dasein beschreibt, der herrschenden Schicht die Ideologie und erhöht dadurch die Akzeptanz seiner Ideen. Allerdings beginnt hier das folgenreiche Missverständnis, wonach Darwins Theorie die Überlegenheit der Starken über die Schwachen propagiert. Dabei muss es sich bei den ausgewählten Tieren nicht notwendigerweise um die stärksten ihrer Art handeln. Der entscheidende Faktor kann auch eine bessere Tarnfarbe oder die Fähigkeit sein, viele Weibchen anzulocken. Oder wie bei den Käfern auf Inseln die Tatsache, keine Flügel zu haben – und damit keine Gefahr zu laufen, aufs Meer hinaus geweht zu werden.

Der viel zitierte Satz »Survival of the Fittest«, der gerade im Deutschen so sehr nach Fitnessstudio klingt, bezieht sich auf die Anpassung an die Umwelt, nicht auf die körperliche Überlegenheit. Das einzige Kriterium für die natürliche Selektion ist Nützlichkeit: Was dem Überleben nützt, wird ausgewählt. Und dabei spielt der Zufall die Hauptrolle. Meistens ist es eine zufällige Variation innerhalb der üblichen Streuung einer Nachkommenschaft, die ausgewählt wird.

Der schärfste Kritiker der *Entstehung der Arten* ist Richard Owen, der Darwins Fossilien beschrieben hat. Mit ihm liefert sich besonders Huxley einen publizistischen Kleinkrieg. Der läuft zu Höchstform auf, wenn es gegen klerikale Gegner geht. Am 30. Juni 1860 ist ein solcher Tag: Auf der Sitzung der British

Association in Oxford findet eine große Diskussion über Darwins Buch statt – natürlich ohne den Autor. Teilnehmer sind Samuel Wilberforce, der Bischof von Oxford, Hooker, Huxley und ein amerikanischer Wissenschaftler, den Owen indoktriniert hat. Während Hooker die Argumente des Bischofs zerpflückt, verkündet Huxley, er habe lieber einen Affen zum Großvater als einen schlechten Wissenschaftler. Den Showdown rundet ein Auftritt des bibelschwenkenden Exkapitäns FitzRoy ab.

Darwin liest daheim aufgeregt die Berichte über die »Königsschlacht in Oxford«. Huxley gründet um diese Zeit als Forum für Darwins Anhänger die Zeitschrift *Natural History Review*. In der ersten Ausgabe Anfang 1861 veröffentlicht er gleich einen Aufsatz über die Verwandtschaft des Menschen mit dem Affen. Auch das geht gegen Owen: Der hat anhand eines Gorillaschädels strukturelle Ähnlichkeiten bestritten. Die Fraktionen formieren sich.

Im Mai 1861 stirbt Henslow. Darwin sieht sich aus gesundheitlichen Gründen nicht in der Lage, an das Krankenbett des Mannes zu kommen, der für seine Karriere verantwortlich ist. Sein Leben nimmt in solchen Momenten stark neurotische Züge an. Eine vergleichbare Situation entsteht 1875, als er ablehnt, einer der Sargträger Lyells zu sein. Darwins Nachkommen beschreiben, dass in der Familie ein regelrechter Krankheitskult herrscht, in dessen Zentrum der Hausherr steht. Offenbar führt Darwins Maxime, aus Angst vor den Folgen alle Anstrengung zu vermeiden dazu, dass als Anstrengung wahrgenommen wird, was gar keine ist. Der Mann, der die Anden überquert und zu Pferd den südamerikanischen Kontinent durchmessen hat, ist nicht wiederzuerkennen. Darwin geht keine Risiken mehr ein: Als er nach Down umzieht, lässt er einen Spiegel im Arbeitszimmer anbringen, durch den er die Haustür im Auge behalten kann.

Inzwischen ist auf dem Grundstück auch ein Gewächshaus dazugekommen. Während seine Freunde die wissenschaftliche Auseinandersetzung um die Evolutionstheorie führen, erschließt sich Darwin im Laufe des Jahres 1861 ein neues Arbeitsgebiet: Orchideen. Schon in der *Entstehung der Arten* hat er sich mit hermaphroditischen Pflanzen beschäftigt. Die Mehrzahl aller Pflanzen besitzt sowohl männliche als auch weibliche Geschlechtsorgane, sodass die zeitgenössische Botanik davon ausgeht, Selbstbefruchtung sei der gängige Weg der Fortpflanzung. Darwin dagegen hält die Kreuzung zwischen verschiedenen Pflanzen einer Art für ein »allgemein, wenn nicht universell gültiges Naturgesetz«.

Das 1862 erschienene Buch *Die verschiedenen Einrichtungen durch welche Orchideen von Insekten befruchtet werden* bestätigt die Erkenntnis in der Praxis.

Darwin beweist, dass die Schönheit der Pflanzen kein Selbstzweck ist, sondern ein kompliziertes System darstellt, um Insekten anzulocken und sie mit Pollen zu versorgen. Auf diese Weise gelangen die Pollen zu den Blüten anderer Pflanzen – die Selbstbefruchtung ist die Ausnahme. Das Thema ist für Darwins Artentheorie nicht unwichtig: Weil selbstbefruchtende Pflanzen sich nicht verändern, erzeugt nur die Kreuzung Varietäten, die ausgewählt werden können.

Eine Orchidee aus Madagaskar übrigens, die Darwin in seinem Buch beschreibt, besitzt eine spektakuläre Vorrichtung, die ihren Nektar durch einen extrem langen Dorn schützt. Gemäß seiner Überzeugung, dass alles in der Natur eine Funktion hat, prophezeit Darwin daher die Existenz eines komplementären Insekts mit einem ebenso langen Rüssel. 1903 wird auf Madagaskar tatsächlich ein entsprechender Schmetterling gefunden.

Das Orchideen-Buch bildet den Auftakt einer Reihe botanischer Werke, die Darwin in den letzten zwanzig Jahren seines Lebens schreibt. Die Botanik ist wie die Geologie in Vergessenheit geraten, wenn man von Darwin spricht. Doch auch dort leistet er Außergewöhnliches: Viele Biologen halten ihn für den wichtigsten Botaniker des 19. Jahrhunderts. Seine Forschungen über die sexuellen Gewohnheiten der Pflanzen sind heute immer noch aktuell. Darwin beobachtet die Pflanzen nicht nur, sondern testet ihr Verhalten unter neuen Bedingungen. Das unterscheidet ihn von seinen Zeitgenossen und macht seine Arbeiten so modern.

Die Monografie *Die Bewegungen und Lebensweise der kletternden Pflanzen*, die Darwin nach fast einjähriger Krankheit im Herbst 1864 veröffentlicht, ist dafür ein gutes Beispiel. »Es ist befremdend, ich glaube aber wirklich, dass niemand die einfach windenden Pflanzen erklärt hat«, schreibt er während der Arbeit an Hooker. Darwin testet Kletterhilfen aus Glas und aus Holz, dicke und dünne, schiefe und gerade. Er behindert die Triebe mit Gewichten und berührt die Blätter mit Bindfäden im Milligrammbereich, um ihre Empfindlichkeit zu testen. Und er versucht, die von manchen Rankenkletterern produzierten Haftschichten mit Wasser, Alkohol, Äther, Terpentin, Essigsäure sowie Thymian- und Pfefferminzöl abzulösen.

Ebenfalls 1864 vereinigen sich die Befürworter Darwins in einem eigenen Klub, dem so genannten X-Klub: einer Lobby, die Gleichgesinnte in die wichtigen wissenschaftlichen Gesellschaften wählt und Öffentlichkeitsarbeit für die Evolutionstheorie macht. Darwin bleibt weiter im Hintergrund, zumal er 1865 erneut schwer krank ist und mehr oder weniger vergeblich sein Heil bei neuen

Ärzten und neuen Diäten sucht. Inzwischen wird er schon nervös, wenn seine Frau nicht in der Nähe ist, um ihm ein Gefühl von Sicherheit zu geben.

Die Ehe der Darwins ist eine glückliche. Charles ist ein liebevoller Ehemann und Vater. Er gehört nicht zu den Wissenschaftlern und Schriftstellern, die auf keinen Fall gestört werden dürfen. Die Tür zu Darwins Arbeitszimmer steht immer offen, die Kinder dürfen auch dort spielen. Häufig bezieht er sie sogar in seine Arbeit ein. Emma ist aus heutiger Sicht nicht zu beneiden. Sie gebärt im Laufe ihres Lebens zehn Kinder, von denen drei früh sterben. Immerhin lindert Charles ihre Schmerzen bei einigen der Geburten durch Chloroform – das er für die segensreichste Erfindung der Menschheit hält. Je mehr die Krankheit Darwin beeinträchtigt, desto mehr gerät seine Frau in die Rolle der Pflegerin, die ihn tagsüber umsorgt und ihm abends aus Romanen vorliest. Ohne Emma, das wird im Laufe der Zeit immer deutlicher, hätte Darwin sein enormes Arbeitspensum nie bewältigt.

Die Entstehung der Arten ist längst in viele Sprachen übersetzt. In Deutschland wird die Theorie besonders gut aufgenommen. Im Oktober 1866 lernt Darwin den Mann kennen, der für ihre Verbreitung gesorgt hat: Ernst Haeckel, einen damals 32-jährigen Zoologen und Arzt aus Jena. Haeckel hat gerade seine ellenlange *Generelle Morphologie* veröffentlicht, durch die sich Darwin mit dem Wörterbuch durchkämpft. »Ich bin mir sicher, ich würde das Buch sehr mögen, wenn ich es in einem Zug durchlesen könnte, anstatt bei jedem Satz zu stöhnen und zu fluchen«, schreibt Darwin an Hooker. Mit der deutschen Sprache steht Darwin sein Leben lang auf Kriegsfuß. Als er einmal voller Stolz Hooker erzählt, er habe begonnen Deutsch zu lernen, antwortet der nur: »Ach mein lieber Freund, das ist gar nichts, ich habe es viele Male angefangen.« Haeckel, der noch einige Male in Down zu Gast ist, revanchiert sich mit einem mäßigen Englisch, das er desto lauter spricht.

Seit einigen Jahren schon plant Darwin ein Buch, das diejenigen seiner Kenntnisse über Züchtung und Domestikation zusammenfassen soll, die nicht in *Die Entstehung der Arten* Platz gefunden haben. Noch einmal in aller Ausführlichkeit zu zeigen, wie stark sogar der Mensch organische Wesen verändern kann, wird die Skeptiker vielleicht vollends von seiner Theorie überzeugen. 1868 kommt das Buch unter dem Titel *Das Variieren der Tiere und Pflanzen im Zustande der Domestikation* in zwei Bänden heraus.

Der erste Band enthält die Fakten. Darwin erklärt in Wort und Bild die Veränderungen, die nahezu alle Haus- und Nutztiere sowie die vom Menschen kultivierten Pflanzen durchlaufen haben: Hunde, Katzen, Pferde, Esel, Schweine, Rinder, Schafe, Ziegen, Kaninchen, Hühner, Gänse, Goldfische, Bienen, Seidenschmetterlinge, Getreide und Gemüse. Ausführlich behandelt Darwin sein Spezialgebiet, die Tauben. Hier ist auch Platz für die vielen Skelett-Vergleiche, die Darwin im Vorfeld der *Entstehung der Arten* angestellt hat. Von vielen Taubenarten und anderen Tieren hat er sich Skelette besorgt oder mühselig selbst angefertigt. So kann er dem Einwand begegnen, dass Tiere nur unbedeutend variieren: Darwin beweist, dass sich durch Züchtung selbst die Schädel verändern oder die Zahl der Wirbel zunimmt.

Im zweiten Band werden die Bedingungen und Gesetze von Vererbung und Variation erklärt. Große Bekanntheit hat das vorletzte Kapitel des Buches über die »Provisorische Hypothese der Pangenesis« erlangt, weil Darwin dort einmal völlig falsch liegt. Die Pangenesis ist sein Name für den Mechanismus der Vererbung. Darwin glaubt daran, dass sich bei Menschen und Tieren auch Angewohnheiten und charakterliche Eigenschaften vererben. Seine Theorie soll auch dieses Phänomen erklären.

Der Pangenesis zufolge entwickelt jede Zelle eigene Keimchen, die sich mit denen aller anderer Zellen zu Reproduktionszellen in den Geschlechtsorganen vereinigen. Diese Zellen enthalten gewissermaßen den gesamten Menschen samt seiner Eigenschaften und steuern die Entwicklung der Nachkommen. Viele von Darwins Freunden, darunter Hooker und Huxley, sind von der Pangenesis nicht überzeugt. Tatsächlich hat sie mit der modernen Genetik nichts zu tun, und eine Vererbung von erworbenen Eigenschaften findet auch nicht statt.

Während Darwin seinen botanischen Neigungen nachgeht und die Pangenesis erfindet, wird nicht nur in der wissenschaftlichen Welt bereits über die Verwandtschaft des Menschen mit dem Affen spekuliert. Huxley hält darüber schwungvolle Vorträge und veröffentlicht ein Buch, ein gewisser »Mr. G. O'Rilla« bevölkert die Karikaturen der Zeitungen. Nur Darwin, der sich am kompetentesten äußern könnte, trägt nichts zur Diskussion bei. Bis auf einen kurzen Hinweis, dass das Buch auch Licht auf den Ursprung des Menschen werfe, hat er das Thema in der *Entstehung der Arten* peinlichst vermieden. Natürlich ziehen viele Leser trotzdem die richtigen Schlüsse: Man muss die Theorie nur auf den Menschen übertragen.

»Es würde nutzlos und für den Erfolg des Buches schädlich gewesen sein, hätte ich mit meiner Überzeugung betreffs des Ursprungs des Menschen glänzen wollen, ohne irgendwelche Beweise beizubringen«, schreibt Darwin in der Autobiografie. Das ist nur die Hälfte der Wahrheit: Er fürchtet, dass seine Theorie der Arten sich noch schwerer durchsetzen wird, wenn er sie zusätzlich mit einem derart umstrittenen Thema befrachtet.

Doch jetzt wächst der Druck auf Darwin, zur Entstehung des Menschen Stellung zu nehmen. Er beginnt mit der Arbeit an einem neuen Buch. Darwin beschäftigt die sexuelle Auswahl, die er in der *Entstehung der Arten* nur gestreift hat: Aus welchen Gründen wählen Tiere ihre Partner? Wieder beginnt eine Phase des Lesens und Experimentierens: Darwin färbt männliche Tauben und rupft Hähnen die Schwanzfedern aus, um die Reaktion der Weibchen zu testen. Er versucht seine Überzeugung zu belegen, dass die Farbe vieler Vögel der Paarung dient. Darwin aktiviert sein Zuliefernetzwerk und bekommt aus aller Welt Tiere und Material zugeschickt. Parallel sammelt er Material für die Abstammung des Menschen.

Währenddessen beginnen seine Freunde in der Diskussion um Darwins Theorie die Oberhand zu gewinnen. 1868 ist Hooker Präsident der Jahrestagung der British Association, und in seiner Eröffnungsrede finden sich evolutionäre Anklänge. 1869 wird *Nature* gegründet, heute eine der angesehensten Wissenschaftszeitungen der Welt. Darwins Parteigänger veröffentlichen auch dort. 1870 sitzt Huxley der British Association vor und Darwin erhält nach dem preußischen Orden Pour le Mérite die Ehrendoktorwürde der Universität Bonn.

Anfang 1871 ist Darwins Manuskript fertig. Während sich deutsche Übersetzer schon um die Rechte des vom Verlag bereits angekündigten Werkes streiten, bereitet Darwin nach *Die Entstehung der Arten* und *Das Variieren der Tiere und Pflanzen im Zustande der Domestikation* sein drittes wichtiges Buch über die Evolutionstheorie zur Veröffentlichung vor: *Die Abstammung des Menschen und die geschlechtliche Zuchtwahl*.

1. Geospiza magnirostris.   2. Geospiza fortis.
3. Geospiza parvula.   4. Certhidea olivacea.

Bevor wir auf den Gegenstand dieses Kapitels eingehen, muss ich einige Bemerkungen darüber vorausschicken, wie der Kampf ums Dasein zur natürlichen Zuchtwahl führt. Aus dem letzten Kapitel war zu ersehen, dass unter den Lebewesen im Naturzustande eine individuelle Veränderlichkeit besteht; ich wüsste auch nicht, dass dies jemals bestritten worden wäre.

Es ist für uns unwesentlich, ob eine Menge zweifelhafter Formen nun Arten, Unterarten oder Varietäten genannt werden; welchen Rang z.B. die zweihundert oder dreihundert zweifelhaften Formen britischer Pflanzen einzunehmen berechtigt sind, wenn die Existenz stark hervortretender Varietäten angenommen werden darf. Aber das einfache Vorhandensein individueller Veränderlichkeit und einiger Varietäten hilft uns sehr wenig, um zu begreifen, wie Arten in der Natur entstehen. Wie haben sich alle die vortrefflichen Anpassungen eines Teils der Organisation an den anderen und an die Lebensbedingungen, eines organischen Wesens an das andere entwickelt? Wir sehen diese schöne Anpassung am deutlichsten beim Specht und bei der Mistel und fast ebenso deutlich beim niedrigsten Parasiten, der sich an das Haar eines Säugetiers oder an die Federn eines Vogels klammert; wir sehen sie am Körperbau eines Käfers, der ins Wasser taucht, am befiederten Samen, der vom leisen Lüftchen getragen wird, kurz überall in der organischen Welt.

Wie kommt es, könnte man weiter fragen, dass sich die Varietäten, die ich beginnende Arten nannte, schließlich in gute und unterschiedliche Arten verwandeln, die meistens mehr voneinander abweichen als die Varietäten derselben Art? Wie entstehen jene Gruppen von Arten, die die so verschiedenen Gattungen bilden und mehr voneinander abweichen als die Arten dieser Gattungen? Wie aus dem nächsten Kapitel deutlich hervorgehen wird, sind alles das Folgen des Kampfes ums Dasein. In diesem Wettkampfe wird jede Veränderung, wie gering sie auch sein und aus welchen Ursachen sie auch entstanden sein mag, wenn sie nur irgendwie dem Individuum vorteilhaft ist, auch zur Erhaltung dieses Individuums beitragen und sich gewöhnlich auch auf die Nachkommen vererben. Diese werden daher mehr Aussicht haben, am Leben zu bleiben; denn von den vielen Individuen einer Art, die geboren werden, lebt nur eine geringe Anzahl fort. Ich habe dieses Prinzip, das jede geringfügige, wenn nur nützliche Veränderung konserviert, »natürliche Zuchtwahl« genannt, um seine Beziehung zu der vom Menschen veranlassten künstlichen Zuchtwahl zu kennzeichnen. Indessen ist der von Herbert Spencer gebrauchte Ausdruck »Überleben des Tüchtigsten« besser und zuweilen ebenso bequem. Wir haben gesehen, dass der Mensch durch die Zuchtwahl große Erfolge erzielen und dass er durch die Anhäufung kleiner, aber nützlicher Veränderungen, die die Natur ihm bietet, organische Wesen seinen eigenen Zwecken anpassen kann. Indessen ist die natürliche Zuchtwahl, wie wir später sehen werden, eine Macht, die unaufhörlich wirkt und den schwachen Bemühungen des Menschen ebenso sehr überlegen ist wie das Wirken der Natur dem der Kunst.

Wir wollen nun den Kampf ums Dasein etwas genauer betrachten, obgleich ich in einem späteren Werke den Gegenstand noch ausführlicher behandeln werde. Der ältere de Candolle und Charles Lyell haben eingehend nachgewiesen, dass alle organischen Wesen einem scharfen Wettbewerb ausgesetzt sind. In Bezug auf die Pflanzen ist dieser Gegenstand von keinem geistvoller und besser behandelt worden als von dem Dechanten von Manchester, W. Herbert, und zwar dank seiner bedeutenden Kenntnis des Gartenbaus. Nichts ist leichter, als ganz allgemein die Existenz des Kampfes ums Dasein zuzugeben; nichts aber ist schwerer (wie ich wenigstens herausgefunden habe), als die Existenz des Kampfes ums Dasein beständig im Auge zu behalten. Ehe wir nicht tief von ihr durchdrungen sind, werden wir den Haushalt der Natur mit all seinen Einzelheiten der Verbreitung, der Seltenheit, des Häufigseins, des Aussterbens und der Veränderung der Geschöpfe nur halb begreifen oder gar völlig falsch verstehen. Wir sehen das Antlitz der Natur heiter erstrahlen; wir sehen überall nur Überfluss an Nahrung. Aber wir sehen nicht oder übersehen, dass die Vögel, die sorglos rings um uns singen, von Insekten oder Samen leben und damit ständig Leben vernichten. Oder wir vergessen, dass viele dieser Sänger oder ihre Eier und Nestlinge von Raubvögeln und anderen Feinden vernichtet werden. Wir behalten nicht immer im Auge, dass zwar heute reichlich Futter vorhanden sein kann, dass das aber noch nicht in allen Jahreszeiten notwendig der Fall ist.

Der Ausdruck Kampf ums Dasein im weiteren Sinne

Es sei vorausgeschickt, dass ich die Bezeichnung »Kampf ums Dasein« in einem weiten metaphorischen Sinne gebrauche, der die Abhängigkeit der Wesen voneinander, und was noch wichtiger ist: nicht nur das Leben des Individuums, sondern auch seine Fähigkeit, Nachkommen zu hinterlassen, miteinschließt. Mit Recht kann man sagen, dass zwei hundeartige Raubtiere in Zeiten des Mangels um Nahrung und Dasein miteinander kämpfen; aber man kann auch sagen, eine Pflanze kämpfe am Rande der Wüste mit der Dürre ums Dasein, obwohl man das ebenso gut so ausdrücken könnte: sie hängt von der Feuchtigkeit ab. Von einer Pflanze, die jährlich Tausende von Samenkörnern erzeugt, von denen aber im Durchschnitt nur eines zur Entwicklung kommt, lässt sich mit noch viel größerem Rechte sagen, sie kämpfe ums

Dasein mit jenen Pflanzen ihrer oder anderer Art, die bereits den Boden bedecken. Die Mistel ist vom Apfelbaum und einigen anderen Baumarten abhängig, aber es kann von ihr nur in gewissem Sinne gesagt werden, sie kämpfe mit diesen Bäumen, denn wenn zu viele dieser Schmarotzer auf demselben Baume wachsen, so verdorrt er und geht ein. Wenn aber mehrere Mistelsämlinge auf demselben Ast beisammen wachsen, so kann man schon mit mehr Grund sagen: sie kämpfen miteinander. Da der Samen der Mistel durch Vögel verbreitet wird, so hängt ihr Dasein von diesen ab, und man könnte bildlich sagen, die Misteln kämpften mit anderen fruchttragenden Pflanzen, um die Vögel zu verleiten, lieber ihre Samen zu fressen und zu verstreuen. In diesen verschiedenen Bedeutungen, die ineinander übergehen, gebrauche ich der Bequemlichkeit halber die allgemeine Bezeichnung »Kampf ums Dasein«.

Geometrisches Verhältnis der Zunahme

Der Kampf ums Dasein ist die notwendige Folge des stark entwickelten Strebens aller Lebewesen, sich zu vermehren. Jedes Wesen, das während seiner natürlichen Lebensdauer mehrere Eier oder Samen hervorbringt, muss in einer gewissen Zeit seines Lebens oder in einer bestimmten Jahreszeit vernichtet werden, weil sonst seine Zahl nach dem Prinzip der geometrischen Vermehrung so groß werden würde, dass kein Land das Erzeugte zu ernähren imstande wäre. Da also mehr Individuen ins Leben treten als bestehen können, so muss auf jeden Fall ein Kampf ums Dasein stattfinden, entweder zwischen Individuen derselben oder verschiedener Arten oder zwischen Individuen und äußeren Lebensbedingungen. Das ist die Lehre von Malthus mit verstärkter Kraft auf das ganze Tier- und Pflanzenreich angewendet, denn in unserem Falle ist keine künstliche Vermehrung der Nahrungsmittel und keine vorsichtige Eheenthaltung möglich. Obwohl sich einige Arten mehr oder minder rasch vermehren; alle können es nicht tun, weil sonst die Erde sie nicht fassen könnte.

Es gibt keine Ausnahme von der Regel, dass sich jedes organische Wesen auf natürlichem Wege so stark vermehrt, dass, wenn es nicht der Vernichtung ausgesetzt wäre, die Erde bald von den Nachkommen eines einzigen Paares erfüllt sein würde. Selbst der sich langsam vermehrende Mensch verdoppelt in 25 Jahren seine Kopfzahl; wenn also alle Kinder heranwüchsen, würde seine Nachkommenschaft nach kaum einem Jahrtausend buchstäblich keinen Platz zum Stehen mehr finden. Linné hat berechnet, dass eine einjährige Pflanze, die nur zwei Samen hervorbringt (und es gibt keine so unproduktive Pflanze), deren Nachkommen wieder je zwei erzeugen usw., in zwanzig Jahren schon eine Million Pflanzen hervorgebracht haben würde. Der Elefant vermehrt sich langsamer als alle anderen Tiere, und ich habe mir die Mühe gemacht, das wahrscheinliche Minimum seiner natürlichen Vermehrung zu benennen. Man kann als ziemlich sicher annehmen, dass er nach dreißig Jahren seine Fortpflanzung beginnt und sie bis zum neunzigsten Lebensjahr fortsetzt, dass er während dieser Zeit sechs Junge hervorbringt und bis zum hundertsten Jahre lebt. In diesem Falle würde es nach Verlauf von 740 bis 750 Jahren etwa neunzehn Millionen Elefanten als Abkömmlinge eines Paares geben.

Aber wir haben bessere Beweise als einfache theoretische Berechnungen, nämlich die zahlreichen Berichte über die erstaunlich rasche Vermehrung verschiedener Tiere im Naturzustande, sofern die Bedingungen zwei oder drei Jahre günstig lagen. Einen noch schlagenderen Beweis liefern unsere verschiedenen Haustierarten, wenn sie verwildern. Wenn die Angaben über die Vermehrung der sich langsam fortpflanzenden Rinder und Pferde in Südamerika nicht beglaubigt wären, so würden wir sie für unrichtig halten, und ebenso ist es bei den Pflanzen. Es gibt Fälle, in denen eingeführte Pflanzen sich in kaum zehn Jahren über ganze Inseln verbreitet haben. Manche Pflanzen, z. B. die Artischocke und eine hohe Distel, die über die weiten Ebenen von La Plata verbreitet sind und auf Flächen von vielen Quadratmeilen fast jede andere Pflanze ausschließen, sind von Europa eingeführt worden. Ferner gibt es in Indien Pflanzen, deren Verbreitungsgebiet nach Falconer vom Kap Comorin bis zum Himalaja reicht, die aber erst seit der Entdeckung Amerikas von dorther eingeführt wurden. In solchen Fällen, die leicht vervielfacht werden könnten, wird niemand annehmen, dass die Fruchtbarkeit der Tiere und Pflanzen plötzlich und zeitweilig ungewöhnlich stark zugenommen hätte. Die nächstliegende Erklärung ist, dass die Lebensbedingungen sehr günstig lagen, und dass infolgedessen die Zerstörung von Alt und Jung geringer war und fast alle Abkömmlinge sich fortpflanzen konnten. Ihre geometrische Vermehrung, deren Resultat immer Überraschung hervorruft, erklärt auf die einfachste Weise ihre besonders schnelle Zunahme und ihre weite Verbreitung in der neuen Heimat.

Im Naturzustande bringen fast alle geschlechtsreifen Pflanzen jährlich Samen hervor, und unter den Tieren gibt es nur wenige, die sich nicht alljährlich paaren. Wir können daher mit Recht behaupten, dass sich alle Pflanzen und Tiere im geometrischen Verhältnis zu vermehren suchen, dass sie jedes irgendwie für sie geeignete Gebiet rasch bevölkern, und dass diese Neigung zur geometrischen Vermehrung in irgendeiner Zeit ihres Lebens durch zerstörende Einflüsse beschränkt werden muss. Unsere Vertrautheit mit den größeren Haustieren könnte uns allerdings irremachen. Wir sehen bei ihnen keine besonderen vernichtenden Einflüsse wirksam, allein wir vergessen, dass jährlich Tausende für Nahrungszwecke geschlachtet werden, und dass im Naturzustand wahrscheinlich ebenso viele Individuen auf irgendeine Weise beseitigt werden.

Der einzige Unterschied zwischen den Organismen, die jährlich Tausende von Eiern oder Samen erzeugen, und weniger fruchtbaren ist der, dass diese unter günstigen Umständen einige Jahre mehr brauchen, um einen Bezirk, sei er auch noch so groß, zu bevölkern. Der Kondor legt zwei Eier und der Strauß zwanzig, und doch dürfte sich in ein und derselben Gegend der Kondor rascher vermehren als der Strauß. Der Eissturmvogel *(Procellaria glacialis)* legt nur ein Ei, und doch gilt er als einer der häufigsten Vögel der Welt. Die eine Fliege legt Hunderte von Eiern, die andere, z. B. *Hippobosca,* nur eins; allein dieser Unterschied ist nicht maßgebend dafür, wie viele Einzelwesen dieser beiden Arten in einem Bezirk ihren Lebensbedarf finden können. Eine große Anzahl von Eiern ist wichtig für jene Arten, die von Schwankungen ihrer Futtervorräte abhängig sind, denn sie müssen sich rasch vermehren. Aber die eigentliche Bedeutung einer großen Anzahl von Eiern oder Samen liegt darin, dass sie einer stärkeren Vernichtung, die in irgendeiner Lebenszeit erfolgt, entgegenwirken, und diese Periode ist in den meisten Fällen die erste Lebenszeit. Kann ein Tier seine Eier oder seine Jungen irgendwie schützen, so genügt eine geringere Anzahl von Eiern, um die Durchschnittszahl aufrechtzuerhalten. Werden aber viele Eier oder Junge vernichtet, so müssen entsprechend mehr erzeugt werden, wenn die Art nicht aussterben soll. Zur Erhaltung der vollen Anzahl einer Baumart, die durchschnittlich tausend Jahre alt wird, genügt es, wenn jeder Baum in tausend Jahren nur einen Samen hervorbringt, vorausgesetzt, dass er nie zerstört wird und einen gesicherten Ort zur Entwicklung findet. So hängt also die Durchschnittszahl aller Tiere und Pflanzen immer nur indirekt von der Anzahl ihrer Eier oder Samen ab.

Bei jeder Betrachtung der Natur müssen wir die vorstehenden Bemerkungen im Auge behalten; nie dürfen wir vergessen, dass jedes organische Wesen sozusagen die äußerste Vermehrung seiner Kopfzahl erstrebt, dass jedes in einer gewissen Zeit seines Lebens kämpfen muss und dass unvermeidlich heftige Zerstörungen über Alt und Jung entweder in jeder Generation oder in wiederkehrenden Perioden vorkommen. Die Beseitigung der Hindernisse oder eine (wenn auch geringe) Verminderung der zerstörenden Einflüsse wird eine unbegrenzte Vermehrung der Individuen bei den Arten zur Folge haben.

Natur der Hindernisse der Vermehrung

Die Ursachen, die das natürliche Streben einer jeden Art nach Vermehrung beschränken, sind vollkommen unaufgeklärt. Man betrachte die lebenskräftigen Arten: je größer ihre Zahl wird, desto größer wird auch ihr Streben nach weiterer Vermehrung. Wir kennen nicht einmal in einem Einzelfall genau die Hemmnisse, und das wird niemand überraschen, der bedenkt, wie wenig wir in dieser Beziehung selbst vom

Menschen wissen, der doch ganz unvergleichlich besser bekannt ist als irgendein Tier. Dieser Gegenstand wurde übrigens von mehreren Autoren sehr eingehend behandelt, und ich hoffe ihn in einem künftigen Werke noch ausführlicher erörtern zu können, besonders hinsichtlich der wilden Tiere Südamerikas. Hier will ich nur einige Bemerkungen machen, um dem Leser einige Hauptpunkte in Erinnerung zu bringen. Es scheint, dass Eier und ganz junge Tiere im Allgemeinen am meisten leiden, doch ist dies nicht immer der Fall. Bei den Pflanzen findet wohl eine starke Vernichtung der Samen statt, aber einige von mir angestellte Beobachtungen lassen mich glauben, dass die Sämlinge am meisten leiden, wenn sie auf einem mit anderen Pflanzen bereits dicht bedeckten Boden wachsen. Auch werden sie in großer Menge von Feinden zerstört. So beobachtete ich z.B. auf einer locker umgegrabenen Bodenfläche von drei Fuß Länge und zwei Fuß Breite, auf der keine anderen Pflanzen hindernd auftreten konnten, das Aufgehen der Sämlinge unserer heimischen Kräuter. Von 357 waren nicht weniger als 295 hauptsächlich durch Schnecken und Insekten zerstört worden. Wenn man einen Rasen, der lange Zeit immer wieder abgemäht wurde (der Fall wäre derselbe, wenn er von Tieren kurz abgeweidet worden wäre), wachsen lässt, so werden die kräftigeren Pflanzen nach und nach die minder kräftigen töten, selbst wenn diese voll ausgewachsen sind. So gingen von zwanzig Arten auf einer kleinen, drei Fuß breiten und vier Fuß langen Rasenfläche neun zwischen den üppig gedeihenden anderen ein.

Die für jede Art vorhandene Nahrungsmenge bestimmt natürlich die äußerste Grenze, bis zu der sie sich vermehren kann. Oft ist aber auch nicht Nahrungsmangel, sondern die Beutegier anderer Tiere für die Durchschnittszahl einer Art maßgebend. Es ist daher zweifelhaft, ob der Bestand an Rebhühnern, Waldhühnern und Hasen hauptsächlich von der Zerstörung der kleinen Raubtiere abhängt. Würde in England während der nächsten zwanzig Jahre kein Stück Wild abgeschossen und ebenso lange kein Raubtier vernichtet, so würde wahrscheinlich der Wildbestand geringer sein als heute, wo jährlich Hunderte und Tausende Stücke Wild erlegt werden. Andererseits gibt es Fälle wie den des Elefanten, in denen keine Vernichtung durch Raubtiere stattfindet. Denn selbst der Tiger greift nur selten ein von seiner Mutter geschütztes Elefantenkalb an.

Bei der Bestimmung der Durchschnittszahl einer Art spielt auch das Klima eine wichtige Rolle, und ich glaube, dass die periodische Wiederkehr äußerst trockener oder kalter Jahreszeiten das wirksamste aller Hemmnisse ist. Der Winter von 1854 bis 1855 hat (nach der geringen Anzahl der Nester im nachfolgenden Frühjahr zu urteilen) auf meinem Grundbesitz etwa vier Fünftel aller Vögel vernichtet, ein furchtbares Resultat, wenn man bedenkt, dass bei den Menschen eine durch Epidemien hervorgerufene Sterblichkeit von zehn Prozent schon außergewöhnlich groß ist. Auf den ersten Blick scheint der Einfluss des Klimas mit dem Kampf ums Dasein gar nichts zu tun zu haben; insofern aber das Klima auf die Verminderung der Nahrung wirkt, ruft es den heftigsten Kampf zwischen den Individuen hervor, die von derselben Nahrung leben, seien sie nun Angehörige einer oder mehrerer Arten. Und wenn das Klima unmittelbar wirkt, z.B. durch sehr strenge Kälte, so werden die schwächsten Individuen oder diejenigen, die mit dem vorschreitenden Winter am wenigsten Futter bekommen, am meisten leiden. Reisen wir von Süden nach Norden oder aus einer feuchten Gegend in eine trockene, so finden wir stets, dass einige Arten nach und nach seltener werden und endlich ganz verschwinden; und da der Klimawechsel am auffälligsten ist, so werden wir versucht sein, das alles seinem unmittelbaren Einfluss zuzuschreiben. Aber das ist eine falsche Annahme. Wir vergessen, dass jede Art auch dort, wo sie am häufigsten vorkommt, in gewissen Perioden ihres Daseins durch Feinde oder durch Mitbewerber um denselben Wohnort und dieselbe Nahrung gewaltiger Vernichtung ausgesetzt ist. Und wenn diese Feinde oder Mitbewerber auch nur im geringsten vom Klima begünstigt werden, so wächst ihre Zahl, und die andere Art wird verdrängt. Reisen wir gegen Süden und sehen wir da eine Art der Zahl nach abnehmen, so können wir sicher sein, dass die Ursache ebenso darin besteht, dass andere Arten begünstigt werden, wie darin, dass diese Art benachteiligt wird. Ebenso ist es, wenn wir nordwärts reisen, nur im geringeren Grade, denn die Zahl der Arten und damit auch die der Mitbewerber nimmt gegen Norden hin ab. Daher stoßen wir, wenn wir nach Norden reisen oder einen Berg besteigen, viel häufiger auf verkümmerte Formen, die eine Folge der unmittelbaren schädlichen Einwirkung des Klimas sind. Erreichen wir das arktische Gebiet, schneebedeckte Berggipfel oder vollkommene Wüsten, so wird der Kampf ums Dasein fast nur gegen die Elemente geführt.

Dass das Klima hauptsächlich indirekt wirkt, indem es gewisse Arten begünstigt, erkennen wir deutlich an der verschwenderischen Fülle solcher Pflanzen in unseren Gärten, die unser Klima zwar ertragen, jedoch nicht heimisch werden, weil sie weder mit unseren Pflanzen konkurrieren noch der Vernichtung durch unsere einheimischen Tiere widerstehen können.

Wenn sich eine Art infolge günstiger Umstände auf einem kleinen Raume außerordentlich vermehrt, so hat das häufig Epidemien zur Folge, wenigstens bei unseren Jagdtieren; in diesem Fall haben wir dann ein vom Kampf ums Dasein unabhängiges Hemmnis. Indessen scheinen einige dieser so genannten Epidemien durch parasitische Würmer veranlasst zu werden, die vielleicht durch die Leichtigkeit ihrer Verbreitung auf den Tieren besonders begünstigt sind. Hier entsteht also eine Art Kampf ums Dasein zwischen den Parasiten und ihren Opfern.

Anderseits ist in vielen Fällen zur Erhaltung der Art ein großer Bestand von Individuen derselben Art im Verhältnis zur Zahl der Feinde unbedingt nötig. Wir können daher auf unseren Feldern leicht Getreide, Raps usw. ziehen, denn deren Samen ist im Vergleich zu der Zahl der von ihm lebenden Vögel im Übermaß vorhanden. Die Vögel können dagegen, obgleich sie zu einer Jahreszeit Überfluss an Nahrung haben, nicht im gleichen Verhältnis wie die Menge des Futters zunehmen, weil ihre Vermehrung im Winter gehemmt ist. Wer jemals Samen aus Weizen oder ähnlichen Pflanzen im Garten gezogen hat, der weiß, wie mühevoll das ist; ich wenigstens habe in solchen Fällen keine Saat gewonnen. Der Umstand, dass ein großer Bestand derselben Art für deren Erhaltung notwendig ist, erklärt meines Erachtens einige eigentümliche Vorkommnisse in der Natur, z. B. dass seltene Pflanzen zuweilen auf ihren wenigen Ansiedlungsstellen zahlreich vorhanden sind, und dass manche geselligen Pflanzen selbst an der äußersten Grenze ihres Verbreitungsgebietes beisammen leben, d.h. in einer Menge von Individuen. In solchen Fällen müssen wir glauben, dass diese Pflanzen nur da zu leben vermögen, wo sie so günstige Lebensbedingungen finden, dass viele vereint bestehen und dadurch ihre Art vor gänzlicher Vernichtung bewahren können. Ich möchte hinzufügen, dass dabei die guten Wirkungen der Kreuzung und die üblen der Inzucht zweifellos dann und wann eine Rolle spielen, doch will ich mich darüber jetzt nicht weitläufig auslassen.

Verwickelte Beziehungen zwischen Tieren und Pflanzen im Kampf ums Dasein

Aus zahlreichen Beispielen erkennen wir, wie verwickelt die Hemmnisse und Beziehungen zwischen Lebewesen sind, die auf demselben Gebiet miteinander kämpfen. Ich will nur ein einziges Beispiel dafür mitteilen, das mich trotz seiner Einfachheit sehr beschäftigt hat. In Staffordshire, auf dem Gutsbesitz eines Verwandten, der meine Forschungen sehr begünstigte, befand sich eine große, von Menschenhand noch unberührte Heide, doch waren mehrere hundert Acker Boden von derselben Beschaffenheit mit anderen 25 Jahre zuvor eingezäunt und mit schottischen Kiefern bepflanzt worden. Die Veränderung der ursprünglichen Vegetation des bepflanzten Teils war sehr merkwürdig, mehr als man sonst beim Übergang von einem Boden auf einen ganz anderen wahrnimmt. Nicht nur hatte sich das Zahlenverhältnis der Heidepflanzen völlig geändert, es blühten auch in der Pflanzung noch zwölf Arten (verschiedene Gräser nicht mitgerechnet), die auf der Heide nicht vorkamen. Die Wirkung auf die Insekten muss noch viel nachhaltiger gewesen sein, denn es kamen dort sechs insektenfressende Vögel sehr häufig vor, die auf der Heide fehlten. Die Heide selbst wurde von zwei oder drei anderen insektenfressenden Vogelarten besucht.

Hier sehen wir, wie mächtig der Einfluss der Einführung schon einer einzelnen Baumart war, denn außer der Einzäunung, die das Wild fernhalten sollte, war nichts geschehen. Wie wichtig jedoch eine Einzäunung ist, das erkannte ich deutlich in Farnham in Surrey. Dort gibt es ausgedehnte Heiden mit einigen Gruppen alter schottischer Kiefern auf der Anhöhe entlegener Hügel. Innerhalb der letzten zehn Jahre wurden große Strecken eingezäunt, und auf diesen wuchsen infolge von Selbstaussaat junge Kiefern so dicht empor, dass sie nicht alle bestehen konnten. Als ich erfuhr, dass diese Bäume weder gesät noch gepflanzt worden waren, überraschte mich ihre Zahl derartig, dass ich die uneingezäunten Teile der Heide an verschiedenen Stellen untersuchte, und wirklich fand ich außer den erwähnten alten Kieferngruppen keine einzige schottische Kiefer. Als ich mich jedoch unter den Pflanzen der Heide umsah, bemerkte ich eine Menge Sämlinge und kleiner Bäumchen, die jedoch fortwährend vom Vieh abgeweidet worden waren. Einige Hundert Meter entfernt von den alten Baumgruppen zählte ich auf einem Quadratmeter Fläche 32 solcher Bäumchen; eines, das 26 Jahresringe aufwies, hatte sich vergeblich bemüht, die Heidepflanzen zu überragen. Kein Wunder also, dass sich das Land, sobald es eingezäunt worden war, dicht mit kräftigen jungen Kiefern bedeckte. Dabei war die Heide so unfruchtbar und ausgedehnt, dass niemand brauchbare Weideplätze für Rindvieh in ihr erwartete.

Hier sehen wir, dass die Rinder die Existenz der schottischen Kiefer bestimmten, in anderen Gegenden tun es Insekten. Dafür ist Paraguay vielleicht das merkwürdigste Beispiel, denn dort sind weder Rinder noch Pferde oder Hunde verwildert herumgelaufen, obgleich sie weiter südlich und nördlich im halbverwilderten Zustand umherschweifen. Azara und Rengger haben nun entdeckt, dass der Grund dafür eine in Paraguay massenhaft vorkommende Fliegenart ist, die ihre Eier in den Nabel der neugeborenen Tiere legt. Die starke Vermehrung dieser Fliegen wird gewöhnlich durch andere Tiere gehemmt, wahrscheinlich durch andere parasitische Insekten. Wenn sich daher gewisse insektenfressende Vögel in Paraguay verminderten, so würden sich die parasitischen Insekten wahrscheinlich vermehren, und das müsste wieder die Zahl der den Nabel aufsuchenden Fliegen schmälern; infolgedessen würden schließlich Rinder und Pferde verwildern, und dadurch würde, wie ich tatsächlich in einigen Teilen Südamerikas beobachten konnte, die Vegetation beträchtlich beeinflusst werden. Solche Veränderung müsste stark auf die Insekten einwirken, und das würde wieder, wie wir in Staffordshire sahen, von Einfluss auf die insektenfressenden Vögel sein – und so weiter, in immer größer und verwickelter werdenden Kreisen. Damit soll aber nicht gesagt sein, dass in der Natur die Beziehungen stets so einfach liegen wie diese hier. Kampf um Kampf muss mit wechselndem Erfolg wiederkehren, aber allmählich halten die Kräfte einander so vollkommen das Gleichgewicht, dass die Natur sich während langer Perioden nicht verändert, obschon der kleinste Umstand ausreichen würde, einem organischen Wesen den Sieg über ein anderes zu ermöglichen. Trotzdem ist unsere Unwissenheit so groß und unser Dünkel nicht minder, dass wir uns wundern, wenn wir vom Aussterben eines Lebewesens hören; und da wir die Ursache nicht kennen, so denken wir an Umwälzungen, die die Welt verwüsteten, oder erfinden Gesetze über die Dauer der Lebensformen.

Ich möchte noch an einem weiteren Beispiel zeigen, dass auf der Stufenleiter des Lebens sehr weit auseinanderstehende Pflanzen und Tiere durch sehr verwickelte Beziehungen eng miteinander verknüpft sein können. Wir werden später sehen, dass die exotische *Lobelia fulgens* in meinem Garten nie von Insekten besucht wird und daher wegen ihrer eigentümlichen Einrichtungen nie fruchten kann. Fast alle unsere Orchideen müssen unbedingt von Insekten besucht werden, die ihre Pollenmassen fortnehmen und sie so befruchten. Durch Versuche fand ich, dass die Hummeln zur Befruchtung des Stiefmütterchens *(Viola tricolor)* fast unentbehrlich sind, weil diese Blume von keinen anderen Insekten besucht wird. Und ich habe ferner ermittelt, dass der Besuch der Bienen für einige Kleearten nötig ist. So lieferten mir z.B. zwanzig Blütenköpfe des weißen Klees *(Trifolium repens)* 2.290 Samen, während zwanzig andere, von denen die Bienen abgewehrt wurden, nichts lieferten. Hundert Köpfe Rotklee *(T. pratense)* erbrachten 2.700 Samen, dieselbe Anzahl vor Bienen geschützter Pflanzen dagegen keinen einzigen. Nur die Hummeln besuchen den Rotklee, denn die anderen Immenarten können den Nektar nicht erreichen. Man hat vermutet, dass auch Schmetterlinge den Klee befruchten können, aber ich bezweifle, dass dies beim Rotklee geschehen kann, denn ihr Gewicht ist zu leicht, um die Seitenblätter des Blütenkelchs niederzudrücken. Wir können deshalb als wahrscheinlich annehmen, dass, wenn in England die ganze Gattung der Hummeln selten würde oder gänzlich verschwände, das Gleiche bei den Stiefmütterchen und beim Rotklee einträte. Die Zahl der Hummeln eines Bezirkes hängt großenteils von der Zahl der Feldmäuse ab, die ihre Waben und Nester zerstören. Oberst Newman, der lange die Gewohnheiten der Hummeln beobachtete, glaubt, dass »in ganz England mehr als zwei Drittel der Hummelnester von Mäusen zerstört werden.« Die Anzahl der Mäuse hängt bekanntlich wieder von der Zahl der Katzen ab. »In der Nähe von Dörfern und Landstädtchen«, sagt Newman, »fand ich die meisten Hummelnester, was ich den Katzen zuschreibe, die die Mäuse vernichten.« Es ist daher durchaus glaublich, dass die Anwesenheit zahlreicher Katzen in irgendeinem Bezirke durch Vermittlung der Mäuse und dann der Bienen auf die Anzahl gewisser Pflanzen bestimmend einwirken kann.

Bei jeder Art kommen wahrscheinlich verschiedene Hemmnisse in Betracht, die während verschiedener Lebenszeiten und während verschiedener Jahreszeiten oder Jahre wirken. Eins dieser Hemmnisse oder einige wenige sind gewöhnlich mächtiger als die anderen, aber alle zusammen bestimmen die Durchschnittszahl oder gar die Existenz einer Art. In einzelnen Fällen lässt sich nachweisen, dass grundverschiedene Hemmungen dieselben Arten in verschiedenen Gegenden beeinflussen. Wenn wir die Pflanzen und Sträucher betrachten, die einen Uferdamm bekleiden, so sind wir geneigt, ihre Arten und deren Zahlenverhältnis dem Zufall zuzuschreiben. Wie falsch ist aber diese Ansicht! Jeder hat schon gehört, dass in Amerika ein Wald abgeholzt worden und eine ganz andere Vegetation an seiner Stelle entstanden ist; dennoch hat man beobachtet, dass die alten Indianerruinen im Süden der Union, deren Baumbestand früher abgeholzt wurde, jetzt wieder dieselbe bunte Mannigfaltigkeit und dasselbe Artenverhältnis aufweisen wie der sie umgebende jungfräuliche Urwald. Welcher Kampf muss hier jahrhundertelang zwischen den verschiedenen Baumarten gekämpft worden sein, deren jede ihre Samen alljährlich zu Tausenden ausstreut! Welch ein Krieg zwischen Insekt und Insekt, zwischen Insektenarten, Schnecken und anderem Getier auf der einen Seite und den Vögeln und Raubtieren auf der anderen! Sie alle suchen sich zu vermehren, und sie alle leben voneinander oder von Bäumen, deren Samen und Sämlingen, oder von anderen Pflanzen, die erst den Boden bedeckten und dadurch das Wachstum der Bäume hemmten. Wirf eine Handvoll Federn in die Luft, und alle fallen nach bestimmten Gesetzen wieder zur Erde. Aber wie einfach ist dieses Problem im Vergleich mit der Wirkung und Gegenwirkung der unzähligen Pflanzen und Tiere, die im Lauf der Jahrhunderte Zahlenverhältnis und Art der Bäume bestimmten, die jetzt auf den alten Indianerruinen wachsen!

Die Abhängigkeit eines Lebewesens von einem anderen, wie die des Parasiten von seinem Wirt, besteht im Allgemeinen zwischen solchen Wesen, die auf der Stufenleiter der Natur weit voneinander stehen. Zuweilen ist es auch bei jenen der Fall, von denen man buchstäblich sagen kann, sie kämpfen miteinander ums Dasein, z.B. Heuschrecken und grasfressende Säugetiere. Doch ist solcher Kampf noch viel andauernder und erbitterter zwischen Individuen derselben Art, die dasselbe Gebiet bewohnen, dasselbe Futter verlangen und denselben Gefahren ausgesetzt sind. Zwischen Varietäten derselben Art ist der Kampf im Allgemeinen kaum weniger heftig; wir sehen zuweilen den Streit schnell entschieden. Werden z. B. verschiedene Varietäten von Weizen zusammengesät und wird dann der gemischte Ertrag wiederum ausgesät, so werden einige Varietäten, die am besten Boden und Klima ertragen oder von Natur aus größere Fruchtbarkeit aufweisen, die anderen übertreffen und mehr

Samen erzeugen; infolgedessen werden sie in einigen Jahren die anderen Varietäten vollständig verdrängen. Um einen gemischten Bestand von derart eng verwandten Varietäten, wie die verschiedenfarbigen *Lathyrus odoratus* sind, hervorzubringen, muss jährlich der Samen gesondert geerntet und dann im nötigen Verhältnis gemischt werden; anderenfalls nehmen die schwächeren Gattungen fortwährend ab und verschwinden allmählich ganz. So ist es auch mit den Varietäten der Schafe. Man hat behauptet, dass gewisse Bergvarietäten andere zum Aussterben zwingen, und dass sie deshalb nicht zusammen gehalten werden dürfen. Dasselbe Resultat ergibt sich, wenn man verschiedene Varietäten des Blutegels zusammen hält. Man kann auch zweifeln, ob die Varietäten einer unserer domestizierten Pflanzen oder eines unserer Haustiere so genau dieselbe Lebenskraft, dieselbe Gewohnheit und dieselben Bedürfnisse haben, dass das ursprüngliche Verhältnis eines gemischten Bestandes (bei verhinderter Kreuzung) auch nur ein halbes Dutzend Generationen hindurch erhalten werden könnte, wenn sie wie Wesen im Naturzustande miteinander kämpfen müssten und wenn der Samen oder die Jungen nicht Jahr für Jahr wieder ins rechte Verhältnis gebracht würden.

Der Kampf ums Dasein ist am heftigsten zwischen Individuen und Varietäten derselben Art

Da die Arten einer Gattung meist (nicht immer) große Ähnlichkeit in ihrer Gewohnheit und ihren Bedürfnissen, vor allem aber im Körperbau haben, so ist der Kampf zwischen ihnen, wenn sie in Wettbewerb treten, im Allgemeinen heftiger als zwischen Arten verschiedener Gattungen. Wir sehen das an der Ausbreitung einer Schwalbenart über einen Teil der Vereinigten Staaten, die die Verminderung anderer Arten hervorrief. Die erst kürzlich erfolgte Vermehrung der Misteldrossel in einigen Gegenden Schottlands hatte den Rückgang der Singdrossel zur Folge. Wie oft hören wir, dass eine Rattenart in den verschiedensten Klimaten anstelle anderer Rattenarten getreten ist. In Russland hat die kleine asiatische Schabe *(Blatta orientalis)* überall ihre größeren Gattungsgenossen *(Blatta germanicus)* verdrängt, in Australien die eingeführte Stockbiene die kleine stachellose einheimische Biene. Eine Art Feldsenf vertreibt alle anderen Arten, und dergleichen Fälle gibt es noch viele. Wir können zwar dunkel erkennen, warum sich der Wettbewerb zwischen verwandten Arten, die im Haushalt der Natur fast denselben Platz einnehmen, so heftig äußert, aber wahrscheinlich können wir in keinem Falle ermitteln, warum im großen Kampf ums Dasein eine Art die andere besiegte.

Aus der vorstehenden Bemerkung lässt sich eine sehr wichtige Folgerung ableiten: dass nämlich der Körperbau jedes Lebewesens in engster, aber oft verborgener Beziehung steht zu dem aller anderen Wesen, die mit ihm in Wettbewerb um Nahrung oder Wohnung treten, vor denen es entfliehen muss oder die es ausbeutet. Das ist klar ersichtlich an den Zähnen und Krallen des Tigers und an den Beinen und Krallen des Parasiten, der an den Haaren des Tigers hängt. An dem hübschen gefiederten Samen des Löwenzahns (*Taraxacum officinale*) und an den flachen, bewimperten Beinen des Wasserkäfers (*Hydrophilus*) scheint anfangs die Beziehung nur auf die Elemente Luft und Wasser beschränkt zu sein. Aber der Vorteil des befiederten Samens hängt zweifellos damit zusammen, dass der Boden oft von anderen Pflanzen bereits dicht besetzt ist, und dass die Samen durch den Wind fortgeführt und auf unbesetzten Boden gelangen können. Beim Wasserkäfer aber ist die Bauart der Beine trefflich zum Tauchen geeignet und erlaubt ihm daher, mit anderen Wasserinsekten in Wettbewerb zu treten, nach Beute zu jagen und Raubtieren zu entfliehen.

Der Vorrat an Nahrungsstoff, der in den Samen vieler Pflanzen enthalten ist, scheint auf den ersten Blick keine Beziehung zu anderen Pflanzen zu haben. Allein aus dem kräftigen Wachstum der jungen Pflanzen, z.B. Erbsen und Bohnen, wenn sie mitten in hohes Gras gesät wurden, lässt sich schließen, dass der Hauptzweck des Nahrungsstoffes im Samen der ist, das Wachsen der Sämlinge zu begünstigen, während er mit anderen kräftig aufwachsenden Pflanzen in seiner Umgebung zu kämpfen hat.

Man betrachte eine Pflanze in ihrem Verbreitungsgebiet; warum verdoppelt, vervierfacht sie nicht ihre Zahl? Wir wissen, dass sie recht gut etwas mehr Wärme oder Kälte, Feuchtigkeit oder Trockenheit vertragen kann, denn sie breitet sich auch in wärmeren oder kälteren, feuchteren oder trockeneren Bezirken aus. In diesem Falle sehen wir deutlich, dass wir der Pflanze im Geiste irgendeinen Vorteil über ihre Mitkonkurrenten oder über die von ihr lebenden Tiere verleihen müssten, wenn wir ihre zahlenmäßige Zunahme wünschten. An der Grenze ihrer geografischen Verbreitung würde irgendeine Änderung ihrer Konstitution, infolge deren sie im Keime besser widerstehen könnte, zweifellos für sie vorteilhaft sein. Indessen scheinen sich nur wenige Pflanzen oder Tiere so weit zu verbreiten, dass sie allein durch die Strenge des Klimas vernichtet werden. Nur dort, wo die äußersten Grenzen des Lebens erreicht sind, in den arktischen Regionen oder in der dürrsten Wüste, hört auch der Wettbewerb auf. Ein Land kann äußerst kalt oder trocken sein, es wird doch immer ein Wettbewerb zwischen einzelnen Arten oder Individuen um die wärmste oder feuchteste Stelle stattfinden.

Daher können wir aus allem diesem ersehen, dass Pflanzen oder Tiere, die in eine neue Gegend unter neue Mitbewerber versetzt werden, ihre äußeren Lebensbedingungen gewöhnlich völlig verändern werden, mag auch das Klima dasselbe wie in der alten Heimat sein. Will man aber an dem neuen Aufenthaltsort ihre Durchschnittszahl steigern, so muss das betreffende Geschöpf in anderer Weise abgeändert werden, als dies in seiner Heimat der Fall zu sein brauchte; es müsste ihm ein Vorteil über die verschiedenen Mitbewerber oder Feinde eingeräumt werden.

Versuchen wir uns einmal vorzustellen, dass wir irgendeiner Art einen Vorteil über eine andere einräumen wollten. Vielleicht wüssten wir in keinem Falle, was zu tun wäre. Aber jedenfalls würden wir uns überzeugen, dass wir von den Wechselbeziehungen der organischen Wesen so gut wie gar nichts wissen, eine Überzeugung, die ebenso nötig wie schwer zu erwerben ist. Alles, was wir tun können, ist: stets im Gedächtnis behalten, dass jedes Lebewesen eine Vermehrung im geometrischen Verhältnis anstrebt, und dass jedes in einer gewissen Zeit seines Lebens, in einer gewissen Jahreszeit, während einer bestimmten Generation oder sonst wie den Kampf ums Dasein führen muss und starken vernichtenden Einflüssen ausgesetzt ist. Denken wir über diesen Punkt nach, so können wir uns mit dem festen Glauben trösten, dass der Krieg der Natur nicht ununterbrochen andauert, dass kein Geschöpf Furcht vor ihm empfindet, dass der Tod gewöhnlich rasch kommt, und dass der Kräftigste, Gesündeste und Glücklichste die anderen überlebt und sich fortpflanzt.

in Down, 22. Dezember 1857 an Alfred Russel Wallace

»Ich bin fest davon überzeugt, dass es ohne Spekulation keine gute und schöpferische Beobachtung gibt.«

Die verschiedenen Einrichtungen durch welche Orchideen von Insekten befruchtet werden[1] | Zusammenfassung

Ich habe nun beinahe dieses Buch beendet, welches vielleicht schon zu lang ist. Ich glaube, es ist gezeigt worden, dass die Orchideen eine beinahe endlose Verschiedenartigkeit wundervoller Anpassungen darbieten. Wenn von diesem oder jenem Teil als für irgendeinen speziellen Zweck angepasst gesprochen worden ist, so darf nicht vermutet werden, dass er ursprünglich immer für diesen alleinigen Zweck gebildet wurde. Der regelmäßige Verlauf der Dinge scheint der zu sein, dass ein Teil, welcher ursprünglich zu einem Zwecke diente, durch langsame Veränderungen sehr verschiedenen Zwecken angepasst wird. Um ein Beispiel anzuführen: in allen Ophrydeen dient das lange und nahezu rigide Stöckchen offenbar zur Applikation der Pollenkörner auf das Stigma, wenn die Pollinien von Insekten auf eine andere Blüte geschafft werden; und die Anthere öffnet sich weit, damit das Pollinium leicht herausgezogen werden kann; aber in der Bienen-*Ophrys* wird das Stöckchen durch eine unbedeutende Zunahme in der Länge, und Abnahme in der Dicke, und dadurch, dass sich die Anthere ein wenig weiter öffnet, speziell zu dem sehr verschiedenen Zwecke der Selbstbefruchtung angepasst, und zwar durch die komplizierte Hilfe des Gewichtes der Pollenmasse und der Schwingung der Blüte, wenn sie durch den Wind bewegt wird. Jede Abstufung zwischen diesen zwei Zuständen ist möglich, – wofür wir ein teilweises Beispiel in *O. aranifera* haben.

Ferner ist die Elastizität des Stiels des Pollinium bei einigen Vandeen dazu angepasst, die Pollenmassen von ihren Antherenfächern zu befreien; aber durch eine weitere unbedeutende Modifikation wird die Elastizität des Stiels speziell dazu angepasst, das Pollinium mit beträchtlicher Gewalt herauszuschießen, so dass es den Körper des besuchenden Insektes trifft. Die große Höhlung in dem Labellum vieler Vandeen wird von Insekten benagt und zieht sie dadurch an; aber bei *Mormodes ignea* ist sie bedeutend an Größe reduziert und dient hauptsächlich dazu, das Labellum in seiner neuen Stellung auf dem Gipfel des Säulchens zu erhalten. Nach der Analogie vieler Pflanzen können wir schließen, dass ein langes, spornartiges Nektarium ursprünglich dazu angepasst ist, Nektar abzusondern und ihn in Menge aufzubewahren; aber bei vielen Orchideen hat es diese Funktion insoweit verloren, dass es Flüssigkeit nur noch in den Interzellularräumen enthält. Bei denjenigen Orchideen, bei welchen das Nektarium sowohl freien Nektar, als auch Flüssigkeit in den Interzellularräumen enthält, können wir sehen, wie ein Übergang von dem einen Zustand in den anderen bewirkt werden kann, nämlich dadurch, dass immer weniger und weniger Nektar von der inneren Membran abgesondert, und immer mehr und mehr innerhalb der Interzellularräume zurückgehalten wird. Andere analoge Fälle könnten noch mitgeteilt werden.

Obgleich ein Organ ursprünglich nicht für irgendeinen speziellen Zweck gebildet worden sein mag, wenn es jetzt diesem Zweck dient, haben wir doch ein Recht zu sagen, dass es speziell dazu angepasst ist. Nach demselben Grundsatze kann man sagen, dass, wenn ein Mensch eine Maschine für irgendeinen speziellen Zweck baut, aber alte Räder oder Federn und Rollen, nur unbedeutend verändert, gebraucht, die ganze Maschine mit allen ihren Teilen speziell ihrem jetzigen Zwecke angepasst sei. In dieser Weise ist durch die ganze Natur hindurch beinahe jeder Teil jedes lebenden Wesens wahrscheinlich in einem unbedeutend modifizierten Zustande verschiedenen Zwecken dienstbar gewesen, und hat in der lebenden Maschine vieler alter und verschiedener spezifischer Formen gewirkt.

Bei meiner Untersuchung der Orchideen hat mich kaum irgendeine Tatsache so sehr überrascht, als die endlosen Verschiedenheiten der Struktur, – die verschwenderische Fülle von Hilfsmitteln, – um denselben Zweck zu erreichen, nämlich die Befruchtung einer Blüte durch Pollen von einer anderen Pflanze. Diese Tatsache ist in großer Ausdehnung nach dem Grundsatze der natürlichen Zuchtwahl verständlich. Da alle Teile einer Blüte koordiniert sind, so werden, wenn leichte Abänderungen in einem Teile bewahrt werden, weil sie wohltätig für die Pflanze sind, die anderen Teile meist in irgendeiner entsprechenden Weise modifiziert werden müssen. Diese letzteren Teile könnten aber auch durchaus nicht variieren, oder sie können nicht in einer passenden Art variieren, und diese anderen Abänderungen, was auch ihre Natur sein mag, welche dazu neigen, alle Teile in eine harmonische Wechselwirkung miteinander zu bringen, werden durch natürliche Zuchtwahl erhalten werden.

Um ein einfaches Beispiel zu geben: in vielen Orchideen wird das Ovarium (aber zuweilen der Stängel) in einer gewissen Zeit gedreht, was die Ursache davon ist, dass das Labellum seine Stellung als ein unteres Kronenblatt annimmt, sodass Insekten die Blüte leicht besuchen können, aber infolge langsamer Veränderungen in der Form oder Stellung der Kronenblätter, oder weil neue Arten von Insekten die Blüten besuchen, könnte es für die Pflanze vorteilhaft sein, dass das Labellum seine normale Stellung an der oberen Seite der Blüte wiedererhält, wie es faktisch bei *Malaxis paludosa* und einigen Spezies von *Catasetum* usw. der Fall ist. Es ist klar, dass diese Veränderung einfach durch fortgesetzte Auswahl von Varietäten bewirkt werden könnte, welche ein immer weniger und weniger gedrehtes Ovarium haben; wenn aber die Pflanze nur Varietäten darböte, deren Ovarium noch mehr gedreht wäre, so würde derselbe Zweck durch eine Auslese derartiger Abänderungen erreicht werden, bis die Blüte vollständig und um ihre Achse gedreht würde. Dies scheint faktisch bei *Malaxis paludosa* eingetreten zu sein, denn das Labellum hat seine jetzige obere Stellung dadurch erreicht, dass das Labellum zwei Mal so stark als gewöhnlich gedreht ist.

Ferner haben wir gesehen, dass in den meisten Vandeen eine deutliche Beziehung zwischen der Tiefe der Narbenhöhle und der Länge des Stieles besteht, durch welchen die Pollenmassen eingeführt werden; wenn nun die Kammer unbedeutend weniger tief würde, infolge irgendeiner Veränderung in der Form des Säulchens oder aus anderen unbekannten Ursachen, so würde die einfache Verkürzung des Stieles die einfachste entsprechende Abänderung sein; wenn aber der Stiel zufällig nicht in Bezug auf seine Kürze variierte, so würde die geringste Neigung in ihm, durch Elastizität gekrümmt zu werden, wie bei *Phalaenopsis*, oder sich hygrometrisch rückwärts zu bewegen, wie bei einer *Maxillaria*, erhalten werden, und diese Neigung würde durch Auswahl beständig vermehrt werden; hierdurch würde der Stiel, soweit seine Funktion in Betracht kommt, in derselben Weise modifiziert werden, als wenn er verkürzt wäre. Derartige Vorgänge, während vieler Tausender von Generationen auf verschiedenen Weisen fortgeführt, werden eine endlose Verschiedenartigkeit von gegenseitig angepassten Bildungsverhältnissen in den verschiedenen Teilen der Blüte zu dem nämlichen allgemeinen Zwecke hervorrufen. Diese Ansicht bietet, wie ich glaube, den Schlüssel, welcher allein das Problem der ungeheueren Strukturverschiedenheiten löst, welche für nahe analoge Zwecke in vielen großen Gruppen organischer Wesen angepasst sind.

Je mehr ich die Natur studiere, desto mehr erhalte ich den immer stärker werdenden Eindruck, dass die Einrichtungen und wundervollen Anpassungen, welche langsam dadurch erlangt sind, dass jeder Teil gelegentlich in einem unbedeutenden Grade, aber auf viele Weisen variiert, wobei diejenigen Abänderungen erhalten wurden, welche für den Organismus unter den komplizierten und immer abändernden Lebensbedingungen wohltätig sind, in einer unvergleichlichen Weise die Einrichtungen und Anpassungen übertreffen, welche die fruchtbarste Einbildungskraft des Menschen erfinden könnte.

Die Bestimmung jeder unbedeutenden Einzelheit des Baues ist bei Weitem keine trockene Untersuchung für die, welche an natürliche Zuchtwahl glauben. Wenn ein Naturforscher zufällig das Studium eines organischen Wesens aufnimmt und nicht in sein ganzes Leben einzudringen sucht (so unvollkommen dieses Studium auch immer sein wird), wird er natürlich daran zweifeln, ob jeder unbedeutende Punkt von irgendwelchem Nutzen sein kann, oder ob er die Folge irgendeines allgemeinen Gesetzes ist. Einige Naturforscher glauben, dass zahllose Gebilde nur zum Zweck bloßer Verschiedenheit und Schönheit geschaffen worden sind, so wie ein Arbeiter verschiedene Muster machen wird. Was mich betrifft, so habe ich sehr oft gezweifelt, ob dieses oder jenes Detail des Baues bei vielen Orchideen und anderen Pflanzen von irgendeinem Nutzen sein kann; und doch, wären sie nichts nütze, so hätten diese Bildungen nicht durch die natürliche Erhaltung nützlicher Abänderungen geformt worden sein können. Solche Einzelheiten können nur ganz im Allgemeinen durch die direkte Einwirkung der Lebensbedingungen oder durch das geheimnisvolle Gesetz korrelativen Wachstums erklärt werden.

Nahezu alle Fälle von unbedeutenden Strukturdetails in den Blüten der Orchideen mitzuteilen, welche sicher von hoher Bedeutung sind, würde einer Rekapitulation von beinahe dem ganzen Buche gleichkommen. Ich will aber einige wenige Fälle in das Gedächtnis des Lesers zurückrufen. Ich beziehe mich hier nicht auf den fundamentalen Bau der Pflanze, sowie die Reste von fünfzehn primären abwechselnd in fünf Wirteln gestellten Organen; denn beinahe jeder Beobachter, der an die allmähliche Entwicklung der Spezies glaubt, wird zugeben, dass deren Anwesenheit Folge der Vererbung von einer früheren elterlichen Form ist. Unzählbare Tatsachen in Bezug auf den Gebrauch der verschieden gestalteten und gestellten Kronen- und Kelchblätter sind mitgeteilt worden; so ist ferner auf die Bedeutung einer leichten Verschiedenheit in der Gestalt des Stöckchens des Pollinium der Bienen-*Ophrys* verglichen mit dem der anderen Spezies der nämlichen Gattung hingewiesen worden; diesem mag noch das doppelt gebogene Stöckchen der Fliegen-*Ophrys* angereiht werden. In der Tat könnte die bedeutungsvolle Beziehung der Länge und Gestalt des Stöckchens in Bezug auf die Stellung der Narbe durch viele ganze Gruppen hindurch geführt werden. Der solide vorspringende Knopf der Anthere bei *Epipactis palustris*, welcher keinen Pollen enthält, befreit die Pollenmasse, wenn er von Insekten bewegt wird. Bei *Cephalanthera grandiflora* schützt die aufrechte Stellung der beinahe geschlossenen Blüte die leicht zusammenhängenden Pollensäulen vor einer Verletzung. Die Länge und Elastizität des Filamentes der Anthere in gewissen Spezies von *Dendrobium* dient allem Anscheine nach zur Selbstbefruchtung, wenn Insekten ausbleiben, um die Pollenmassen fortzuschaffen. Die unbedeutende Neigung des Kammes des Rostellum nach vorn bei *Listera* verhindert es, dass das Antherenfach ergriffen wird, sobald der Klebstoff ausgestoßen wird. Die Elastizität der Lippe des Rostellum bei *Orchis* ist die Ursache, dass es wieder aufspringt, wenn nur eine von beiden Pollenmassen entfernt worden ist, und hält hierdurch die zweite Klebscheibe zur Funktion bereit, welche sonst verschwendet sein würde. Niemand, der die Orchideen nicht studiert hätte, würde vermutet haben, dass diese und sehr viele andere kleine Strukturdetails von der höchsten Bedeutung für eine jede Spezies sind, und dass folglich, wenn die Spezies neuen Lebensbedingungen ausgesetzt würden und die Struktur der verschiedenen Teile auch nur immer noch so wenig variierten, die kleinsten Strukturdetails leicht durch natürliche Zuchtwahl erlangt werden können. Diese Fälle bieten eine gute Vorschrift zu Vorsicht in Bezug auf die Bedeutung scheinbar nichtssagender Einzelheiten der Struktur bei anderen organischen Wesen dar.

Es kann natürlich gefragt werden, warum bieten die Orchideen so viele vollkommene Einrichtungen zu ihrer Befruchtung dar? Nach den Beobachtungen verschiedener Botaniker und meinen eigenen bieten sicher viele andere Pflanzen analoge Anpassungen von hoher Vollkommenheit dar; es scheint aber, als wären sie wirklich zahlreicher und vollkommener bei den Orchideen, als bei den meisten anderen Pflanzen. In einer gewissen Ausdehnung kann diese Frage beantwortet werden. Da jedes Eichen mindestens ein, wahrscheinlich mehrere Pollenkörner bedarf [2], und da die von Orchideen produzierten Samenkörner so über alles Maß zahlreich sind, so können wir sehen, dass es notwendig ist, dass große Massen von Pollen auf dem Stigma jeder Blüte gelassen werden. Selbst bei den Neottieen, welche körnige Pollen haben, dessen Körner durch schwache Fäden miteinander verbunden werden, habe ich beobachtet, dass beträchtliche Pollenmassen meist auf den Narben zurückgelassen werden. Dieser Umstand erklärt allem Anscheine nach, warum die Körner in Päckchen oder größeren wächsernen Massen zusammenhängen, wie sie es bei so vielen Gruppen tun, nämlich, um einen Verlust im Akte des Fortschaffens zu verhüten. Die Blüten der meisten Pflanzen produzieren hinreichenden Pollen, mehrere Blüten zu befruchten, sodass eine Kreuzbefruchtung gestattet oder begünstigt wird. Aber bei den vielen Orchideen, welche nur zwei Pollenmassen produzieren, und bei einigen Malaxeen, welche nur eine hervorbringen, kann der Pollen von einer einzigen Blüte unmöglich mehr als zwei Blüten, oder nur eine einzige befruchten, und Fälle dieser Art kommen, wie ich glaube, in keiner anderen Pflanzengruppe vor. Wenn die Orchideen so viel Pollen, wie von anderen Pflanzen hervorgebracht wird, im Verhältnis zu der Anzahl von Samenkörnern, welche sie ergeben, entwickelt hätten, so würden sie eine ganz ungeheuere Masse hervorbringen müssen, und dies würde Erschöpfung verursachen. Eine derartige Erschöpfung wird dadurch vermieden, dass der Pollen nicht in irgendwelchem bedeutenden Übermaße produziert wird, und zwar infolge der vielen speziellen Einrichtungen zu seinem sicheren Fortschaffen von Pflanze zu Pflanze, und zu seiner sicheren Ablagerung auf dem Stigma. Hieraus können wir einsehen, warum die Orchideen in ihrem Mechanismus zur Kreuzbefruchtung höher organisiert sind, als die meisten anderen Pflanzen.

In meinem Werke über *Die Wirkungen der Kreuz- und Selbstbefruchtung im Pflanzenreiche* habe ich gezeigt, dass, wenn Blüten kreuzbefruchtet werden, sie meist Pollen von einer verschiedenen Pflanze und nicht solchen von einer anderen Blüte an der nämlichen Pflanze erhalten, indem eine Kreuzung dieser letzteren Art wenig oder keinen Nutzen hat. Ich habe ferner gezeigt, dass die aus einer Kreuzung zwischen zwei Pflanzen herrührenden Vorteile gänzlich davon abhängen, dass sie in ihrer Konstitution etwas verschieden sind, und es sind reichliche Beweise dafür vorhanden, dass jeder individuelle Sämling seine eigene besondere Konstitution besitzt. Die Kreuzung verschiedener Pflanzen einer und derselben Spezies wird auf verschiedene Weisen begünstigt oder bestimmt, wie ich in dem eben genannten Werke beschrieben habe, hauptsächlich aber durch die überwiegende Einwirkung des Pollens von einer anderen Pflanze über den von der nämlichen Pflanze. Was nun die Orchideen betrifft, so ist es im hohen Grade wahrscheinlich, dass ein solches Überwiegen besteht; denn wir wissen aus den wertvollen Beobachtungen Mr. Scotts und Fritz Müllers[3], dass bei verschiedenen Orchideen Pollen aus der eigenen Blüte vollständig impotent ist und in einigen Fällen selbst giftig auf die Narbe wirkt. Außer diesem Überwiegen bieten die Orchideen verschiedene spezielle Einrichtungen dar, sodass die Pollinien nicht eher eine gehörige Stellung zum Bestreichen der Narbe annehmen, als bis einige Zeit nach ihrer Entfernung aus den Antheren verflossen ist, – die langsame Krümmung nach vorn und dann nach hinten des Rostellum bei *Listera* und *Neottia*, – die langsame Bewegung des Säulchens vom Labellum ab bei *Spiranthes*, – der diözische Zustand von *Catasetum*, – die Tatsache, dass einige Spezies nur eine einzige Blüte produzieren usw., Einrichtungen, welche es sämtlich sicher, oder im hohen Grade wahrscheinlich machen, dass die Blüten beständig mit Pollen von einer verschiedenen Pflanze befruchtet werden.

Dass Kreuzbefruchtung bis zur vollständigen Ausschließung der Selbstbefruchtung bei den Orchideen die Regel ist, kann nach den in Bezug auf viele Spezies aus allen Tribus auf der ganzen Erde bereits mitgeteilten Tatsachen nicht bezweifelt werden. Ich könnte beinahe ebenso gut glauben, dass Blüten im Allgemeinen nicht zur Produktion von Samen angepasst wären, weil es einige wenige Pflanzen gibt, von denen niemals bekannt geworden ist, dass sie Samen ergaben, als dass die Blüten der Orchideen nicht der allgemeinen Regel nach so eingerichtet sind, dass eine Kreuzbefruchtung gesichert wird. Nichtsdestoweniger werden einige Spezies regelmäßig oder häufig selbstbefruchtet; und ich will nun eine Liste von allen den Fällen geben, welche bisher von mir selbst und Anderen beobachtet sind. In einigen derselben scheinen die Blüten oft von Insekten befruchtet zu werden, sie sind aber imstande, sich ohne Hilfe selbst zu befruchten, wenn schon in einer mehr oder weniger unvollkommenen Art, sodass sie nicht gänzlich unfruchtbar bleiben, wenn Insekten sie nicht befruchten sollten. Zu dieser Kategorie dürften drei britische Spezies gehören, nämlich *Cephalanthera grandiflora*, *Neottia nidus avis*, und vielleicht *Listera ovata*. In Südafrika befruchtet sich *Disa macrantha* oft selbst; Mr. Weale glaubt aber, dass sie gleichfalls durch Nachtschmetterlinge kreuzbefruchtet werde. Drei zu den Epidendreen gehörige Arten öffnen in Westindien selten ihre Blüten; nichtsdestoweniger befruchten sich diese Blüten selbst, es ist aber zweifelhaft, ob sie vollständig befruchtet werden, denn eine verhältnismäßig große Zahl der von einigen Gliedern dieser Gruppe in einem Treibhause spontan produzierten Samenkörner entbehrten eines Embryo. Einige Spezies von *Dendrobium* gehören nach ihrer Struktur und nach dem Umstande, dass sie gelegentlich bei ihrer Kultur Kapseln produzieren, gleichfalls hierher.

Von den Spezies welche sich regelmäßig ohne irgendwelche Hilfe selbstbefruchten und Kapseln von vollständiger Größe ergeben, ist kaum irgendein Fall auffallender, als der der *Ophrys apifera*, welchen ich zuerst in der ersten Ausgabe dieses Werkes mitgeteilt habe. Diesem Falle können jetzt noch zwei andere europäische Pflanzen angeschlossen werden, *Orchis* oder *Neotinea intacta* und *Epipactis viridiflora*. Zwei nordamerikanische Spezies, *Gymnadenia tridentata* und *Platanthera hyperborea* scheinen sich in derselben Lage zu befinden; ob sie aber, wenn sie selbstbefruchtet werden, einen vollen Betrag von Kapseln, welche gute Samenkörner enthalten, ergeben, ist nicht ermittelt. Ein merkwürdiges *Epidendrum* in Südbrasilien welches zwei weitere Antheren trägt, befruchtet sich reichlich durch deren Hilfe, und *Dendrobium cretaceum* produzierte, wie man erfahren hat, vollkommen selbstbefruchtete Samenkörner in einem Gewächshause in England. Endlich gehören noch *Spiranthes australis* und zwei Spezies von *Thelymitra*, Bewohner von Australien, hierher. Ohne Zweifel werden später noch andere Fälle dieser kurzen Liste von ungefähr zehn Spezies hinzugefügt werden, welche allem Anscheine nach sich selbst vollständig befruchten können, und ungefähr derselben Anzahl von Spezies, welche sich unvollständig befruchten, wenn Insekten ausgeschlossen werden.

Es verdient besondere Aufmerksamkeit, dass die Blüten aller der oben genannten, mit sich selbst fruchtbaren, Spezies noch immer verschiedene Struktureigentümlichkeiten behalten haben, welche, wie unmöglich bezweifelt werden kann, dazu angepasst sind, die Kreuzbefruchtung zu sichern, obschon sie jetzt selten, oder niemals ins Spiel kommen. Wir können daher schließen, dass alle diese Pflanzen von Spezies oder Varietäten abstammen, welche früher durch Insektenhilfe befruchtet wurden. Überdies enthalten mehrere der Gattungen, zu welchen diese selbstfruchtbaren Spezies gehören, andere Spezies, welche einer Selbstbefruchtung unfähig sind.

Thelymitra bietet in der Tat das einzige mir bekannte Beispiel von zwei Spezies innerhalb der nämlichen Gattung dar, welche sich regelmäßig selbstbefruchten. Betrachtet man solche Fälle, wie die von *Ophrys*, *Disa* und *Epidendrum*, bei denen nur eine Spezies in der Gattung einer vollständigen Selbstbefruchtung fähig ist, während die anderen Spezies selten in irgendeiner Weise überhaupt befruchtet werden, und zwar infolge der Seltenheit der Besuche passender Insekten, – bedenkt man ferner die große Zahl von Spezies in vielen Teilen der Erde, welche aus dieser nämlichen Ursache selten befruchtet werden, so werden wir zu der Annahme geführt, dass die oben genannten selbstfruchtbaren Pflanzen früher in Bezug auf ihre Befruchtung von Insektenbesuchen abhingen, und dass, weil solche Besuche ausblieben, sie nicht hinreichend Samen ergaben, und zum Aussterben neigten. Unter diesen Umständen ist es wahrscheinlich, dass sie allmählich so modifiziert wurden, dass sie mehr oder weniger vollständig mit sich selbst fruchtbar wurden; denn es wird offenbar für eine Pflanze vorteilhafter sein, selbst wenige Samenkörner zur produzieren, als durchaus gar keine, oder nur äußerst wenige. Ob irgendeine Spezies, welche jetzt niemals kreuzbefruchtet wird, fähig sein wird, den üblen Einwirkungen lange fortgesetzter Selbstbefruchtung zu widerstehen, sodass sie eine durchschnittlich ebenso lange Zeit leben bleibt, wie die anderen Spezies der nämlichen Gattungen, welche beständig kreuzbefruchtet werden, kann natürlich nicht gesagt werden. *Ophrys apifera* ist aber noch immer eine im hohen Grade lebensfähige Pflanze, und Asa Gray sagt, dass *Gymnadenia tridentata* und *Platanthera hyperborea* in Nordamerika häufige Pflanzen sind. Es ist allerdings möglich, dass diese mit sich selbst fruchtbaren Spezies im Lauf der Zeit zu dem zurückschlagen können, was unzweifelhaft ihr früherer Zustand war, und in diesem Falle werden ihre verschiedenen Anpassungen zur Kreuzbefruchtung wiederum in Tätigkeit gebracht werden. Wir dürfen annehmen, dass ein solcher Rückschlag möglich ist, wenn wir von Mr. Moggridge hören, dass *Ophrys scolopax* sich in einem Distrikte von Südfrankreich ohne die Hilfe von Insekten reichlich selbstbefruchtet, und ohne eine derartige Hilfe in einem anderen Distrikte vollständig steril ist.

Wenn wir endlich bedenken, was für eine wertvolle Substanz der Pollen ist, und welche Sorge darauf verwandt worden ist, ihn zu entwickeln, ebenso wie auf akzessorische Teile bei den Orchideen, – wenn man bedenkt, eine wie große Menge für die Befruchtung der beinahe unzähligen, von diesen Pflanzen hervorgebrachten Samenkörner nötig ist, – wenn man bedenkt, dass die Anthere dicht hinter oder über der Narbe steht, so wird die Selbstbefruchtung ein unvergleichlich sicherer und leichterer Prozess gewesen sein, als das Herbeischaffen von Pollen von Blüte zu Blüte. Wenn wir uns nicht der guten Wirkungen erinnern, welche, wie nachgewiesen worden ist, in den meisten Fällen der Kreuzbefruchtung folgen, so ist es eine staunenerregende Tatsache, dass die Blüten der Orchideen nicht regelmäßig selbstbefruchtet worden sind. Es weist dies augenscheinlich nach, dass irgendetwas Schädliches in diesem letzteren Vorgang liegen muss, für welche Tatsache ich an einem anderen Orte direkte Beweise mitgeteilt habe. Es ist kaum eine Übertreibung, wenn wir sagen, dass die Natur hier uns mitteilt, und zwar in der emphatischsten Weise, dass sie beständige Selbstbefruchtung perhorreziert.

Anmerkungen | **1** 2. Aufl., E. Schweizerbart'sche Verlagshandlung (E. Nägele), Stuttgart 1899, S. 242 – 252: Kap. 9, Zusammenfassung. Der Text stammt aus der zweiten, überarbeiteten Auflage von 1877, sodass Darwin die Ergebnisse seines ein Jahr zuvor erschienenen Buches *Die Wirkungen der Kreuz- und Selbst-Befruchtung im Pflanzenreich* miteinbeziehen konnte (Anm. d. Hrsg.). **2** Gärtner, Beiträge zur Kenntnis der Befruchtung. 1844. S. 135. **3** Einen vollständigen Auszug aus diesen Beobachtungen habe ich in meinem Buche: »Über das Variieren der Tiere und Pflanzen im Zustande der Domestikation.« 17. Cap. Bd. 2, 2. Ausg. (Übers.), S. 153 gegeben.

CATASETUM SACCATUM.

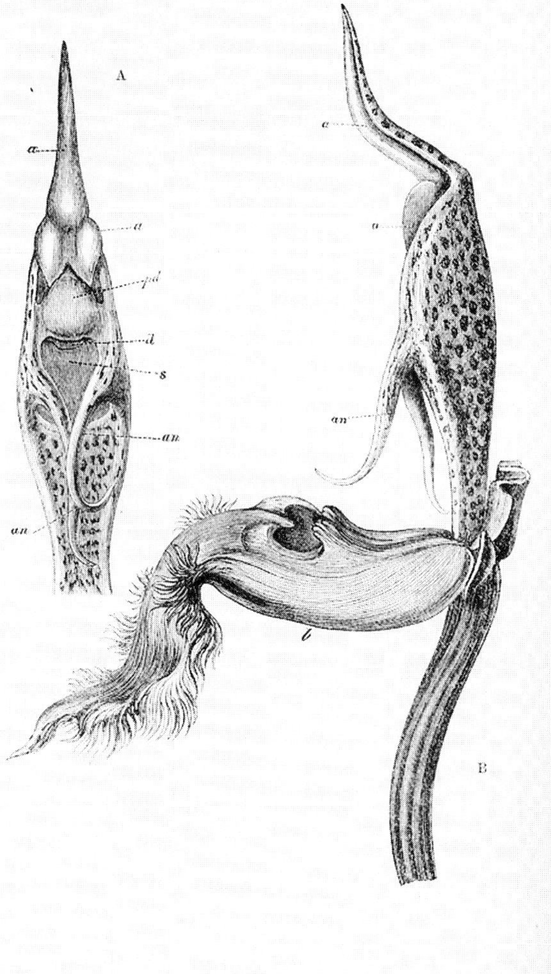

Da fast allen Kapiteln Zusammenfassungen beigegeben sind, und da in dem Kapitel über Pangenesis verschiedene Gegenstände, wie die Reproduktionsformen, Vererbung, Rückschlag, die Ursachen und Gesetze der Variabilität usw., erst vor Kurzem erörtert worden sind, so will ich hier nur einige wenige allgemeine Bemerkungen über die wichtigeren Folgerungen machen, welche sich aus den mannigfaltigen, im Verlauf dieses Werkes mitgeteilten Details ableiten lassen.

In allen Teilen der Welt gelingt es Wilden leicht, wilde Tiere zu zähmen; und die irgendein Land oder eine Insel Bewohnenden werden, als jene zuerst vom Menschen betreten wurden, wahrscheinlich noch leichter gezähmt worden sein. Vollständige Unterjochung hängt allgemein davon ab, dass ein Tier in seiner Lebensweise sozial ist, und dass es den Menschen als das Haupt der Herde oder der Familie annimmt. Domestikation schließt die fast vollständige Fruchtbarkeit unter neuen und veränderten Lebensbedingungen ein, und dies ist bei Weitem nicht unabänderlich der Fall. Ein Tier würde der Mühe der Domestikation wenigstens in früherer Zeit nicht wert gewesen sein, wenn es nicht dem Menschen dienstbar wäre. Infolge dieses Umstandes ist die Zahl domestizierter Tiere niemals groß gewesen. In Bezug auf Pflanzen habe ich im neunten Kapitel gezeigt, auf welche Weise ihre verschiedenen Benutzungen wahrscheinlich zuerst entdeckt wurden, ebenso wie die ersten Schritte in ihrer Kultur. Als der Mensch zuerst ein Tier oder eine Pflanze domestizierte, kann er nicht gewusst haben, ob es nach der Überführung in andere Länder gedeihen und sich vervielfältigen würde; seine Wahl kann daher nicht hierdurch beeinflusst worden sein. Wir sehen, dass die enge Anpassung des Rentieres und Kameles an ein außerordentlich heißes und kaltes Land nicht ihre Domestikation verhindert hat. Noch weniger kann der Mensch vorausgesehen haben, ob seine Tiere und Pflanzen in späteren Generationen variieren und hierdurch neuen Rassen den Ursprung geben würden; und die geringe Fähigkeit zur Variabilität bei der Gans und beim Esel hat ihre Domestikation seit den frühesten Zeiten nicht verhindert.

Mit äußerst wenig Ausnahmen haben alle Tiere und Pflanzen, welche lange Zeit domestiziert worden sind, bedeutend variiert. Es ist einerlei, unter welchem Klima oder zu welchem Zwecke sie gehalten werden; ob sie als Nahrung für den Menschen oder für andere Tiere, zum Ziehen oder Jagen, zur Kleidung oder zum bloßen Vergnügen gehalten werden. Unter allen diesen Umständen haben domestizierte Tiere und Pflanzen in einer weit größeren Ausdehnung variiert, als die Formen, welche im Naturzustande als eine Spezies aufgeführt werden. Warum gewisse Tiere und Pflanzen unter der Domestikation mehr variiert haben als andere, wissen wir nicht; ebenso wenig warum einige unter veränderten Lebensbedingungen unfruchtbarer geworden sind als andere. Wir beurteilen aber häufig den Betrag von Veränderungen nach der Produktion zahlreicher und verschiedenartiger Rassen, und wir können deutlich sehen, warum diese in vielen Fällen nicht eingetreten ist, nämlich, weil unbedeutende sukzessive Abänderungen nicht stetig angehäuft worden sind; und solche Abänderungen werden niemals angehäuft werden, wenn ein Tier oder eine Pflanze nicht scharf beobachtet oder hochgeschätzt oder in großer Zahl gehalten wird.

Die fluktuierende, und soweit wir es beurteilen können, nie endende Variabilität unserer domestizierten Erzeugnisse, die Plastizität ihrer ganzen Organisation, ist eine der bedeutungsvollsten Tatsachen, welche wir aus den zahlreichen, in den früheren Kapiteln dieses Werkes mitgeteilten Details lernen; und doch können domestizierte Tiere und Pflanzen kaum größeren Veränderungen in ihren Lebensbedingungen ausgesetzt worden sein, als es viele natürliche Spezies während der beständigen geologischen, geografischen und klimatischen Veränderungen der ganzen Welt gewesen sind. Die Ersteren werden indessen meist plötzlicheren Veränderungen und weniger beständig gleichförmigen Bedingungen ausgesetzt worden sein. Da der Mensch so viele, zu sehr verschiedenen Klassen gehörige Tiere und Pflanzen domestiziert hat, und da er sicher nicht diejenigen Spezies mit einem prophetischen Instinkt wählte, welche am meisten variieren würden, so können wir schließen, dass alle natürlichen Spezies, wenn sie analogen Bedingungen unterworfen würden, im Mittel in demselben Grade variieren würden. Heutigen Tages werden wenig Leute behaupten, dass Tiere und Pflanzen mit einer Neigung zu variieren erschaffen wurden, welche Neigung lange schlummernd blieb, damit die Liebhaber in späteren Zeiten z. B. merkwürdige Hühner-, Tauben- oder Kanarienvögelrassen züchten könnten.

Infolge verschiedener Ursachen ist es schwer, den Betrag an Modifikation zu beurteilen, welchen unsere domestizierten Erzeugnisse erlitten haben. In manchen Fällen ist der ursprüngliche elterliche Stamm ausgestorben oder kann nicht mit Sicherheit wiedererkannt werden, weil seine mutmaßlichen Nachkommen so bedeutend modifiziert worden sind. In anderen Fällen haben sich zwei oder mehr nahe verwandte Formen, nachdem sie domestiziert worden sind, gekreuzt; und dann ist es schwer abzuschätzen, wie viel von ihrer Verschiedenheit der Variation zuzuschreiben ist. Der Grad aber, bis zu welchem unsere domestizierten Rassen durch Kreuzung verschiedener natürlicher Formen modifiziert worden sind, ist wahrscheinlich von manchen Autoren übertrieben worden. Einige wenige Individuen einer Form werden selten eine andere, in viel größerer Anzahl existierende Form permanent affizieren; denn ohne sorgfältige Zuchtwahl wird die Zumischung fremden Blutes bald verwischt sein, und während früherer und barbarischer Zeiten, wo unsere Tiere zuerst domestiziert wurden, wird eine solche Sorgfalt selten angewendet worden sein.

Wir haben guten Grund anzunehmen, dass mehrere Rassen des Hundes, Ochsen, Schweines und einiger anderer Tiere die respektiven Nachkommen distinkter wilder Urformen sind. Nichtsdestoweniger ist der Glaube an den vielfachen Ursprung unserer domestizierten Tiere von einigen wenigen Naturforschern und von vielen Züchtern in einer nicht zu bestätigenden Weise ausgedehnt worden. Züchter betrachten den ganzen Gegenstand nicht gern von einem einzigen Gesichtspunkt aus. Ich habe einen solchen, welcher behauptete, dass unsere Hühner die Nachkommen von mindestens einem halben Dutzend ursprünglicher Spezies seien, dagegen protestieren hören, dass er in irgendwelcher Weise es mit dem Ursprung von Tauben, Enten, Kaninchen, Pferden oder irgendeines anderen Tieres zu tun habe. Sie übersehen die Unwahrscheinlichkeit, dass in einer früheren barbarischen Periode viele Spezies domestiziert worden seien, sie bedenken die Unwahrscheinlichkeit nicht, dass Spezies im Naturzustande existiert haben, welche, wenn sie unseren jetzigen domestizierten Tieren gleich wären, mit allen ihren verwandten verglichen, äußerst abnorm gewesen sein würden. Sie behaupten, dass gewisse Spezies, welche früher existierten, extinkt oder unbekannt geworden sind, trotzdem die Erde jetzt so viel besser bekannt ist. Die Annahme eines so ausgedehnten, noch neueren Aussterbens ist in ihren Augen keine Schwierigkeit; denn sie beurteilen deren Wahrscheinlichkeit nicht nach der Leichtigkeit oder Schwierigkeit des Aussterbens anderer nahe verwandter wilder Formen. Endlich ignorieren sie oft die ganze Frage nach ihrer geografischen Verbreitung so vollständig, als ob deren Gesetze das Resultat eines Zufalles wären.

Obgleich es nach den eben angeführten Gründen oft schwierig ist, genau den Betrag an Veränderungen zu beurteilen, welchen unsere domestizierten Erzeugnisse erlitten haben, so kann doch derselbe in den Fällen festgestellt werden, bei denen wir wissen, dass alle Rassen von einer einzigen Spezies abstammen, wie bei der Taube, Ente, dem Kaninchen und fast sicher beim Huhn; und durch Hilfe der Analogien ist dies in einer gewissen Ausdehnung auch da möglich, wo die Tiere von mehreren wilden Formen abstammen. Man kann unmöglich die in den früheren Kapiteln und in vielen veröffentlichten Werken gegebenen Details lesen oder unsere verschiedenen Ausstellungen besuchen, ohne einen tiefen Eindruck von der außerordentlichen Variabilität unserer domestizierten Tiere und kultivierten Pflanzen zu erhalten. Ich habe in vielen Fällen absichtlich Details über neue und fremdartige

Eigentümlichkeiten mitgeteilt, welche aufgetreten sind. Kein Teil der Organisation entgeht der Neigung zu variieren; die Abänderungen betreffen meist Teile von geringer vitaler oder physiologischer Bedeutung, aber dies ist auch bei den Verschiedenheiten der Fall, welche zwischen nahe verwandten Spezies existieren. In diesen unbedeutenden Charakteren besteht oft eine größere Verschiedenheit zwischen den Rassen einer und derselben Spezies, als zwischen den natürlichen Spezies einer und derselben Gattung, wie es Isidore Geoffroy St. Hilaire in Bezug auf die Größe gezeigt hat, und wie es oft der Fall ist mit der Färbung, Textur, Form usw. der Haare, Federn, Hörner und anderer Hautanhänge.

Es ist oft angeführt worden, dass wichtige Teile niemals unter der Domestikation variieren; dies ist aber ein vollständiger Irrtum. Man betrachte nur den Schädel eines Schweines von irgendeiner der hoch veredelten Rassen mit seinen modifizierten Hinterhauptkondylen und anderen Teilen; oder man betrachte den Schädel des Niata-Ochsen; oder ferner, bei den verschiedenen Rassen des Kaninchens, man beachte den verlängerten Schädel mit dem verschieden geformten Hinterhauptloch, den Atlas und die anderen Halswirbel. Bei polnischen Hühnern ist die ganze Form des Gehirns zusammen mit dem Schädel modifiziert worden; in anderen Hühnerrassen ist die Zahl der Wirbel und die Form der Halswirbel verändert worden. Bei gewissen Tauben haben die Form des Unterkiefers, die relative Länge der Zunge, die Größe der Nasenlöcher und Augenlider, die Zahl und Form der Rippen, die Form und Größe der Speiseröhre sämtlich variiert. Bei gewissen Säugetieren ist die Länge des Darms bedeutend vergrößert oder vermindert worden. Bei Pflanzen sehen wir wunderbare Verschiedenheiten in den Steinen verschiedener Früchte. Bei den Kukurbitazeen haben mehrere sehr bedeutungsvolle Charaktere variiert, so die sitzende Stellung der Narbe auf dem Ovarium, die Stellung der Fruchtblätter innerhalb des Ovariums und deren Vorspringen nach außen von dem Rezeptakulum. Es würde aber nutzlos sein, hier die vielen in den früheren Kapiteln gegebenen Tatsachen zu durchlaufen.

Es ist notorisch, wie bedeutend die geistigen Anlagen, Geschmack, Gewohnheit, konsensuelle Bewegungen, Geschwätzigkeit oder Stillschweigen und der Ton der Stimme bei unseren domestizierten Tieren variiert haben und vererbt worden sind. Der Hund bietet das auffallendste Beispiel veränderter geistiger Anlagen dar; diese Verschiedenheiten können nicht durch die Abstammung von distinkten wilden Typen erklärt werden. Neue geistige Charaktere sind sicher oft erlangt und natürliche unter der Domestikation verloren worden.

Neue Charaktere können in jedem Wachstumsstadium erscheinen und verschwinden und zu einer entsprechenden Periode vererbt werden. Wir sehen dies in der Verschiedenheit zwischen den Eiern verschiedener Hühnerrassen und in dem

Daunenkleide der Hühnchen, und noch deutlicher an den Verschiedenheiten der Raupen und Kokons verschiedener Rassen des Seidenschmetterlings. So einfach diese Tatsachen erscheinen, so werfen sie doch ein Licht auf die Charaktere, welche die Larven- und erwachsenen Zustände natürlicher Spezies unterscheiden und auf das ganze große Kapitel der Embryologie. Neue Charaktere können ausschließlich auf das Geschlecht beschränkt sein, an dem sie zuerst erschienen, oder sie können in einem viel höheren Grade in dem einen als in dem anderen Geschlecht entwickelt werden; oder ferner sie können, nachdem sie auf ein Geschlecht gewiesen waren, teilweise auf das entgegengesetzte Geschlecht übertragen werden. Diese Tatsachen und noch besonders der Umstand, dass neue Charaktere infolge irgendeiner unbekannten Ursache dem eigentümlichen Zustand ausgesetzt sind, auf das männliche Geschlecht beschränkt zu sein, haben eine sehr bedeutungsvolle Tragweite in Bezug auf das Erlangen sekundärer Sexualcharaktere bei Tieren im Zustande der Natur.

Man hat zuweilen gesagt, dass unsere domestizierten Erzeugnisse in konstitutionellen Eigentümlichkeiten nicht voneinander abweichen. Dies lässt sich indessen nicht behaupten. Bei unseren veredelten Rindern, Schweinen usw. ist die Periode der Reife mit Einschluss der zweiten Dentition bedeutend beschleunigt worden. Die Trächtigkeitsdauer variiert bedeutend, ist aber nur in einem oder zwei Fällen in einer fixierten Weise modifiziert worden. Bei unseren Hühnern und Tauben weicht das Erlangen von Daunen und des ersten Gefieders beim Jungen und der sekundären Sexualcharaktere bei den Männchen in verschiedener Weise ab. Die Anzahl von Häutungen, welche die Larven der Seidenschmetterlinge durchlaufen, variiert. Die Neigung, fett zu werden, viel Milch zu geben, viele Junge oder Eier in einer Geburt oder während des Lebens zu produzieren, weicht in den verschiedenen Rassen ab. Wir finden verschiedene Grade der Anpassung an das Klima und verschiedene Neigungen zu gewissen Krankheiten zur Angriffsfähigkeit für Parasiten und zu der Wirkung gewisser vegetabilischer Gifte. Bei Pflanzen variiert die Anpassung an gewisse Bodenarten, wie bei einigen Arten von Pflaumen, das Vermögen dem Frost zu widerstehen, die Periode des Blühens und des Reifens der Früchte, die Lebensdauer, die Periode des Blätterabwerfens und das Behalten derselben durch den ganzen Winter, das Verhältnis und die Natur gewisser chemischer Verbindungen in den Geweben oder Samen, – alles dies variiert.

Es gibt indessen eine wichtige konstitutionelle Differenz zwischen domestizierten Rassen und Spezies; ich meine die Sterilität, welche fast unabänderlich in einem höheren oder geringeren Grade folgt, wenn Spezies gekreuzt werden, und die vollkommene Fruchtbarkeit der distinktesten domestizierten Rassen, mit Ausnahme von sehr wenig Pflanzen, wenn sie in ähnlicher Weise gekreuzt werden. Es erscheint sicher als eine merkwürdige Tatsache, dass viele nahe verwandte Spezies, welche im Ansehen äußerst wenig differieren, nach ihrer Verbindung nur wenig mehr oder minder unfruchtbare oder durchaus keine Nachkommen ergeben, während domestizierte Rassen, welche augenfällig voneinander abweichen, nach ihrer Verbindung merkwürdig fruchtbar sind und vollkommen fruchtbare Nachkommen ergeben. Diese Tatsache ist aber in Wirklichkeit nicht so unerklärlich, als sie auf den ersten Blick erscheint. An erster Stelle wurde im neunzehnten Kapitel deutlich gezeigt, dass die Unfruchtbarkeit gekreuzter Spezies nicht in enger Abhängigkeit von den Verschiedenheiten in ihrem äußeren Bau oder ihrer allgemeinen Konstitution steht, sondern ausschließlich als Resultat von Verschiedenheiten in den Reproduktionssystemen ist, analog mit denen, welche die verminderte Fruchtbarkeit der illegitimen Verbindung und illegitimen Nachkommen dimorpher und trimorpher Pflanzen verursachen. An zweiter Stelle ist gezeigt worden, dass die Pallas'sche Lehre, wonach Spezies, nachdem sie lange Zeit domestiziert worden sind, ihre natürliche Neigung zur Unfruchtbarkeit bei der Kreuzung verlieren, äußerst wahrscheinlich ist. Wir können diese Folgerung kaum vermeiden, wenn wir über die Abstammung und jetzige Fruchtbarkeit der verschiedenen Hunderassen, der indischen und europäischen Rinder, der Schafe und Schweine nachdenken. Es wäre daher unverständig, zu erwarten, dass unter der Domestikation gebildete Rassen bei der Kreuzung Unfruchtbarkeit erlangen sollten, während wir doch zu gleicher Zeit annehmen, dass die Domestikation die normale Unfruchtbarkeit gekreuzter Arten beseitigt. Warum bei nahe verwandten Arten ihre Reproduktionssysteme fast unabänderlich in einer so eigentümlichen Weise modifiziert worden sind, dass sie wechselseitig unfähig sind aufeinander zu wirken, jedoch in ungleichen Graden in den beiden Geschlechtern, wie es aus der Verschiedenheit in der Fruchtbarkeit zwischen wechselseitigen Kreuzungen bei derselben Spezies hervorgeht, wissen wir nicht; wir können aber mit großer Wahrscheinlichkeit schließen, dass die Ursachen die folgenden sein dürften. Die meisten natürlichen Spezies sind an nahezu gleichförmige Lebensbedingungen eine unvergleichlich längere Zeit hindurch gewöhnt worden, als domestizierte Rassen; und wir wissen positiv, dass veränderte Bedingungen einen speziellen und mächtigen Einfluss auf das Reproduktionssystem äußern. Es kann daher diese Verschiedenheit in der Angewöhnung sehr wohl die verschiedene Wirksamkeit der Reproduktionsorgane, wenn domestizierte Rassen und wenn Spezies gekreuzt werden, erklären. Eine nahe analoge Tatsache ist es, dass die meisten domestizierten Rassen plötzlich von einem Klima in ein anderes oder unter weit voneinander verschiedenen Bedingungen gebracht werden können und doch eine unbeschränkte Fruchtbarkeit behalten, während eine Menge von Spezies, welche geringeren Veränderungen ausgesetzt sind, hierdurch unfähig gemacht werden, sich fortzupflanzen.

Mit Ausnahme der Fruchtbarkeit sind domestizierte Varietäten den Spezies darin ähnlich, dass sie nach der Kreuzung ihre Charaktere in derselben ungleichen Art und Weise ihren Nachkommen überliefern, dass sie dem Überwiegen der einen Form über die andere ausgesetzt sind und eine Neigung zum Rückschlag darbieten. Durch wiederholte Kreuzungen kann man eine Varietät oder eine Spezies komplett von einer anderen absorbieren lassen. Wie wir dann, wenn wir vom Alter der Varietäten sprechen, sehen werden, vererben sie zuweilen ihre neuen Charaktere fast oder selbst völlig so sicher als Spezies. Bei beiden scheinen die zur Variabilität führenden Bedingungen und die deren Natur leitenden Gesetze dieselben zu sein. Domestizierte Varietäten können in Gruppen, welche anderen Gruppen subordiniert sind, klassifiziert werden, wie Spezies unter Genera und diese unter Familien und Ordnungen; und die Klassifikation kann entweder künstlich, d.h. auf irgendeinen willkürlichen Charakter gegründet, oder natürlich sein. Bei Varietäten gründet sich eine natürliche Klassifikation sicher und bei Spezies dem Anschein nach auf Gemeinsamkeit der Abstammung in Verbindung mit dem Betrag an Modifikation, welchen die Formen erlitten haben. Die Charaktere, durch welche domestizierte Varietäten voneinander abweichen, sind variabler als die, welche Spezies unterscheiden, doch kaum mehr als bei gewissen proteischen Arten. Aber dieser größere Grad von Variabilität ist nichts Überraschendes, da Varietäten meist innerhalb neuer Zeiten fluktuierenden Lebensbedingungen ausgesetzt worden sind, viel wahrscheinlicher gekreuzt worden sind, und noch in vielen Fällen durch die Zuchtwahl, welche der Mensch methodisch oder unbewusst ausübt, Modifikationen erleiden oder neuerdings erlitten haben.

Der allgemeinen Regel nach weichen domestizierte Varietäten in weniger wichtigen Teilen ihrer Organisation voneinander ab, als es Spezies tun; und wenn wichtige Verschiedenheiten auftreten, werden sie selten scharf fixiert. Diese Tatsache ist aber verständlich, wenn wir die Methode der Zuchtwahl des Menschen betrachten. Beim lebendigen Tier oder der lebendigen Pflanze kann er innere Modifikationen der bedeutungsvolleren Organe nicht beobachten; auch beachtet er sie nicht, solange sie mit Gesundheit und Leben verträglich sind. Was kümmert sich der Züchter um irgendeine geringe Veränderung in den Backenzähnen des Schweines oder um einen überzähligen Backenzahn beim Hund oder um irgendeine Veränderung im Darmkanal oder in einem anderen inneren Organ? Der Züchter sorgt dafür, dass das Fleisch seiner Rinder ordentlich mit Fett marmoriert wird, dass sich im Abdomen seiner Schafe eine Anhäufung von Fett bildet; und dies hat er erreicht. Was wird sich der Blumenzüchter um irgendeine Veränderung in der Struktur des Ovariums oder

der Eichen kümmern? Da wichtige innere Organe sicher zahlreichen und bedeutenden Variationen ausgesetzt sind und diese wahrscheinlich vererbt werden, denn viele fremdartige Missbildungen werden überliefert, so kann der Mensch unzweifelhaft einen gewissen Betrag an Veränderungen in diesen Organen hervorrufen. Wenn er irgendeine Modifikation in einem wichtigen Teil erzeugt hat, so ist es meist unabsichtlich geschehen infolge einer Korrelation mit irgendeinem anderen in die Augen fallenden Teil: so wenn er den Schädeln der Hühner Knochenleisten und Vorsprünge gegeben hat, dadurch, dass er der Form des Kammes, oder wie bei dem polnischen Huhn, dem Federbusch auf dem Kopf seine Aufmerksamkeit schenkte. Dadurch, dass er die äußere Form der Kropftaube beachtete, hat er die Größe des Ösophagus enorm vermehrt, hat die Zahl der Rippen vergrößert und ihnen eine größere Breite gegeben. Dadurch, dass er bei der Botentaube durch stetige Wahl die Fleischlappen am Oberkiefer vergrößerte, hat er die Form des Unterkiefers bedeutend modifiziert; und so in vielen anderen Fällen. Andererseits sind natürliche Spezies ausschließlich zu ihrem eigenen Besten modifiziert worden, um sie für unendlich mannigfaltige Lebensbedingungen passend zu machen, um Feinde aller Arten vermeiden und gegen eine Masse von Konkurrenten ankämpfen zu können. Unter so komplizierten Bedingungen wird es sich daher oft treffen, dass Modifikationen der mannigfachsten Arten, sowohl in bedeutungsvollen als in bedeutungslosen Teilen von Vorteil oder selbst notwendig sein werden; und diese werden langsam aber sicher durch das Überlebenbleiben des Passendsten erlangt werden. Verschiedene indirekte Modifikationen werden gleicherweise durch das Gesetz korrelativer Variation auftreten.

Domestizierte Rassen haben oft einen abnormen oder halbmonströsen Charakter, wie das italienische Windspiel, die Bulldogge, der Blenheim-Jagdhund und der Bluthund unter den Hunden, manche Rassen von Rindern und Schweinen, mehrere Hühnerrassen und die hauptsächlichsten Taubenrassen. Die Verschiedenheiten zwischen solchen abnormen Rassen treten in Teilen auf, welche in nahe verwandten natürlichen Spezies nur unbedeutend oder gar nicht differieren. Dies lässt sich dadurch erklären, dass der Mensch, besonders anfangs, oft auffällige und halbmonströse Strukturabweichungen auswählt. Wir sollten indessen vorsichtig in der Entscheidung sein, welche Abweichungen monströs genannt werden sollten. Es lässt sich kaum zweifeln, dass wenn das Büschel pferdehaarähnlicher Haare auf der Brust des Truthahns zuerst im domestizierten Vogel erschienen wäre, es kaum als eine Monstrosität betrachtet worden wäre. Der große Federbusch auf dem Kopf des polnischen Huhns ist als solche bezeichnet worden, obgleich derartige Federn bei vielen Arten von Vögeln gemein sind. Wir können die Fleischlappen oder die warzige Haut um die Schnabelbasis der englischen Botentaube eine Monstrosität nennen, aber von der kugeligen Exkreszenz am Schnabelgrunde der männlichen *Carpophago oceanica* sprechen wir nicht als Monstrosität.

Manche Autoren haben eine scharfe Grenzlinie zwischen künstlichen und natürlichen Rassen gezogen. Obschon in extremen Fällen die Unterscheidung deutlich ist, ist die Linie in vielen anderen Fällen doch nur ganz willkürlich zu ziehen. Die Verschiedenheit hängt hauptsächlich von der Art der Zuchtwahl ab, die angewendet worden ist. Künstliche Rassen sind diejenigen, welche absichtlich vom Menschen veredelt worden sind; sie haben häufig ein unnatürliches Ansehen und sind besonders geneigt, ihre Vortrefflichkeit infolge eines Rückschlags und beständiger Variabilität zu verlieren. Die so genannten natürlichen Rassen auf der anderen Seite sind diejenigen, welche jetzt in halbzivilisierten Ländern gefunden werden und welche früher einzelne Distrikte in fast allen europäischen Reichen bewohnten. Absichtliche Zuchtwahl des Menschen hat nur selten auf sie eingewirkt, wahrscheinlich häufiger unbewusste und zum Teil natürliche Zuchtwahl; denn in halbzivilisierten Ländern gehaltene Tiere haben in großen Maßen für ihre eigenen Bedürfnisse zu sorgen. Derartige natürliche Rassen werden auch, wie sich vermuten lässt, direkt in einer gewissen Ausdehnung von den wenn auch unbedeutenden Verschiedenheiten in den umgebenden physikalischen Bedingungen beeinflusst worden sein.

Ein viel bedeutungsvollerer Unterschied ist der, dass einige Rassen von ihrem ersten Ursprung an in einer so langsamen und unmerklichen Weise modifiziert worden sind, dass wenn wir ihre früheren Vorfahren sehen könnten, wir kaum zu sagen imstande wären, wann oder wie die Rasse zuerst entstand, während andere Rassen infolge einer scharf markierten oder halbmonströsen Strukturabweichung entstanden sind, welche indessen später durch Zuchtwahl vergrößert worden sein kann. Nach dem, was wir von der Geschichte des Rennpferdes, Windspieles, Kampfhahnes usw. wissen und nach ihrem allgemeinen Ansehen können wir ziemlich sicher sein, dass sie durch einen langsamen Prozess der Veredelung gebildet worden sind; und bei der Botentaube ebenso wie bei einigen anderen Tauben wissen wir, dass dies der Fall gewesen ist. Andererseits ist es sicher, dass die Ankon- und Mauchamp-Rasse des Schafes und fast sicher das Niata-Rind, Dachse und Möpse, Hüpfer und Krausenhühner, kurzstirnige Burzeltauben, hackenschnäblige Enten usw., und von Pflanzen eine Menge von Varietäten in nahezu demselben Zustand, wie wir sie jetzt sehen, plötzlich erschienen sind. Die Häufigkeit dieser Fälle führt leicht zu der falschen Annahme, dass natürliche Spezies oft in derselben abrupten Weise entstanden sind. Für das Auftreten oder wenigstens für die beständige Erzeugung abrupter Modifikationen der Struktur im Naturzustande haben wir aber keine Zeugnisse, und gegen eine Annahme solcher könnten verschiedene allgemeine Gründe beigebracht werden, so würde z. B. ohne eine Trennung eine einzelne monströse Abänderung fast sicher sehr bald durch Kreuzung wieder verwischt werden.

Andererseits haben wir reichliche Beweise für das beständige Auftreten unbedeutender individueller Differenzen der verschiedenartigsten Weisen im Zustande der Natur; und hierdurch werden wir zu dem Schluss geführt, dass Spezies im Allgemeinen durch die natürliche Zuchtwahl nicht abrupter Modifikationen, sondern äußerst unbedeutender Verschiedenheiten entstanden sind. Dieser Prozess kann streng mit der langsamen und allmählichen Veredelung des Rennpferdes, Windspieles und Kampfhahnes verglichen werden. Da jedes Detail der Struktur bei jeder Spezies ihren allgemeinen Lebensgewohnheiten eng angepasst ist, so wird es sich selten ereignen, dass ein Teil allein modifiziert werden wird; aber die in Verbindung angepassten Modifikationen brauchen, wie früher gezeigt wurde, nicht absolut gleichzeitig aufzutreten. Indes sind viele Variationen von Anfang an durch das Gesetz der Korrelation in Zusammenhang. Hieraus folgt, dass selbst nahe verwandte Spezies selten oder niemals voneinander durch irgendeinen Charakter allein abweichen; und dieselbe Bemerkung gilt auch in einer gewissen Ausdehnung für domestizierte Rassen; denn wenn diese bedeutend abweichen, so weichen sie meist in vielen Beziehungen ab.

Manche Naturforscher behaupten fest [1], dass Spezies absolut verschiedene Erzeugnisse seien, welche nie durch Zwischenformen ineinander übergehen; während sie doch behaupten, dass domestizierte Varietäten immer entweder miteinander oder mit ihren Elternformen verbunden werden können. Wenn wir immer die Bindeglieder zwischen den verschiedenen Rassen des Hundes, Pferdes, Rindes, Schafes, Schweines usw. finden könnten, so würden die unaufhörlichen Zweifel, ob sie von einer oder mehreren Arten abgestammt sind, nicht entstanden sein. Die Gattung der Windspiele, wenn dieser Ausdruck gebraucht werden darf, kann mit keiner anderen Rasse nahe verbunden werden, wenn wir nicht vielleicht auf die alten ägyptischen Denkmäler zurückgehen. Auch unsere englische Bulldogge bildet eine sehr distinkte Rasse. In allen diesen Fällen müssen natürlich gekreuzte Rassen ausgeschlossen werden; denn hierdurch können die verschiedensten natürlichen Spezies verbunden werden. Durch welche Glieder kann das Cochinchina-Huhn nahe mit anderen verbunden werden? Dadurch, dass wir noch in entfernten Ländern erhaltene Rassen aufsuchen und auf historische Berichte zurückgehen, können wir Burzeltauben, Botentauben und Barbtauben mit der elterlichen Felstaube in nahe Verbindung bringen; aber wir können hierdurch nicht die Möven oder Kröpfertaube verbinden. Der Grad von Distinktheit zwischen den verschiedenen domestizierten Rassen hängt von dem Betrag an Modifikation ab, welchen sie erlitten haben, und besonders von der Vernachlässigung und dem endlichen Aussterben der verbindenden zwischenliegenden und wenig geschätzten Formen.

Es ist oft gesagt worden, dass durch die Annahme von Veränderungen bei domestizierten Rassen kein Licht auf Veränderungen geworfen würde, welche, wie man annimmt, natürliche Spezies erleiden, da die Ersteren bloß temporäre Erzeugnisse sein sollen, die stets, sobald sie verwildern, auf ihre ursprüngliche Form zurückschlagen. Dieses Argument hat Mr. Wallace[2] sehr gut bekämpft; und im dreizehnten Kapitel wurden ausführliche Details gegeben, welche zeigten, dass die Neigung zum Rückschlag bei verwilderten Tieren und Pflanzen bedeutend überschätzt worden ist, obgleich es ohne Zweifel in einer gewissen Ausdehnung existiert. Es würde allen in diesem Werk enthaltenen Grundsätzen widersprechen, wenn domestizierte Tiere, sobald sie neuen Bedingungen ausgesetzt und um ihre eigenen Bedürfnisse gegen eine Menge fremder Konkurrenten zu kämpfen gezwungen werden, nicht im Lauf der Zeit in irgendwelcher Weise modifiziert werden würden. Auch muss man sich daran erinnern, dass viele Charaktere in allen organischen Wesen latent und bereit liegen, sich unter passenden Bedingungen zu entwickeln; und bei Rassen, die in neuerer Zeit modifiziert worden sind, ist die Neigung zum Rückschlag besonders stark. Aber das Alter verschiedener Rassen beweist deutlich, dass sie, solange ihre Lebensbedingungen dieselben bleiben, nahezu konstant sind.

Es ist von einigen Autoren kühn behauptet worden, dass der Betrag an Abänderung, welche unsere domestizierten Erzeugnisse erleiden, streng begrenzt ist. Aber dies ist eine auf wenig Beweisen ruhende Behauptung. Ob der Betrag in irgendeiner besonderen Richtung fixiert ist oder nicht, so scheint die Neigung zur allgemeinen Variabilität doch unbegrenzt zu sein. Rind, Schafe und Schweine sind domestiziert worden und haben seit der entferntesten Zeit variiert, wie es aus den Untersuchungen von Rütimeyer und anderen hervorgeht, und doch sind diese Tiere innerhalb einer völlig neuen Zeit in einem ganz unvergleichlichen Grade veredelt worden; und dies schließt eine fortdauernde Variabilität der Struktur ein. Wie wir nach den in den Schweizer Pfahlbauten gefundenen Überresten wissen, ist Weizen eine der am ältesten kultivierten Pflanzen, und doch entstehen heutigen Tages noch gelegentlich neue und bessere Varietäten. Es mag sein, dass niemals ein Ochse erzeugt werden wird von bedeutenderer Größe oder feineren Verhältnissen als unsere jetzigen Tiere, oder ein Rennpferd noch schneller als Eklipse, oder eine Stachelbeere größer als die Varietät London. Es würde aber kühn sein zu behaupten, dass die äußerste Grenze in diesen Beziehungen bereits erreicht sei. Bei Blüten und Früchten ist wiederholt behauptet worden, dass die Vollkommenheit erreicht sei; aber das vorzüglichste ist bald wieder übertroffen worden. Es mag nie eine Taubenrasse erzeugt werden mit einem noch kürzeren Schnabel, als der heutige kurzstirnige Burzler, oder mit einem längeren, als die englische Botentaube, denn diese Vögel haben schwache Konstitution und pflanzen sich schlecht fort. Aber die Kürze und Länge des Schnabels sind die Punkte, welche während der letzten mindestens 150 Jahre stetig veredelt worden sind; und einige der besten Kenner leugnen, dass das Ziel bereits erreicht sei. Nach dem, was wir bei natürlichen Arten von der Variabilität äußerst komplizierter Teile sehen, können wir auch nicht ohne Grund vermuten, dass irgendeine Bildung, nachdem sie während einer langen Reihe von Generationen konstant geblieben ist, unter neuen und veränderten Lebensbedingungen wieder in die Variabilität eintritt und wieder der Zuchtwahl unterworfen werden kann. Nichtsdestoweniger muss aber, wie Mr. Wallace[3] vor Kurzem sehr nachdrücklich und wahr bemerkt hat, sowohl für natürliche als domestizierte Erzeugnisse eine Grenze für die Veränderung in gewissen Richtungen existieren; z. B. muss es eine Grenze für die Schnelligkeit irgendeines Landtieres geben, da diese durch die zu überwindende Reibung, das fortzuschaffende Gewicht und das Kontraktionsvermögen der Muskelfaser bestimmt wird. Das englische Rennpferd mag diese Grenze erreicht haben; es übertrifft aber in der Flüchtigkeit seinen eigenen wilden Urerzeuger und alle anderen Pferdearten.

Wenn wir die große Verschiedenheit zwischen vielen domestizierten Rassen sehen, so ist es nicht überraschend, dass einige wenige Naturforscher gefolgert haben, dass alle von distinkten ursprünglichen Stämmen herrühren, besonders, da das Prinzip der Zuchtwahl ignoriert und das hohe Altertum des Menschen als Züchter von Tieren erst neuerdings bekannt worden ist. Doch geben die meisten Naturforscher zu, dass verschiedene äußerst unähnliche Rassen von einem einzigen Stamme herkommen, obgleich sie nicht viel von der Kunst des Züchtens wissen, ebenso- wenig die verbindenden Glieder nachweisen, noch sagen können, wo und wann die Rassen entstanden sind. Und doch werden dieselben Naturforscher mit einem Air philosophischer Vorsicht erklären, dass sie nicht eher zugeben können, dass eine natürliche Art einer anderen den Ursprung gegeben hat, als bis sie alle Übergangsstufen sehen. Die Züchter haben aber genau dieselbe Sprache geführt in Bezug auf die domestizierten Rassen. So sagt der Verfasser einer ausgezeichneten Abhandlung, er werde nie zugeben, dass Boten- und Pfauentauben die Nachkommen der wilden Felstaube seien, bis »die Übergänge faktisch beobachtet worden sind und wiederhergestellt werden können, sobald nur der Mensch sich diese Aufgabe einmal stellt«. Es ist ohne Zweifel schwierig, sich zu realisieren, dass nur unbedeutende, während langer Jahrhunderte gehäufte Veränderungen solche Resultate hervorbringen können. Aber wer nur irgend den Ursprung domestizierter Rassen oder natürlicher Spezies einzusehen wünscht, muss diese Schwierigkeit überwinden.

Anmerkungen | **1** Godron, De l`Espèce, 1859, Tom. II, S. 44 usw. **2** Journal Proceed. Linn. Soc. 1858, Vol. III, S. 60. **3** The Quarterly Journal of Science, Okt. 1867, S. 486.

Kropftaube

Biografie IV **Der Pflanzenfreund**

1871 – 1882

Als *Die Abstammung des Menschen und die geschlechtliche Zuchtwahl* im März 1871 herauskommt, ist vieles genauso wie zwölf Jahre zuvor bei der *Entstehung der Arten*. Darwin fürchtet erneut das Schlimmste, doch die vernichtenden Kritiken bleiben aus. Stattdessen wird auch dieses Buch ein Kassenerfolg, schon Ende März kommt eine zweite Auflage auf den Markt. Wieder ist Darwins Vorsicht mehr oder weniger unbegründet.

Das Buch ist Darwins umfangreichstes Werk und besteht eigentlich aus zwei Büchern, in denen biologische, anthropologische und ethnologische Themen vorkommen. Der erste Teil umfasst die Belege dafür, dass der Mensch kein eigens geschaffenes Geschöpf ist, sondern ein Säugetier, das von den Affen abstammt. Darwin beschreibt die strukturelle Ähnlichkeit des menschlichen Skeletts sowie der Muskeln und Blutgefäße mit anderen Säugetieren. Menschenaffen und Menschen leiden an den gleichen ansteckenden Krankheiten und Parasiten. Und er verweist darauf, »dass die Embryonen eines Menschen, Hundes, einer Robbe, Fledermaus, eines Reptils anfangs kaum voneinander unterschieden werden können«.

Ausführlich und mit vielen Beispielen grundiert vergleicht Darwin die Intelligenz von Mensch und Tier. Für ihn besteht nur ein gradueller, kein prinzipieller Unterschied. Sogar Abstraktionsvermögen und Individualität spricht Darwin Tieren zu. »Wie aber können wir sicher sein, dass ein alter Hund mit einem ausgezeichneten Gedächtnis und etwas Einbildungskraft, wie sie sich durch seine Träume zu erkennen gibt, niemals über die Freuden und Leiden Betrachtungen anstellt, welche er früher auf der Jagd hatte?«, fragt er. Mit dem Verhalten von Hunden ist Darwin sehr vertraut, er besitzt viele Jahre selbst welche.

Im Prinzip wendet Darwin über weite Strecken des ersten Teils die Gesetze der Variation, die er in früheren Büchern entwickelt hat, auf den Menschen an. Wenn er die Entwicklung von Intelligenz und Moral durch natürliche Selektion erklärt, wird Darwin zum Anthropologen. »Wir sehen ein, dass auf dem rohesten Zustand der Gesellschaft diejenigen Individuen, welche die scharfsinnigsten waren, welche die besten Waffen oder Fallen erfanden und benutzten und welche am besten imstande waren, sich zu verteidigen, die größte Anzahl von Nachkommen haben werden«, schreibt er. Auch die Entwicklung des Körpers erklärt Darwin durch die Geschichte. Zum Beispiel verkleinert sich der Kiefer, als der Mensch sesshaft wird und auf gekochte Nahrung umsteigt – weshalb wir Weisheitszähne mit uns herumtragen.

Die Materialfülle, die Darwin einbringt, ist in jeder Hinsicht beeindruckend. Wie für jedes seiner Bücher hat er ungeheure Mengen an Fachliteratur verarbeitet. Dabei hilft ihm ein eigenes System: Darwin exzerpiert die Bücher und verteilt seine Notizen auf dreißig bis vierzig Mappen, die jeweils unterschiedliche Themen umfassen. So hat er die Sekundärliteratur stichwortartig griffbereit, selbst wenn er ein Thema erst Jahre später aufgreift.

Auch in *Die Abstammung des Menschen* zitiert Darwin aus Dutzenden Bücher, um seine Theorie zu untermauern. Häufig greift er auf Werke von Ernst Haeckel, Huxley, Brehms *Tierleben* und einige Schriften von Wallace zurück. Im Zweifelsfall prüft Darwin nach: Als ein Kritiker eine Beobachtung Brehms anzweifelt, nach der ein Affe einem lästigen Kätzchen die Krallen hat abbeißen können, macht Darwin es tatsächlich nach und präsentiert den – im Übrigen erfolgreichen – Selbstversuch in der nächsten Auflage.

Im zweiten Teil widmet Darwin sich der geschlechtlichen Zuchtwahl, der sexuellen Auswahl. Bei fast allen Tierarten gibt es eine Konkurrenz – oder sogar Kämpfe – der Männchen um die Weibchen, die ihrerseits die kräftigsten oder schönsten auswählen. Auch so entsteht Veränderung, weil sich die ausgewählten Männchen bevorzugt fortpflanzen. Darwin belegt, wie die sexuelle Auswahl die sekundären Geschlechtsmerkmale der Tiere produziert: Merkmale, mit denen die Männchen Vorteile gegenüber den Nebenbuhlern gewinnen. Dazu gehören das Geweih des Hirsches, die Federn des Pfaus, die Farben und der Gesang der Vögel.

Um die sexuelle Auswahl des Menschen zu untersuchen, lässt Darwin zunächst – wie er es ausdrückt – »das ganze Tierreich Revue passieren«. Er beschreibt die sekundären Geschlechtsmerkmale der Insekten, Fische, Amphibien, Reptilien, Säugetiere und besonders ausführlich die der Vögel. Dieser Teil des Buches ist eine Fundgrube biologischer Beobachtungen, die in ihrem Umfang und Detailreichtum bis heute einzigartig ist.

Erst in den letzten beiden Kapiteln kommt Darwin wieder auf den Menschen zu sprechen. Zwar gelingt ihm dabei eine eindrucksvolle Sammlung ethnologischer Beobachtungen über Tätowierungen, Piercings, künstliche Narben und sonstigen Körperschmuck unzivilisierter Stämme, aber dieser Teil des Buches weist Schwächen auf. Darwin postuliert die geistige Überlegenheit des Mannes über die Frau und hat deutliche Schwierigkeiten, die Theorie der sexuellen Auswahl auch auf die jüngere Geschichte der Menschheit zu übertragen.

Erst der Schluss zeigt Darwin wieder in Höchstform. »Was mich betrifft«, schreibt er in Anspielung auf zwei Beispiele des Buches, »so möchte ich ebenso gern von jenem heroischen kleinen Affen abstammen, welcher seinem gefürchteten Feinde trotzte, um das Leben seines Wärters zu retten, oder von jenem alten Pavian, welcher, von den Hügeln herabsteigend, im Triumph seinen jungen Kameraden aus einer Menge erstaunter Hunde herausführte, als von einem Wilden, welcher ein Entzücken an den Martern seiner Feinde fühlt, blutige Opfer darbringt, Kindsmord ohne Gewissensbisse begeht, seine Frauen wie Sklaven behandelt, keine Züchtigkeit kennt und von dem gröbsten Aberglauben beherrscht wird«.

Darwin kommt noch einmal auf seine Reise und die prägende Begegnung mit den Feuerländern zurück: »Der Gedanke schoss mir sofort durch den Sinn: So waren unsere Vorfahren.« Doch bemüht er sich um einen positiven Ausklang des Buches. Immerhin, schreibt er an die Adresse frustrierter Leser, bleibe dem entthronten Menschen die Hoffnung, durch weitere Evolution vollkommen zu werden. Und: Darwin schlägt den Bogen zur liberalen Elite des Landes. »Es muss für alle Menschen offene Konkurrenz bestehen, und es dürfen die Fähigsten nicht durch Gesetze oder Gebräuche daran verhindert werden, den größten Erfolg zu haben und die größte Zahl von Nachkommen aufzuziehen«, schreibt er.

Derart politische Implikationen seiner Theorie machen *Die Abstammung des Menschen und die geschlechtliche Zuchtwahl* für das Großbürgertum, Industrielle und Politiker interessant. Wie schon bei der *Entstehung der Arten* zieht Darwin, indem er das Konkurrenzprinzip betont, die Entscheidungsträger des Empires auf seine Seite. Natürlich gibt es auch Kritik an der Theorie. Besonders ärgert Darwin das theologisch geprägte Buch *Genesis of Species* des Zoologen St. George Mivart, der ihm zunächst bei der Recherche geholfen hat, dann aber zu einem Gegner wird. Auch um Mivarts Argumente zu widerlegen arbeitet Darwin eine im Februar 1872 erscheinende Neuausgabe erheblich um.

Ursprünglich soll die *Abstammung des Menschen* auch ein Kapitel darüber enthalten, wie Menschen und Tiere ihre Gefühle durch die Gesichtsmuskulatur ausdrücken. Darwin hat das Thema abgetrennt, weil das Buch auch so schon umfangreich genug ist. Nun sammelt er weiteres Material, um eine eigenständige Veröffentlichung daraus zu machen. Darwin verschickt Fragebögen an sein weltweites Netzwerk, er überprüft an seinen Kindern, ob sie ihre Augenbrauen einzeln hochziehen können, und besonders interessiert er sich für das neue Medium der Fotografie. *Der Ausdruck der Gemütsbewegungen bei dem Menschen und den Tieren* erscheint im Herbst 1872 und enthält zahlreiche fotografische Abbildungen. Auch deshalb wird es eines der erfolgreichsten Bücher Darwins.

Er zeigt darin, dass die grundlegenden Gefühle auf der ganzen Welt gleich ausgedrückt werden. Auch dieses Buch ist ein Panoptikum interessanter Beobachtungen. Zahlreiche menschliche Gesichtsausdrücke erklärt Darwin als Nachhall unseres tierischen Erbes. Das Runzeln der Stirn bei Kummer oder Ärger? Ein schwaches Echo des Moments, in dem unsere Vorfahren am Horizont Feinde erspähen. Das Zusammenfahren und tiefe Einatmen bei Schreck oder Überraschung ist ursprünglich dem Impuls des schnellen Wegspringens geschuldet. Das Sträuben der Haare wiederum, das Tiere bei Gefahr größer erscheinen lässt, ist ein ebenso rudimentäres, nutzloses Überbleibsel unserer Abstammung.

»Wir haben gesehen, dass das Studium der Theorie des Ausdrucks in einer gewissen beschränkten Ausdehnung die Folgerung bestätigt, dass der Mensch von irgendeiner niederen tierischen Form herstammt«, beschließt Darwin das Buch. Es ist dies – abgesehen von einer weiteren Überarbeitung der *Abstammung des Menschen* – das letzte Mal, dass Darwin sich direkt mit Fragen der Evolution beschäftigt. Er hat genug von umstrittenen Themen, und er weiß, dass die Theorie der Arten unumkehrbar geworden ist. »Ich werde so lange weiterarbeiten wie ich kann, aber es bedeutet nicht viel, wenn ich aufhöre, weil es so viele genauso fähige Männer gibt, vielleicht sogar fähigere als ich selbst es bin, unser Werk fortzuführen«, schreibt Darwin an Haeckel. »Unter diesen Männern steht Ihr an erster Stelle«.

Darwin und Wallace dagegen entfremden sich in den folgenden Jahren. Darwin stört, dass der Kollege die Evolution in dem Moment aufhören lässt, in dem der Sozialismus verwirklicht ist. Außerdem entwickelt Wallace spiritistische Neigungen. Ruckelnde Tische und wandernde Gläser sind in England gerade Mode. Selbst Darwins Bruder Erasmus wird davon erfasst und lädt Charles zu einer Séance ein. Der kann dem nichts abgewinnen. »Es würde«, schreibt er an Huxley, »meiner Meinung nach eines enormen Beweismaterials bedürfen, um einen dabei an irgendetwas anderes als bloße Taschenspielerei glauben zu lassen«. 1880 lehnt Darwin ab, dem verarmten Wallace eine Anstellung zu verschaffen, setzt sich später aber immerhin erfolgreich für eine jährliche Pensionszahlung von 200 Pfund ein. Er selbst erwirtschaftet in diesem Jahr mit Büchern, Wertpapieren und Grundbesitz einen Überschuss von 8.000 Pfund.

Anfang 1873 ist Darwin wieder krank, und mit 64 Jahren kommen die Plagen des Alters dazu. Mit der Arbeit aufhören kann er gleichwohl nicht. Selten schafft es Emma, ihn zu einer Pause oder einem Kurzurlaub zu überreden. Wenn Darwin gerade kein neues Buch schreibt, überarbeitet er ein altes. Die meisten seiner Bücher kommen zu Lebzeiten in neuen Auflagen heraus, in denen er den aktuellen Forschungsstand einarbeitet, Einwände diskutiert, Irrtümer eingesteht, Fehler korrigiert. Dazu bringt die Post jeden Tag Briefe und Anfragen aus aller Welt. Darwin ist ein berühmter Mann – viele wollen Rat oder ein Empfehlungsschreiben für eine Stelle. Der zweite große Revolutionär des 19. Jahrhunderts, Karl Marx, schickt Darwin eine Ausgabe von *Das Kapital* mit der Widmung »ein aufrichtiger Bewunderer«.

Darwin wendet sich wieder der Botanik zu. Zwischen 1875 und 1880 veröffentlicht er vier Bücher, die alle im Gewächshaus entstehen. Es ist einer der produktivsten Abschnitte seines Lebens. Im Gewächshaus, beim Einpflanzen, Umtopfen und Bestäuben fühlt der späte Darwin sich am wohlsten. Oft verbringt er ganze Tage und halbe Nächte dort, um die Samen beim Wachsen zu beobachten. Manchmal spricht Darwin mit seinen Pflanzen. Und er hat große Freude an seinen, wie er sie nennt, »Narren-Experimenten«. Keine Idee, und sei sie noch so abwegig, wird verworfen. »Ich werde nicht eher ruhig, als bis ich es versucht habe«, sagt Darwin dann. Einmal lässt er seinen Sohn Francis, der ihm bei der Arbeit hilft, im Gewächshaus Fagott spielen – Darwin will prüfen, ob seine Pflanzen schallempfindlich sind.

Das Buch *Insektenfressende Pflanzen* (1875) ist das spektakulärste unter den botanischen Veröffentlichungen dieser Jahre, weil es wie kein anderes Darwins verhaltensbiologischen Ansatz zeigt. Das Buch liest sich streckenweise wie ein Versuchsprotokoll – als habe Darwin den Chemiebaukasten seiner Jugend wiederentdeckt. Er verfüttert Roast Beef, Eiweiß, Milch, Olivenöl, Zahnschmelz, Baumwolle und Erbsenaufguss an die Pflanzen, um ihre Verdauung auf die Probe zu stellen. Er narkotisiert sie mit Chloroform und vergiftet sie mit Nikotin sowie dem Gift der Kobra. Um das Sekret zu erforschen, das die Insekten festkleben lässt, setzt er es Salpetersäure, Ammoniak, Chinin, Kalisalz, Alkohol, Kohlensäure und Glycerin aus. Es ist die umfassendste Untersuchung, die es bis dahin zu insektenfressenden Pflanzen gibt.

Die Wirkungen der Kreuz- und Selbstbefruchtung im Pflanzenreich aus dem Jahr 1876 knüpft an das Orchideen-Buch an. Darwin weist systematisch nach, dass Selbstbefruchtung auf Dauer schädlich ist. In groß angelegten Versuchsreihen kreuzt er verschiedene Pflanzen einer Art untereinander und unterzieht andere einer Selbstbefruchtung. Die Samen wiegt Darwin und pflanzt sie unter identischen Bedingungen ein, um ihre Fertilität zu prüfen: Er führt penibel Buch über Größe und Wachstum der entstehenden Pflanzen. Sind sie groß geworden, geht das Prozedere von vorn los – und das bei Dutzenden Arten und über zehn Generationen hinweg. Darwins Gewächshaus platzt aus allen Nähten, aber das Ergebnis ist eindeutig: die Fremdbefruchtung bringt gesündere und fruchtbarere Samen hervor. Darwin räumt endgültig mit dem botanischen Irrglauben auf, Pflanzen würden sich selbst bestäuben.

Andere Naturforscher würden die Präzision vermissen lassen, das Wachstum eines kompletten Gewächshauses penibel zu protokollieren. Darwin liegt solcheArbeit. Er ist ein Tabellenmensch. Sogar bei den vielen Tausend Backgammon-Partien, die er im Laufe seines Lebens mit Emma absolviert, führt er genauestens Buch über Sieg und Niederlage.

Als das Buch fertig ist, beginnt Darwin im Mai 1876 ein privates Projekt. Er schreibt seine *Erinnerungen an die Entwicklung meines Geistes und Charakters* auf. Die Schrift, heute als Darwins Autobiografie bekannt, ist ursprünglich für die Familie bestimmt. Der persönliche Charakter des Buches schimmert an vielen Stellen durch. Darwin erweitert die Autobiografie, mit großen Unterbrechungen, über mehrere Jahre hinweg. 1879 verfasst er außerdem einen Essay über seinen Großvater Erasmus Darwin, der indirekt der Ausgangspunkt der Autobiografie ist: Darwin bereut, dass er so wenig über seinen Großvater weiß – also beschließt er, seinen Kindern und Enkeln das gleiche Schicksal bei ihm selbst zu ersparen.

1877 veröffentlicht Darwin das Buch *Die verschiedenen Blütenformen an Pflanzen der nämlichen Art*, das auf einer früheren Artikelserie im *Journal of Proceedings of the Linnean Society* beruht. Er widmet es Asa Gray, der nach Henslows Tod sein Sparringspartner in botanischen Fragen ist. Auch dieses Buch beschäftigt sich mit der Kreuzung von Pflanzen. Darwin untersucht Arten, zum Beispiel Primeln, deren Blüten in zwei verschiedenen Formen vorkommen: mit kurzen und mit langen Griffeln. Er entdeckt durch Bestäubungsversuche, dass die Existenz der unterschiedlichen langen Griffel notwendig zur Kreuzbefruchtung führt: Kurzgriffelige Blüten können nur von langgriffeligen Blüten bestäubt werden und umgekehrt. Wie bei den Orchideen sorgt die Natur dafür, dass Selbstbefruchtung die Ausnahme bleibt.

Als das Buch in den Läden ist, fühlt sich Darwin müde. »Ich glaube nicht, dass ich noch irgendwelche Bücher veröffentlichen werde«, schreibt er an seinen deutschen Übersetzer Victor Carus. »Ich kann es nicht aushalten müßig zu sein, aber der Himmel weiß, ob ich irgendwelcher weiteren guten Arbeit fähig sein werde.« Im November 1877 erhält Darwin einen weiteren Ehrendoktor: den der Universität Cambridge. Diesen Termin sagt er nicht ab. Seine ehemalige Universität, der er vor fast fünfzig Jahren so wenig hat abgewinnen können, begrüßt ihn begeistert. Im voll besetzten Auditorium lassen Studenten eine Affen-Marionette von der Empore baumeln. Beim anschließenden Bankett beschwert sich Huxley, kampfeslustig wie eh und je, dass Darwin die Ehrung nicht schon zwanzig Jahre früher erhalten hat.

Darwins Kraft nimmt ab, aber entgegen seiner Ankündigung nimmt er ein weiteres Projekt in Angriff. Anfang 1878 kehrt er mit Francis ins Gewächshaus zurück. Vater und Sohn beschäftigen sich mit der Frage, wie und warum Pflanzen überhaupt wachsen. Eine einfache Frage, aber so genau hat sie noch niemand erörtert. Die Darwins ersinnen komplizierte Aufzeichnungsapparate, um die Bewegungen der Pflanze ab dem Moment nachvollziehen zu können, in dem der Samen keimt. Sie befestigen mit verflüssigtem Schellack zunächst hauchdünne Glasfäden an der Spitze der Triebe. An den Enden der Glasfäden befindet sich etwas Siegellack, der die Bewegung des Triebs auf senkrecht aufgestellten Papptafeln nachzeichnet. Die Wurzeln werden durch Glasplatten hindurch beobachtet. Außerdem untersuchen Darwin und sein Sohn den Einfluss von Licht und Dunkelheit auf das Wachstum.

Die Experimente ziehen sich hin, Krankheit verzögert das Projekt zusätzlich. »Ich werde ganz überwältigt von meinen Notizen und bin beinahe zu alt, um die Arbeit zu unternehmen, die ich an der Hand habe«, schreibt Darwin im Frühjahr 1879 an Thiselton Dyer, einen seiner Korrespondenzpartner. Die Ergebnisse erscheinen 1880 in *Das Bewegungsvermögen der Pflanzen*, wobei Francis Darwin als Koautor genannt ist. Das Buch ist voller Holzschnitte, die die rotierenden Bewegungen der Pflanzen millimetergenau vor Augen führen.

Im August 1881 stirbt Darwins Bruder Erasmus. Er ist in mancher Hinsicht das genaue Gegenteil von Charles gewesen: ein Libertin, der zeitweilig mit der Schriftstellerin Harriet Martineau in wilder Ehe lebt, keiner festen Beschäftigung nachgeht und ein großer Opiumesser ist. Trotzdem stehen sich die beiden Brüder das ganze Leben sehr nahe. Wenn Darwin aus beruflichen Gründen in London ist, übernachtet er meist bei Erasmus. »London wird mir ohne seine Gegenwart wie ein fremder Ort erscheinen«, schreibt er an Hooker.

Um diese Zeit arbeitet Darwin trotz seines sich verschlechternden Zustandes an einem neuen Buch. Diesmal wird es wirklich sein letztes sein. Er greift ein sehr altes Studienobjekt auf: Regenwürmer. Darwin hat sich schon in den 1830er-

Jahren mit ihnen beschäftigt, nun will er es genau wissen. Er interessiert sich besonders für ihre Rolle bei der Humusbildung, weitet seine Arbeit aber zu einer allgemeinen Verhaltensstudie aus. Darwin prüft, ob die Würmer lichtempfindlich sind und bläst ihnen Tabakrauch entgegen. Emma, die Darwin besonders in seinen letzten Jahren häufig Bach und Händel auf dem Klavier vorspielt, gibt auch den Würmern ein Ständchen. Auch untersucht Darwin, inwieweit Regenwürmer antike Stätten zum Versinken gebracht und dadurch für die Archäologie erhalten haben.

»Die Regenwürmer haben in der Geschichte der Erde eine bedeutungsvollere Rolle gespielt, als die meisten auf den ersten Blick annehmen dürfen«, heißt es in *Die Bildung der Ackererde durch die Tätigkeit der Würmer*. Das Buch erscheint im Herbst 1881 und verkauft sich sehr gut. Darwin achtet durchaus auf die Popularität seiner Stoffe oder ihrer Darstellung. Sein Orchideen-Buch zum Beispiel hat er seinerzeit »in einer halbpopulären Form veröffentlicht«, weil die Zucht der Pflanze beim Adel damals sehr verbreitet ist.

Darwins Gesundheitszustand verschlechtert sich. »Ich habe nicht den Mut oder die Kraft eine Jahre währende Untersuchung anzufangen, was das einzige Ding ist, dessen ich mich erfreue«, schreibt er an Hooker, mit dem er immer noch in engem Kontakt steht. Im Oktober 1881 erleidet Darwin einen Zusammenbruch. Im Februar 1882 hat er Schmerzen in der Brust, im März wieder einen Schwächeanfall. Die Ärzte können kaum etwas für ihn tun. Seinen eigenen Zustand beobachtet Darwin mit der gleichen Genauigkeit wie seine Pflanzen. Mitte April setzen starke Schmerzen ein, er pendelt mehrere Tage zwischen Bewusstlosigkeit und Erbrechen. Charles Darwin stirbt am 19. April 1882 um vier Uhr nachmittags.

Die Familie möchte Darwin in Down begraben, wo er jahrzehntelang gelebt hat und der Gemeinde durch zahlreiche wohltätige Aktivitäten verbunden ist. Auch Darwin selbst hat es so gewollt. Doch Kollegen, Freunde und Politiker setzen sich für ein Begräbnis in der Abtei von Westminster ein, der Ruhestätte der englischen Elite. Am 21. April 1882 schreiben zwanzig Mitglieder des Parlaments an den Dekan von Westminster, »dass es einer sehr großen Zahl unserer Landsleute aller Klassen und Meinungen sehr wohltuend sein würde, wenn unser berühmter Landsmann, Mr. Darwin, in Westminster Abbey begraben werden würde«.

Fünf Tage später wird Darwin in der vollbesetzten Kirche begraben. Unter seinen Sargträgern sind Hooker und Huxley. Das Staatsbegräbnis wird in den Zeitungen als Symbol aufgefasst: Die anglikanische Kirche, einst Darwins größter

Gegner, erkennt die Bedeutung der modernen Naturwissenschaften an. Wallace wird, auch das durchaus symbolträchtig, zunächst vergessen und erst kurz vor knapp zu den Sargträgern dazugebeten.

»Liebe zur Wissenschaft, uneingeschränkte Geduld, lange Zeit über irgendeinen Gegenstand nachzudenken, Fleiß beim Beobachten und Sammeln von Tatsachen und ein ordentliches Maß an Erfindungsgabe wie auch von gesundem Menschenverstand« – so hat Darwin sich als Wissenschaftler charakterisiert. Er selbst hielt sich nicht für außerordentlich begabt. Doch besonders seine Beobachtungsgabe ist nicht hoch genug einzuschätzen. Darwin ist jemand, der ganz genau hinschaut und auch auf die Kleinigkeiten achtet, egal was bereits in den Büchern steht. »Mein Geist scheint eine Art Maschine geworden zu sein, allgemeine Gesetze aus großen Sammlungen von Tatsachen herauszumahlen«, schreibt Darwin.

Eine Theoriemaschine – das trifft es recht gut. Zusammen mit seiner überbordenden Lust am Experiment macht das Darwins spezifische Modernität aus. Hält man sich die enorme Zeit vor Augen, die Darwin durch seine Krankheit verloren hat, ist sein umfangreiches Werk umso erstaunlicher. Neben den knapp zwanzig Büchern und zahlreichen Aufsätzen schreibt er im Laufe seines Lebens über 8.000 Briefe. Sie sind neben der Bibliothek die Hauptquelle seiner Arbeit und ersetzen all die Sitzungen, Kongresse und persönlichen Gespräche, an denen Darwin wegen seiner Krankheit nicht teilnimmt. Der Mann, der die Sicht auf die Welt komplett umkrempelt, kommuniziert mit ihr am liebsten aus der Distanz.

Darwins Einfluss kann gar nicht groß genug geschätzt werden. Er reicht bis in die moderne Philosophie: Dass er dem Menschen einen göttlichen Ursprung verweigert und ihm stattdessen eine viele Millionen Jahre währende genealogische Abstammung verpasst, rückt Darwin in eine Reihe mit Denkern wie Friedrich Nietzsche und Michel Foucault. Er selbst hat, und das ist keine falsche Bescheidenheit, diesen Einfluss nicht vorhergesehen. »Ich habe sagen hören, dass der Erfolg eines Buches im Auslande der beste Beweis für seinen dauernden Wert ist«, schreibt Darwin in seiner Autobiografie, »nach diesem Maßstabe beurteilt, sollte mein Name einige wenige Jahre nicht vergessen werden«.

THAT TROUBLES OUR MONKEY AGAIN.

Female descendant of Marine Ascidian:—"REALLY, MR. DARWIN, SAY WHAT YOU LIKE ABOUT MAN; BUT I WISH YOU WOULD LEAVE MY EMOTIONS ALONE!"

Selbst wenn zugegeben wird, dass die Verschiedenheit zwischen dem Menschen und seinen nächsten Verwandten in Bezug auf seine körperliche Bildung so groß ist, wie es einige Naturforscher behaupten, und obgleich wir zugeben müssen, dass die Verschiedenheit zwischen ihnen in Bezug auf die geistigen Kräfte ungeheuer ist, so zeigen doch, wie mir scheint, die in den vorangehenden Kapiteln mitgeteilten Tatsachen in der deutlichsten Weise, dass der Mensch von irgendeiner niedrigeren Form abstammt, trotzdem dass verbindende Zwischenglieder bis jetzt noch nicht entdeckt worden sind.

Der Mensch bietet zahlreiche unbedeutende und mannigfaltige Abänderungen dar, welche durch dieselben allgemeinen Ursachen herbeigeführt und nach denselben allgemeinen Gesetzen bestimmt und überliefert werden wie bei den niederen Tieren. Der Mensch hat sich in einem so rapiden Verhältnis vervielfältigt, dass er notwendig einem Kampf ums Dasein und infolge hiervon der natürlichen Zuchtwahl ausgesetzt worden ist. Er hat viele Rassen entstehen lassen, von denen einige so verschieden voneinander sind, dass sie oft von Naturforschern als distinkte Arten klassifiziert worden sind. Sein Körper ist nach demselben homologen Plan gebaut, wie der anderer Säugetiere. Er durchläuft dieselben Zustände embryonaler Entwicklung. Er behält viele rudimentäre und nutzlose Bildungen bei, welche ohne Zweifel einstmals eine Funktion verrichteten. Gelegentlich erscheinen Merkmale wieder bei ihm, welche, wie wir allen Grund zu glauben haben, im Besitz seiner früheren Urerzeuger waren. Wäre der Ursprung des Menschen von dem aller übrigen Tiere völlig verschieden gewesen, so wären diese verschiedenen Erscheinungen bloße nichtssagende Täuschungen; eine solche Annahme ist indessen unglaublich. Auf der anderen Seite aber sind sie wenigstens in einer großen Ausdehnung verständlich unter der Annahme, dass der Mensch mit anderen Säugetieren von irgendeiner unbekannten und niederen Form abstammt.

Infolge des tiefen Eindrucks, welchen die geistigen und seelischen Kräfte des Menschen gemacht haben, haben einige Naturforscher die ganze organische Welt in drei Reiche eingeteilt, das Menschenreich, das Tierreich und das Pflanzenreich, womit sie also dem Menschen ein besonderes Reich einräumen.[1] Geistige Kräfte können von dem Naturforscher nicht verglichen oder klassifiziert werden; er kann aber zu zeigen versuchen, wie ich es getan habe, dass die geistigen Fähigkeiten des

Menschen und der niederen Tiere nicht der Art nach, wenn schon ungeheuer dem Grade nach voneinander abweichen. Eine Verschiedenheit des Grades, so groß sie auch sein mag, berechtigt uns nicht dazu, den Menschen in ein besonderes Reich zu stellen, wie vielleicht am besten durch eine Vergleichung der geistigen Kräfte zweier Insekten gezeigt werden wird, nämlich eines *Coccus* oder Schildlaus oder einer Ameise, welche unzweifelhaft zu einer und derselben Klasse gehören. Die Verschiedenheit ist hier größer, wenn auch von einer etwas verschiedenen Art, als zwischen dem Menschen und dem höchsten Säugetier.

Der weibliche Coccus hängt sich, während er jung ist, mit seinem Rüssel an einer Pfanze fest, saugt deren Saft, aber bewegt sich nicht wieder, wird befruchtet und legt Eier: und dies ist seine ganze Geschichte. Andererseits aber die Gewohnheiten und geistigen Kräfte einer Arbeiterameise zu beschreiben, würde, wie Pierre Huber gezeigt hat, einen ganzen Band füllen. Ich möchte indessen kurz einige wenige Punkte anführen. Ameisen tauschen sicher untereinander Mitteilungen aus und mehrere vereinigen sich zu derselben Arbeit oder zum Spielen. Sie erkennen die Mitglieder ihres Haufens selbst nach monatelanger Abwesenheit wieder und fühlen Sympathie miteinander. Sie errichten große Gebäude, halten sie reinlich, schließen am Abend die Türen und stellen Wachen aus. Sie bauen Straßen und selbst Tunnel unter Flüssen und temporäre Brücken über dieselben dadurch, dass sie sich aneinander hängen. Sie sammeln Nahrung für die ganze Genossenschaft, und wenn ein für das Einbringen zu großer Gegenstand an das Nest gebracht wird, so erweitern sie die Türen und bauen sie nachher wieder auf. Sie legen Vorräte von Samenkörnern an, deren Keimung sie verhindern, und welche sie, wenn sie feucht wurden, zum Trocknen an die Luft bringen. Sie halten sich Blattläuse und andere Insekten als Milchkühe. Sie ziehen in regelmäßigen Reihen zum Kampfe aus und opfern ohne Besinnen ihr Leben für das allgemeine Wohl. Sie wandern nach einem vorher gefassten Plane aus. Sie fangen sich Sklaven. Sie bewegen die Eier ihrer Aphiden ebenso wie ihre eigenen Eier und Kokons nach den wärmeren Teilen des Nests, damit sie schneller zum Auskriechen gelangen; und es ließen sich noch endlose andere Tatsachen anführen.[2] Im Ganzen ist der Unterschied in den geistigen Kräften zwischen einer Ameise und einem Coccus ganz ungeheuer, und doch hat sich niemand auch nur im Traum einfallen lassen, beide in verschiedene Klassen und noch viel weniger in verschiedene Reiche zu stellen. Ohne Zweifel wird dieser Abstand von den zwischenliegenden Graden geistiger Kräfte vieler anderer Insekten überbrückt, und dies ist beim Menschen und den höheren Affen nicht der Fall. Wir haben aber allen Grund zu glauben, dass die Unterbrechung der Reihe einfach das Resultat des Umstandes sind, dass viele Formen ausgestorben sind.

Professor Owen hat die Säugetiere mit besonderer Berücksichtigung der Bildung ihres Gehirns in vier Unterklassen eingeteilt. Eine derselben umfasst den Menschen, in eine andere stellt er die beiden Abteilungen der Marsupialien und Monotremen, sodass er den Menschen allen übrigen Säugetieren gegenüber als so verschieden hinstellt, wie die beiden letzten Gruppen zusammengenommen. Soviel mir bekannt ist, ist diese Ansicht von keinem Naturforscher angenommen worden, welcher der Bildung eines unabhängigen Urteils fähig ist, und braucht daher hier nicht weiter betrachtet zu werden.

Wir können wohl einsehen, warum eine Klassifikation, welche auf irgendein einzelnes Organ oder Merkmal – selbst auf ein Organ von einer so wunderbaren Kompliziertheit oder von solcher Bedeutung wie das Gehirn – oder auf hohe Entwicklung der geistigen Fähigkeiten sich gründet, sich fast mit Gewissheit als unbefriedigend herausstellen wird. Der Versuch, nach diesem Prinzip einzuteilen, ist in der Tat bei den Hymenopteren unter den Insekten angestellt worden. Wurden aber diese nach ihrer Lebensweise oder ihren Instinkten klassifiziert, so erwies sich die Anordnung als durchaus künstlich.[3] Die Klassifikationen können natürlich auf irgendwelches Merkmal basiert werden, so auf die Größe, die Farbe oder das Element, welches die Tiere bewohnen. Es haben aber die Naturforscher schon seit langer Zeit die tiefe Überzeugung gehabt, dass es ein natürliches System gebe. Wie jetzt allgemein zugegeben wird, muss dieses System soweit wie nur möglich genealogisch in seiner Anordnung sein, – d. h. die verschiedenen Nachkommen einer und derselben Form müssen in einer Gruppe zusammengehalten werden und zwar getrennt von den verschiedenen Nachkommen einer anderen Form. Sind aber die Stammformen miteinander verwandt, so werden es auch deren Nachkommen sein, und die beiden Gruppen zusammen werden dann eine größere Gruppe bilden. Die Größe der Verschiedenheit zwischen den verschiedenen Gruppen, – welche den Betrag der Modifikationen, denen eine jede derselben unterlegen ist, bezeichnet – wird durch derartige Ausdrücke wie Gattungen, Familien, Ordnungen und Klassen angegeben. Da wir keine Urkunden über die Deszendenzreihen besitzen, so können die Stammbäume nur durch Beobachtung der Ähnlichkeitsgrade zwischen den einzelnen zu klassifizierenden Wesen entdeckt werden. Zu diesem Zwecke sind zahlreiche einzelne Punkte der Übereinstimmungen von viel größerer Bedeutung als der Betrag von Ähnlichkeit oder Unähnlichkeit in einigen wenigen Punkten. Wenn nachgewiesen würde, dass zwei Sprachen einander in einer Menge von Worten und Konstruktionsweisen glichen, so würden sie ganz allgemein als aus einer gemeinsamen Quelle stammend anerkannt werden, trotzdem sie in einigen wenigen Punkten oder Konstruktionsweisen bedeutend voneinander abweichen. Aber bei organischen Wesen dürften die Punkte der Übereinstimmung nicht aus Anpassungen an ähnliche Lebensgewohnheiten bestehen. Es können z.B. zwei Tiere ihren ganzen Körperbau zum Leben im Wasser modifiziert haben und werden doch trotzdem in keine irgend nähere Verbindung miteinander im natürlichen System gebracht werden. Wir können hieraus erkennen, woher es kommt, dass Übereinstimmungen in unbedeutenden Bildungen, in nutzlosen und in rudimentären Organen und in Teilen, welche jetzt nicht funktionell tätig sind oder sich in einem embryonalen Zustande befinden, für die Klassifikation bei Weitem die zweckdienlichsten sind; denn sie können kaum Folgen der Anpassungen sein, die in einer späteren Zeit etwa eingetreten wären. Sie offenbaren uns daher die alten Deszendenzlinien oder die eigentliche Verwandtschaft.

Wir können ferner einsehen, warum ein großer Betrag von Modifikationen an einem und demselben Merkmale uns nicht veranlassen darf, zwei Organismen deshalb weit voneinander zu trennen. Ein Teil, welcher bereits von demselben Teil bei anderen verwandten Formen sehr verschieden ist, hat nach der Entwicklungstheorie bereits bedeutend variiert; und solange der Organismus denselben anregenden Bedingungen ausgesetzt ist, würde folglich jener Teil auch noch weiteren Abweichungen derselben Art unterliegen, und diese würden, wenn sie wohltätig sind, erhalten und dadurch beständig vergrößert werden. In vielen Fällen, wie z.B. bei dem Schnabel eines Vogels oder bei dem Zahn eines Säugetieres, würde die beständige Weiterentwicklung dieses einen Teiles für die Spezies von keinem Vorteil zur Erlangung ihrer Nahrung oder zu irgendeinem anderen Zweck sein; beim Menschen indessen können wir keine bestimmte Grenze für die fortgesetzte Entwicklung des Gehirns und der geistigen Fähigkeiten sehen, soweit ein Vorteil für die Art dabei in Rede kommt. Bei der Bestimmung der Stellung des Menschen in dem natürlichen oder genealogischen System darf daher die extreme Entwicklung des Gerhirns nicht schwerer wiegen als eine Menge von Übereinstimmungen in anderen weniger bedeutungsvollen oder völlig bedeutungslosen Punkten.

Die größere Zahl der Naturforscher, welche die ganze Struktur des Menschen mit Einschluss seiner geistigen Fähigkeiten in Betracht gezogen haben, ist Blumenbach und Cuvier gefolgt und hat den Menschen in eine besondere Ordnung unter dem Titel der Zweihänder gebracht und daher auf gleiche Klassifikationsstufe mit den Ordnungen der Vierhänder, Fleischfresser usw. Neuerdings sind viele unserer besten Naturforscher zu der zuerst von Linné, der so merkwürdig wegen seines Scharfsinns war, ausgesprochenen Ansicht zurückgekehrt und haben den Menschen in eine und dieselbe Ordnung mit den Quadrumanen unter dem Titel der Primaten gebracht. Die Richtigkeit dieser Folgerung wird zugegeben werden, wenn man an erster Stelle die soeben gemachten Bemerkungen über die vergleichsweise geringe Bedeutung der großen Entwicklung des Gehirns beim Menschen für seine Klassifikation im Auge behält und wenn man sich ferner daran erinnert, dass die scharf ausgesprochenen Verschiedenheiten zwischen den Schädeln des Menschen und der Quadrumanen, welche neuerdings von Bischoff, Aeby und anderen hervorgehoben worden sind, offenbar Folge ihrer verschieden entwickelten Gehirne sind. An zweiter Stelle müssen wir uns aber erinnern, dass fast alle die anderen und bedeutungsvolleren Verschiedenheiten zwischen dem Menschen und den Quadrumanen offenbar ihrer Natur nach adaptiv sind und sich hauptsächlich auf die aufrechte Stellung des Menschen beziehen. Dahin gehört die Bildung seiner Hände, seines Fußes und Beckens, die Krümmung seines Rückgrats und die Stellung seines Kopfes. Die Familie der Robben bietet gute Erläuterung für die geringe Bedeutung adaptiver Charaktere in Bezug auf die Klassifikation dar. Diese Tiere weichen von allen anderen Fleischfressern in der Form ihres Körpers und in der Bildung ihrer Gliedmaßen vielmehr ab, als der Mensch von den hohen Affen abweicht; und doch werden in den meisten Systemen, von dem Cuviers bis zu dem neuesten von Mr. Flower[4], die Robben als eine bloße Familie in der Ordnung der Karnivoren angesehen. Wäre der Mensch nicht in der Lage gewesen, sich selbst zu klassifizieren, so würde er niemals auf den Gedanken gekommen sein, eine besondere Ordnung der Aufnahme seiner selbst zu errichten.

Es würde über die mir gesteckten Grenzen und auch völlig über meine Kenntnis gehen, die zahllosen Bildungsverhältnisse auch nur namentlich anzuführen, in welchen der Mensch mit den anderen Primaten übereinstimmt. Unser großer Anatom und Philosoph, Professor Huxley, hat diesen Gegenstand ausführlich erörtert[5] und ist zu dem Schluss gekommen, dass der Mensch in allen Teilen seiner Organisation weniger von den höheren Affen abweicht, als diese von den niedrigeren Gliedern derselben Gruppe verschieden sind. Folglich »ist es nicht gerechtfertigt, den Menschen in eine besondere Ordnung zu stellen«.

In einem früheren Teil diese Bandes habe ich verschiedene Tatsachen angeführt, welche zeigten, wie eng der Mensch in seiner Konstitution mit den höheren Säugetieren übereinstimmt, und diese Übereinstimmung muss von der größten Ähnlichkeit unseres Körpers mit dem jener Tiere in der mikroskopischen Struktur und chemischen Zusammensetzung abhängen. Ich führte das Beispiel an, dass wir denselben Krankheiten und den Angriffen verwandter Parasiten ausgesetzt sind; ferner unsere gemeinsame Neigung zu denselben Reizmitteln und die ähnlichen durch diese ebenso wie durch verschiedene Arzneimittel hervorgerufene Wirkungen und andere derartige Tatsachen.

Da geringe und nicht weiter bedeutungsvolle Punkte der Übereinstimmung zwischen dem Menschen und den höheren Affen in den systematischen Werken gewöhnlich nicht erwähnt werden und da dieselben, wenn sie zahlreich sind, deutlich unsere Verwandtschaft aufdecken, will ich einige wenige dieser Punkte speziell anführen. Die relative Stellung der Gesichtszüge ist offenbar beim Menschen und den Quadrumanen dieselbe; und die verschiedenen Gemütserregungen werden von nahezu ähnlichen Bewegungen der Muskeln und der Haut hauptsächlich oberhalb der Augenbrauen und um den Mund herum ausgedrückt. Einige wenige Gesichtsausdrücke sind in der Tat fast ganz dieselben, wie das Weinen bei gewissen Affenarten und das lärmende Lachen anderer, wobei die Mundwinkel rückwärts gezogen und die unteren Augenlider gerunzelt werden. Die äußeren Ohren sind merkwürdig gleich. Beim Menschen ist die Nase in viel höherem Maße hervorstehend als bei den meisten Affen; wir können aber den Anfang zur Krümmung einer Adlernase an der Nase des Hoolock-Gibbons sehen; und dies ist bei dem *Semnopithecus nasica* bis zu einem lächerlichen Extrem geführt.

Das Gesicht vieler Affen ist mit Bärten, Backenbärten und Schnurrbärten geziert. Bei manchen Arten von *Semnopithecus*[6] wächst das Haar auf dem Kopfe zu einer bedeutenden Länge und bei den Mützenaffen (*Macacus radiatus*) strahlt es von einem Punkt auf den Scheitel aus, mit einer auf der Mitte herablaufenden Scheitelung wie beim Menschen. Es wird gewöhnlich gesagt, dass die Stirn dem Menschen sein edles und intellektuelles Ansehen gibt; aber das dichte Haar auf dem Kopf des Mützenaffen endet nach unten ganz plötzlich und es folgt ihm hier so kurzes und feines Haar, dass von einer ganz geringen Entfernung aus die Stirn mit Ausnahmen der Augenbrauen vollständig nackt erscheint. Man hat irrtümlicherweise behauptet, dass Augenbrauen bei keinem Affen vorhanden wären. In der eben genannten Spezies ist der Grad von Nacktheit an der Stirn bei verschiedenen Individuen verschieden, und Eschricht[7] gibt an, dass die Grenze zwischen der behaarten Kopfhaut und der nackten Stirn bei unseren Kindern zuweilen nicht scharf bestimmt ist, so dass wir hier, wie es scheint, einen beiläufigen Fall von Rückschlag auf einen Urerzeuger vor uns haben, bei welchem die Stirn noch nicht völlig nackt geworden war.

Es ist eine bekannte Tatsache, dass die Haare an unseren Armen von oben und unten her am Ellenbogen in eine Spitze zusammenzukommen streben. Diese merkwürdige Anordnung, welche der bei den meisten niederen Säugetieren so ungleich ist, findet sich in gleicher Weise beim Gorilla, dem Schimpanse, dem Orang-Utan, einigen Arten von *Hylobates* und selbst einigen wenigen amerikanischen Arten. Aber bei den *Hylobates agilis* ist das Haar am Unterarm abwärts gerichtet, oder nach der gewöhnlichen Weise nach der Hand zu, und bei *H. Lar* ist es fast aufrecht mit einer nur sehr geringen Neigung nach vorn, sodass in dieser letzteren Art das Haar sich in einem Übergangszustand befindet. Es kann kaum bezweifelt werden, dass bei den meisten Säugetieren die Dichte des Haars und seine Richtung auf dem Rücken dem Zweck angepasst ist, den Regen abzuhalten; selbst die quer stehenden Haare auf den Vorderbeinen eines Hundes können zu diesem Zwecke dienen, wenn er beim Schlafen sich zusammengerollt hat. Mr. Wallace macht die Bemerkung, dass das Konvergieren der Haare nach dem Ellenbogen zu an den Armen des Orang-Utans (dessen Lebensweise er sorgfältig studiert hat) dazu dient, den Regen abzuhalten, wenn das Tier bei Regenwetter, wie es sein Gebrauch ist, mit gebogenen Armen und mit um einen Zweig oder selbst auf seinem eigenen Kopf zusammengefalteten Händen dasitzt. Der Angabe Livingstones zufolge sitzt auch der Gorilla »im strömenden Regen mit den Händen über seinem Kopfe« da.[8] Ist die eben gegebene Erklärung, wie es wahrscheinlich der Fall zu sein scheint, korrekt, so bietet das Haar an unseren Vorderarmen ein merkwürdiges Zeugnis für unseren früheren Zustand dar: denn niemand kann die Vermutung hegen, dass es jetzt von irgendeinem Nutzen ist zur Abhaltung des Regens; es wäre auch bei unserer jetzigen aufrechten Stellung für diesen Zweck entschieden nicht passend gerichtet.

Es würde indessen voreilig sein, dem Prinzip der Anpassung in Bezug auf die Richtung der Haare beim Menschen oder seinen früheren Urerzeugern zu sehr zu vertrauen; denn es ist unmöglich, die von Eschricht über die Anordnung der Haare am menschlichen Fötus (und diese ist dieselbe wie beim Erwachsenen) gegebenen Figuren zu betrachten, ohne mit diesem ausgezeichneten Beobachter darin übereinzustimmen, dass noch andere und noch kompliziertere Ursachen dazwischen getreten sind. Die Konvergenzpunkte scheinen in einer gewissen Beziehung zu denjenigen Punkten beim Embryo zu stehen, welche sich während seiner Entwicklung zuletzt geschlossen haben. Es scheint auch irgendwelche Beziehungen zwischen der Anordnung der Haare an den Gliedmaßen und dem Verlauf der Markarterien zu bestehen.[9]

Man darf nun aber auch nicht etwa annehmen, dass die Ähnlichkeit, in den eben genannten und vielen anderen Punkten, zwischen dem Menschen und gewissen Affen – wie der Besitz einer nackten Stirn, eines wallenden Haarwuchses auf dem Kopf usw. – sämtlich notwendig das Resultat einer ununterbrochenen Vererbung von einem mit diesen Merkmalen versehenen Urerzeuger oder eines später eingetretenen Rückschlags sind. Viele von diesen Übereinstimmungen sind wahrscheinlich eine Folge analoger Abänderungen, welche, wie ich an einem anderen Orte zu zeigen versucht habe[10], daher rühren, dass von gemeinsamen Stammformen ausgehende Organismen eine ähnliche Konstitution haben und von ähnlichen, Variabilität hervorrufenden Ursachen beeinflusst worden sind. In Bezug auf die ähnliche Richtung der Haare am Vorderarm des Menschen und gewisser Affen lässt sich, da dieses Merkmal fast allen anthropomorphen Affen gemeinsam zukommt, wohl annehmen, dass es wahrscheinlich auf eine Vererbung zu beziehen ist; indessen ist dies doch nicht sicher, da auch einige sehr weit abstehende amerikanische Affen in gleicher Weise charakterisiert sind.

Obgleich nun, wie wir jetzt gesehen haben, der Mensch kein begründetes Recht hat, eine besondere Ordnung für sich zu bilden, so könnte er doch vielleicht eine besondere Unterordnung oder Familie beanspruchen. Professor Huxley teilt in seinem neuesten Werk [11] die Primaten in drei Unterordnungen: die Anthropiden mit allein dem Menschen, die Simiaden, welche die Affen aller Arten umfassen, und die Lemuriden mit den mannigfaltigen Gattungen der Lemuren. Soweit Verschiedenheiten in gewissen Teilen des Baues in Betracht kommen, kann der Mensch ohne Zweifel mit Recht den Rang einer Unterordnung beanspruchen, und diese Stellung ist zu niedrig, wenn wir hauptsächlich auf seine geistigen Fähigkeiten blicken. Nichtsdestoweniger scheint es von einem genealogischen Gesichtspunkt aus, als sei dieser Rang zu hoch und als dürfe der Mensch nur eine Familie oder möglicherweise selbst nur eine Unterfamilie bilden. Stellen wir uns vor, es gingen drei Deszendenzlinien von einer gemeinsamen Stammform aus, so ist es völlig begreiflich, dass zwei von ihnen nach dem Verlauf langer Zeiten so unbedeutend verändert sein könnten, dass sie noch immer Spezies einer und derselben Gattung blieben, während die dritte Deszendenzlinie so bedeutend modifiziert sein könnte, dass sie den Rang einer bestimmten Unterfamilie oder selbst Ordnung verdiente. Aber in diesem Falle ist es fast sicher, dass die dritte Linie noch immer infolge der Vererbung zahlreiche kleine Punkte der Übereinstimmung mit den anderen Linien darbieten würde. Hier würde nun die für jetzt unlösliche Schwierigkeit eintreten, wie viel Gewicht wir in unseren Klassifikationen auf scharf ausgesprochene Verschiedenheiten in einigen wenigen Punkten, d. h. auf die Größe der eingetretenen Modifikationen legen sollen und wie viel auf eine nahe Übereinstimmung in zahlreichen bedeutungslosen Punkten als Andeutung der Deszendenzreihe oder der Genealogie. Den wenigen, aber starken Verschiedenheiten großes Gewicht beizulegen, ist der nächstliegende und vielleicht auch der sicherste Weg, obgleich es korrekter zu sein scheint, den vielen kleinen Übereinstimmungen große Aufmerksamkeit zu widmen, da sie eine wirkliche natürliche Klassifikation geben.

Um uns in Bezug auf den Menschen ein Urteil über diesen Punkt zu bilden, müssen wir einen Blick auf die Klassifikation der Simiaden werfen. Diese Familie wird fast von allen Zoologen in die Gruppe der Catarhinen oder Affen der alten Welt und in die Gruppe der Platyrhinen oder Affen der neuen Welt geteilt. Die Erstere ist in ihren sämtlichen Gliedern, wie schon ihr Name ausdrückt, durch die eigentümliche Struktur ihrer Nasenlöcher und durch den Besitz von vier falschen Backenzähnen in jeder

Kinnlade charakterisiert; die Letztere, welche zwei sehr verschiedene Untergruppen enthält, umfasst Formen, welche sämtlich durch verschieden gebaute Nasenlöcher und durch den Besitz von sechs falschen Backenzähnen in jeder Kinnlade charakterisiert sind. Es lassen sich noch einige andere Verschiedenheiten anführen. Der Mensch gehört nun ohne Frage zu der Abteilung der Catarhinen oder der altweltlichen Formen, und den Platyrhinen gleicht er nicht mehr als die Catarhinen in irgendwelchen Merkmalen, mit Ausnahme einiger weniger von nicht besonderer Bedeutung und offenbar von einer adaptiven Natur. Es würde daher gegen alle Wahrscheinlichkeit sein, wollte man annehmen, dass irgendeine alte Spezies der neuweltlichen Gruppe variiert und dadurch ein menschenähnliches Wesen mit allen den distinktiven Merkmalen, welche der altweltlichen Abteilung eigen sind, hervorgebracht habe, wobei sie gleichzeitig auch ihre sämtlichen eigenen Unterscheidungsmerkmale verloren haben müsste. Es lässt sich folglich kaum irgend bezweifeln, dass der Mensch ein Zweig des altweltlichen Simiadenstammes ist, und dass er von einem genealogischen Gesichtspunkte aus in die Abteilung der Catarhinen einzuordnen ist.[12]

Die anthropomorphen Affen, nämlich der Gorilla, Schimpanse, Orang-Utan und Hylobates, werden von den meisten Zoologen als eine besondere Untergruppe von den übrigen Affen der alten Welt getrennt. Es ist mir wohlbekannt, dass Gratiolet unter Bezugnahme auf die Bildung des Gehirns das Vorhandensein dieser Untergruppe nicht zugibt, und sie ist auch ohne Zweifel eine unterbrochene. So ist der Orang-Utan, wie Mr. St. George Mivart[13] bemerkt, »eine der eigentümlichsten und aberrantesten Formen, die sich in der ganzen Ordnung finden lässt«. Die übrigen, nicht anthropomorphen Affen der alten Welt werden ferner von einigen Zoologen in zwei oder drei kleinere Untergruppen geteilt. Die Gattung *Semnopithecus* mit ihrem eigentümlich zusammengesetzten Magen bildet den Typus der einen dieser Untergruppen. Es scheint aber auch aus den wunderbaren Entdeckungen Mr. Gaudrys in Griechenland hervorzugehen, dass dort während der Miozänperiode eine Form existierte, welche *Semnopithecus* und *Macacus* verband, und dies erläutert wahrscheinlich die Art und Weise, in welcher die anderen und höheren Gruppen einst miteinander zusammenhingen.

Wird zugegeben, dass die anthropomorphen Affen eine natürliche Untergruppe bilden, so kann man auch schließen, dass irgendein altes Glied dieser anthropomorphen Untergruppe dem Menschen Entstehung gegeben habe. Denn der Mensch stimmt mit ihnen nicht bloß in allen denjenigen Merkmalen überein, welche er mit der ganzen Gruppe der Catarhinen in Gemeinschaft besitzt, sondern auch in anderen eigentümlichen Charakteren, so in der Abwesenheit eines Schwanzes und der Gesäßschwielen und in der ganzen äußeren Erscheinung. Es ist nicht wahrscheinlich, dass ein Glied einer der anderen niederen Untergruppen durch das Gesetz analoger Abänderungen ein menschenähnliches Geschöpf, welches den höheren anthropomorphen Affen in so vielen Beziehungen gleicht, hätte entstehen lassen können. Ohne Zweifel ist der Mensch im Vergleich mit den meisten seiner Verwandten einem außerordentlichen Betrage von Modifikation unterlegen, und zwar hauptsächlich infolge seines bedeutend entwickelten Gehirns und seiner aufrechten Stellung. Nichtsdestoweniger dürfen wir nicht vergessen, dass er nur »eine der verschiedenen exzeptionellen Formen der Primaten ist«.[14]

Jeder Naturforscher, welcher an das Prinzip der Entwicklung glaubt, wird zugeben, dass die beiden Hauptabteilungen der Simiaden, nämlich die catarhinen und platyrhinen Affen mit ihren Untergruppen, sämtlich von einem äußerst weit zurückliegenden alten Urerzeuger ausgegangen sind. Die frühen Nachkommen dieses Urerzeugers werden, ehe sie in irgendeinem beträchtlichen Grade voneinander abgewichen waren, noch immer eine einzige natürliche Gruppe gebildet haben; aber einige dieser Arten oder dieser beginnenden Gattungen werden bereits angefangen haben, durch ihre divergierenden Merkmale die künftigen Unterscheidungszeichen der beiden Abteilungen der Catarhinen und Platyrhinen anzudeuten. Es werden daher die Glieder dieser angenommenen alten Gruppe weder in ihrer Bezahnung noch in der Natur ihrer Nasenlöcher so gleichförmig gewesen sein, wie es auf der einen Seite die jetzt lebenden Catarhinen, auf der anderen die jetzt lebenden platyrhinen Affen sind, sondern sie werden in dieser Beziehung den verwandten Lemuriden geglichen haben, welche in der Form ihrer Schnauze[15] bedeutend und in Bezug auf ihre Bezahnung in einem ganz außerordentlichen Grade voneinander abweichen.

Die catarhinen und platyrhinen Affen stimmen in einer Menge von Merkmalen miteinander überein, wie sich schon aus dem Umstand ergibt, dass sie ohne Frage in eine und dieselbe Ordnung gestellt werden. Die vielerlei Charaktere, welche sie in Gemeinschaft besitzen, können kaum in so vielen verschiedenen Spezies unabhängig erlangt worden sein, es müssen also diese Merkmale vererbt sein. Aber eine alte Form, welche Charaktere besaß, von denen viele den catarhinen und platyrhinen Affen gemeinsam eigen sind, von denen andere in einem intermediären Zustand und einige wenige in einer von den gegenwärtig in beiden Gruppen vorhandenen vielleicht ganz verschiedenen Weise vorhanden waren, würde unzweifelhaft, wenn sie ein Zoologe bestimmt hätte, als ein Affe bezeichnet werden. Und da der Mensch von dem genealogischen Standpunkt aus zu dem Stamm der catarhinen und der altweltlichen Formen gehört, so müssen wir schließen, wie sehr sich auch unser Stolz gegen diesen Schluss empören mag, dass unsere früheren Urerzeuger wahrscheinlich in dieser Weise bezeichnet worden wären.[16] Wir dürfen aber nicht in den Irrtum verfallen, etwa anzunehmen, dass der frühere Urerzeuger des ganzen Stammes der Simiaden, mit Einschluss des Menschen, mit irgendeinem jetzt existierenden Affen identisch oder ihm auch nur sehr ähnlich gewesen sei.

Über die Geburtsstätte und das Alter des Menschen. – Wir werden natürlich darauf geführt zu untersuchen, wo die Geburtsstätte des Menschen gewesen ist, d. h. auf derjenigen Stufe seiner Deszendenzreihe, wo unser Urerzeuger von dem Stamm der Catarhinen sich abzweigten. Die Tatsache, dass sie zu diesem Stamm gehörten, zeigt ganz entschieden, dass sie die alte Welt bewohnten, aber weder Australien noch irgendeine ozeanische Insel, wie wir aus den Gesetzen der geografischen Verbreitung schließen können. In jeder großen Region der Erde sind die dort lebenden Säugetiere nahe mit den ausgestorbenen Arten derselben Region verwandt. Es ist daher wahrscheinlich, dass Afrika früher von den jetzt ausgestorbenen Affen bewohnt wurde, welche dem Gorilla und dem Schimpansen nahe verwandt waren; und da diese beiden Spezies jetzt die nächsten Verwandten des Menschen sind, so ist es noch etwas wahrscheinlicher, dass unsere frühen Urerzeuger auf dem afrikanischen Festland lebten. Es ist aber ganz unnütz, über diesen Gegenstand Spekulationen anzustellen; denn zwei oder drei anthropomorphe Affen, einer fast so groß wie der Mensch, nämlich der *Dryopithecus*[17] von Lartet, welcher mit dem *Hylobates* nahe verwandt war, existierte in Europa während der Miozänperiode, und seit dieser so entfernt liegenden Periode hat die Erde sicher viele große Revolutionen erfahren und es ist auch hinreichende Zeit für Wanderungen im großen Maßstab vergangen.

Zu der Zeit und an dem Ort, wann und wo dies auch gewesen sein mag, als der Mensch zuerst sein Haarkleid verlor, bewohnte er wahrscheinlich ein warmes Land, und dies würde einer Ernährung von Früchten, von denen er nach Analogie zu urteilen lebte, günstig gewesen sein. Wir sind weit davon entfernt, wirklich zu wissen, wann der Mensch zuerst von dem Stamm der Catarhinen abzweigte; indessen kann dies schon in einer so entfernten Periode eingetreten sein, wie der eozänen; denn die höheren Affen waren von den niedrigeren Formen der Ordnung bereits zu einer so frühen Zeit wie der oberen miozänen abgezweigt, wie durch die Existenz des *Dryopithecus* eben bewiesen wird. Wir sind auch vollständig unwissend darüber, in einem wie schnellen Verhältnis Organismen überhaupt, mögen sie nun hoch oder niedrig in der Stufenleiter stehen, unter günstigen Umständen modifiziert werden können; indessen wissen wir, dass einige Organismen eine und dieselbe Form während eines enormen Zeitraums beibehalten haben. Aus dem, was wir im Zustande der Domestikation vor sich gehen sehen, erfahren wir, dass innerhalb einer und derselben Periode einige der gleichzeitigen Nachkommen einer und derselben Art gar nicht geändert zu haben brauchen, einige nur wenig und andere wieder bedeutend. So mag es mit dem Menschen der Fall gewesen sein, welcher im Vergleich mit den höheren Affen einen großen Betrag an Modifikationen in gewissen Merkmalen erfahren hat.

Die große Unterbrechung in der organischen Stufenreihe zwischen dem Menschen und seinen nächsten Verwandten, welche von keiner ausgestorbenen oder lebenden Spezies überbrückt werden kann, ist oft als ein schwerwiegender Einwurf gegen die Annahme vorgebracht worden, dass der Mensch von einer niederen Form abgestammt ist; für diejenigen aber, welche durch allgemeine Gründe überzeugt an das allgemeine Prinzip der Entwicklung glauben, wird dieser Einwurf nicht als ein Einwurf von sehr großem Gewicht erscheinen. Solche Unterbrechungen treten unaufhörlich an allen Punkten der Reihe auf, einige sind weit, sehr scharf ausgeprägt und bestimmt, andere in verschiedenen Graden weniger nach diesen Beziehungen hin, so z.B. zwischen dem Orang-Utan und seinen nächsten Verwandten – zwischen dem *Tarsius* und den anderen Lemuriden – zwischen dem Elefanten und einer noch auffallenderen Weise zwischen dem *Ornithorhynchus* oder der *Echidna* und allen übrigen Säugetieren. Aber alle diese Unterbrechungen beruhen lediglich auf der Zahl der verwandten Formen, welche ausgestorben sind. In irgendeiner künftigen Zeit, welche nach Jahrhunderten gemessen nicht einmal sehr entfernt ist, werden die zivilisierten Rassen der Menschheit beinahe mit Bestimmtheit auf der ganzen Erde die wilden Rassen ausgerottet und ersetzt haben. Wie Professor Schaaffhausen bemerkt hat [18], werden zu derselben Zeit ohne Zweifel auch die anthropomorphen Affen ausgerottet sein. Der Abstand zwischen dem Menschen und seinen nächsten Verwandten wird dann noch weiter sein; denn er tritt dann zwischen dem Menschen in einem noch zivilisierteren Zustand als dem kaukasischen, wie wir hoffen können, und irgendeinem so tief in der Reihe stehenden Affen wie einem Pavian auf, statt dass er sich gegenwärtig zwischen dem Neger oder Australier und dem Gorilla findet.

Was das Fehlen fossiler Reste betrifft, welche den Menschen mit seinen affenähnlichen Urerzeugern zu verbinden dienen, so wird niemand auf diese Tatsache viel Gewicht legen, welcher Sir C. Lyells Erörterung [19] gelesen hat, worin er zeigt, dass in sämtlichen Klassen der Wirbeltierreihe die Entdeckung fossiler Reste ein äußerst langsamer und vom Zufall abhängiger Vorgang gewesen ist. Auch darf man nicht vergessen, dass diejenigen Gegenden, welche am wahrscheinlichsten solche Reste darbieten, die den Menschen mit irgendeinem ausgestorbenen affenähnlichen Geschöpf verbinden, bis jetzt von Geologen noch nicht untersucht sind.

Die niederen Stufen in der Genealogie des Menschen. – Wir haben gesehen, dass der Mensch sich als von der Abteilung der Catarhinen oder altweltlichen Formen der Simiaden abgezweigt darstellt, welche Abzweigung also eintrat, nachdem diese Abteilung von der der neuweltlichen Formen verschieden geworden war. Wir wollen jetzt versuchen, den noch entfernteren Zügen seiner Genealogie zu folgen, wobei wir an erster Stelle auf die gegenseitigen Verwandtschaften zwischen den verschiedenen Klassen und Ordnungen und auch, wenn schon in untergeordneter Weise, auf die Perioden Rücksicht nehmen, in welchen dieselben, soweit bis jetzt ermittelt ist, nacheinander auf der Oberfläche der Erde erschienen sind. Die Lemuriden stehen unter und nahe bei den Simiaden, indem sie eine sehr verschiedene Familie der Primaten oder nach Haeckel und anderen selbst eine besondere Ordnung bilden. Diese Gruppe ist in einem ganz außerordentlichen Grade verschiedenartig geworden und auseinandergefallen und umfasst viele aberrante Formen. Sie hat daher wahrscheinlich viel von dem Aussterben einzelner Formen gelitten. Die meisten der Überbleibsel leben noch auf Inseln, namentlich auf Madagaskar und auf den Inseln des malaiischen Archipels, wo sie keiner so scharfen Konkurrenz ausgesetzt gewesen sind, wie dies auf gut bevölkerten Kontinenten der Fall gewesen sein würde. Diese Gruppe bietet auch viele gradweise Verschiedenheiten dar, welche, wie Huxley bemerkt[20], »unmerklich von der Krone und Spitze der tierischen Schöpfung zu Geschöpfen herabführen, von denen scheinbar nur ein Schritt zu den niedrigsten, kleinsten und am wenigsten intelligenten Formen der plazentalen Säugetiere ist«. Nach diesen verschiedenen Betrachtungen ist es wahrscheinlich, dass die Simiaden sich ursprünglich aus den Vorfahren der jetzt noch lebenden Lemuriden entwickelt haben und diese wiederum aus Formen, welche in der Reihe der Säugetiere sehr tief standen.

Die Beuteltiere stehen in vielen bedeutungsvolleren Merkmalen unterhalb der plazentalen Säugetiere. Sie erscheinen in einer früheren geologischen Periode und ihr Verbreitungsbezirk war früher ein viel ausgedehnterer, als sich derselbe jetzt darstellt. Es wird daher allgemein angenommen, dass die Plazentalen sich von den Implazentalen oder den Beuteltieren heraus entwickelt haben, indessen nicht etwa von Formen, welche den jetzt existierenden Marsupialien sehr gleichen, sondern von deren früheren Urerzeugern. Die Monotremen sind ganz offenbar mit den Marsupialien verwandt, sie bilden eine dritte und noch eine niedrigere Abteilung in der großen Reihe der Säugetiere. Heutigen Tages werden sie nur von dem *Ornithorhynchus* und der *Echidna* repräsentiert, und man kann diese beiden Formen ganz getrost als Überbleibsel einer bedeutend größeren Gruppe betrachten, welche infolge des Zusammentreffens besonders günstiger Umstände in Australien erhalten worden sind.

Die Monotremen sind ganz außerordentlich interessant, da sie in mehreren bedeutungsvollen Punkten ihres Körperbaus nach der Klasse der Reptilien hinführen.

Wenn wir den Versuch machen, die Genealogie der Säugetiere und daher auch des Menschen noch weiter abwärts in der Tierreihe zu verfolgen, so kommen wir auf immer dunklere und dunklere Gebiete der Wissenschaft; wie aber ein äußerst fähiger Forscher, Mr. Parker, bemerkt hat, haben wir guten Grund anzunehmen, dass kein echter Vogel oder kein echtes Reptil in die Deszendenzreihe eintritt. Wer hier zu erfahren wünscht, was Scharfsinn und Kenntnisse hervorbringen können, mag die Schriften Professor Haeckels zu Rate ziehen.[21] Ich will mich mit einigen allgemeinen Bemerkungen hier begnügen. Jeder Anhänger der Entwicklungstheorie wird zugeben, dass die fünf großen Wirbeltierklassen, nämlich Säugetiere, Vögel, Reptilien, Amphibien und Fische, sämtlich von einem gemeinsamen Prototypen oder von einer Stammform abgestammt sind; denn sie haben sehr viel, besonders während ihrer embryonalen Zustände, gemeinsam. Da die Klasse der Fische die am niedrigsten organisierte ist und vor den übrigen auf der Erde erschienen ist, so können wir schließen, dass sämtliche Glieder des Wirbeltierreichs von irgendeinem fischähnlichen Tier herrühren. Die Annahme, dass voneinander so verschiedene Tiere, wie ein Affe, ein Elefant, ein Kolibri, eine Schlange, ein Frosch und ein Fisch usw. sämtlich von denselben Eltern entsprossen sein könnten, wird denjenigen ganz monströs erscheinen, welche die neueren Fortschritte der Naturgeschichte nicht mit Aufmerksamkeit verfolgt haben; denn diese Annahme setzt die frühere Existenz von Zwischengliedern voraus, welche alle diese jetzt so völlig ungleichen Formen eng miteinander verbanden.

Nichtsdestoweniger ist es sicher, dass Tiergruppen existiert haben, oder selbst jetzt noch existieren, welche die verschiedenen großen Wirbeltierklassen mehr oder weniger eng miteinander zu verbinden geeignet waren oder sind. Wir haben gesehen, dass der *Ornithorhynchus* sich in mehreren Beziehungen den Reptilien nähert; und Professor Huxley hat die merkwürdige Entdeckung gemacht, welche Mr. Cope und andere bestätigt haben, dass die alten Dinosaurier in vielen wichtigen Beziehungen mitten zwischen gewissen Reptilien und gewissen Vögeln innestehen; die hier zur Rede stehenden Vögel sind die straußartigen Vögel (offenbar selbst die weitverbreiteten Reste einer größeren Gruppe) und deren *Archaeopteryx*, jener merkwürdige Vogel der Sekundarzeit, welcher einen langen Schwanz hatte wie eine Eidechse. Ferner bieten nach Professor Owen[22] die Ichthyosaurier – große Meereidechsen, die mit Ruderfüßen versehen waren – viele Verwandtschaften mit Fischen oder vielmehr, Huxley zufolge, mit Amphibien dar. Diese letztere Klasse, welche in ihrer höchsten Ableitung die Frösche und Kröten enthält, ist offenbar mit ganoiden Fischen verwandt. Diese letzteren Fische wieder waren während der früheren genealogischen

Perioden sehr zahlreich und nach einem, wie man sich auszudrücken pflegt, bedeutend verallgemeinerten Plan gebaut, d.h. sie zeigten verschiedenartige Verwandtschaften mit anderen Gruppen von Organismen. Der Lepidosiren ist wiederum so nahe mit den Amphibien und Fischen verwandt, dass die Zoologen sich lange gestritten haben, in welche dieser beiden Gruppen er zu stellen sei. Der Lepidosiren und einige wenige ganoide Fische sind dadurch vor völliger Zerstörung gerettet worden, dass sie Flüsse bewohnen, welche schützende Zufluchtshäfen bilden und dieselbe Beziehung zu den großen Wassermassen des Ozeans darbieten, wie die Inseln zu den Kontinenten.

Endlich ist ein einziges Glied der ungeheuer großen und verschiedenartigen Klassen der Fische, nämlich das Lanzettfischchen oder *Amphioxus*, so verschieden von allen übrigen Fischen, dass Haeckel behauptet, es müsste eine besondere Klasse im Wirbeltierbereich bilden. Dieser Fisch ist wegen seiner negativen Merkmale merkwürdig; man kann kaum sagen, dass er ein Gehirn, eine Wirbelsäule, ein Herz usw. besitzt, sodass er auch von den älteren Naturforschern unter die Würmer gestellt wurde. Vor vielen Jahren machte Professor Goodsir die Beobachtung, dass das Lanzettfischchen einige Verwandtschaft mit den Ascidien darbietet, welche wirbellose hermaphroditische und beständig fremden Körpern angeheftete marine Geschöpfe sind. Sie erscheinen kaum als Tiere und bestehen aus einem zähen lederartigen Sack mit zwei kleinen vorspringenden Öffnungen. Sie gehören zu den Molluscoiden Huxleys, einer niedrigeren Abteilung des großen Unterreichs der Mollusken; neuerdings sind sie aber von einigen Zoologen unter die Vermes oder Würmer gestellt worden. Ihre Larven sind der Form nach den Kaulquappen etwas ähnlich[23] und haben das Vermögen, frei herumzuschwimmen. Kowalevsky[24] hat neuerdings beobachtet, dass die Larven der Ascidien den Wirbeltieren verwandt sind und zwar in der Weise ihrer Entwicklung, in der relativen Lage ihres Nervensystems und in dem Besitz eines Gebildes, welches der *Chorda dorsalis* der Wirbeltiere sehr ähnlich ist. Dies ist von Prof. Kupffer bestätigt worden. Mr. Kowalevsky schreibt mir von Neapel, dass er diese Beobachtung jetzt noch weiter geführt hat; sollten seine Resultate sicher begründet werden, so würden sie eine Entdeckung von dem größten Wert darstellen. Dürfen wir uns nun auf Embryologie verlassen, welche sich stets als der sicherste Führer bei der Klassifizierung erwiesen hat, so scheint es hiernach, als hätten wir endlich einen Schlüssel zu jener Quelle gefunden, aus welcher die Wirbeltiere herstammen.[25] Wir würden danach zu der Annahme berechtigt sein, dass in einer äußerst frühen Periode eine Gruppe von Tieren existierte, in vielen Beziehungen den Larven unserer jetzt lebenden Ascidien ähnlich, welche in zwei große Zweige auseinanderging; von diesen ging der eine in der Entwicklung zurück und brachte die jetzige Klasse der Ascidien hervor, während der andere sich zu der Krone und Spitze des ganzen Tierreichs erhob, dadurch, dass er die Wirbeltiere entstehen ließ.

Wir haben bis jetzt versucht, in großen Umrissen die Genealogie der Wirbeltiere mithilfe ihrer geistigen Verwandtschaften zu entwerfen. Wir wollen nunmehr den Menschen betrachten, wie er gegenwärtig existiert, und ich meine, wir werden teilweise imstande sein, in den aufeinanderfolgenden Perioden, aber wohl nicht in der gehörigen Zeitfolge, den Bau unserer frühen Urerzeuger zu rekonstruieren. Dies kann mithilfe der Rudimente ausgeführt werden, welche der Mensch noch besitzt, ferner durch die Charaktere, welche gelegentlich bei ihm infolge eines Rückschlages zur Erscheinung kommen, und endlich durch die Hilfe der Gesetze der Morphologie und Embryologie. Die verschiedenen Tatsachen, auf welche ich mich hier beziehen werde, sind in den vorausgehenden Kapiteln mitgeteilt worden.

Die frühen Urerzeuger des Menschen müssen einst mit Haaren bekleidet gewesen sein, wobei beide Geschlechter Bärte hatten. Ihre Ohren waren wahrscheinlich zugespitzt und einer Bewegung fähig und ihr Körper war mit einem Schwanz versehen, welcher die gehörigen Muskeln besaß. Auch auf ihre Gliedmaßen und den Körper wirkten viele Muskeln, welche jetzt nur gelegentlich wiedererscheinen, aber bei den Quadrumanen im normalen Zustand vorhanden sind. In dieser oder in etwas früherer Zeit liefen die große Arterie und der Nerv des Oberarms durch ein supracondyloides Loch. Der Darmkanal gab ein viel größeres Divertikel oder einen Blinddarm ab, als es jetzt beim Menschen vorhanden ist. Nach dem Zustand der großen Zehe beim Fötus zu urteilen war damals der Fuß ein Greiffuß und ohne Zweifel waren unsere Urerzeuger Baumtiere, welche ein warmes, mit Wäldern bedecktes Land bewohnten. Die Männchen waren mit Eckzähnen versehen, welche ihnen als furchtbare Waffen dienten. Auf einer noch viel früheren Periode war der Uterus doppelt, die Auswurfstoffe wurden durch eine Kloake entleert, und das Auge wurde von einem dritten Augenlid oder einer Nickhaut geschützt. Auf einer noch früheren Periode müssen die Urerzeuger des Menschen in ihrer Lebensweise Wassertiere gewesen sein; denn die Morphologie lehrt ganz deutlich, dass unsere Lungen aus einer modifizierten Schwimmblase hervorgingen, welche einst als hydrostatisches Gebilde wirkte. Die Spalten am Hals des menschlichen Embryos zeigen uns, wo einst die Kiemen lagen. In dem mit dem Mond oder wöchentlich wiederkehrenden Perioden einiger unserer Funktionen besitzen wir offenbar noch immer Andeutungen unseres einstigen Geburtsortes, eines von den Wellen umspülten Strandes. Ungefähr in dieser Periode waren die echten Nieren durch die Wolff'schen Körper ersetzt. Das Herz bestand nur in der Form eines einfach pulsierenden Gefäßes, und die *Chorda dorsalis* nahm die Stelle einer Wirbelsäule ein. Diese frühen Vorläufer des Menschen, welche wir hiernach in den dunklen Zeiten vergangenen Äonen sehen, müssen so einfach organisiert gewesen sein wie das Lanzettfischchen oder *Amphioxus*, oder selbst noch einfacher.

Es ist aber noch ein anderer Punkt, welcher einer ausführlichen Erwähnung bedarf. Es ist längst bekannt, dass in dem Wirbeltierreich das eine Geschlecht Rudimente verschiedener akzessorischer, zu dem System der Reproduktionsorgane gehöriger Teile besitzt, welche eigentlich dem entgegengesetzten Geschlecht angehören; und es ist ermittelt worden, dass auf einer sehr frühen embryonalen Periode beide Geschlechter echte männliche und weibliche Generationsdrüsen besitzen. Es scheint daher ein äußerst weit zurückliegender Urerzeuger des großen Wirbeltierreiches hermaphroditisch oder androgyn gewesen zu sein.[26] Hier stoßen wir aber auf eine eigentümliche Schwierigkeit. In der Klasse der Säugetiere besitzen die Männchen in ihren *Versiculae prostaticae* Rudimente eines Uterus mit dem daranstoßenden Kanal, sie besitzen auch Rudimente von Brustdrüsen; und einige männliche Beuteltiere haben Rudimente einer marsupialen Tasche.[27] Es ließen sich noch andere analoge Tatsachen hinzufügen. Haben wir nun anzunehmen, dass irgendein äußerst altes Säugetier zwitterhaft blieb, nachdem es die hauptsächlichsten Unterscheidungsmerkmale seiner eigenen Klasse erlangt hatte, nachdem es daher von den niederen Klassen des Wirbeltierreichs abgezweigt war? Dies scheint im höchsten Grade unwahrscheinlich zu sein. Denn wir müssen bis zu den Fischen, der niedrigsten Klasse von allen, hinabsteigen, um jetzt noch existierende hermaphroditische Formen zu finden.[28] Dass verschiedene akzessorische Teile, die dem einen Geschlecht eigen sind, in einem rudimentären Zustand beim anderen Geschlecht gefunden werden, kann dadurch erklärt werden, dass das eine Geschlecht allmählich diese Organe erlangte, und dass sie dann in mehr oder weniger unvollkommenem Zustand auf das andere Geschlecht mit überliefert wurden. Wenn wir die geschlechtliche Zuchtwahl zu behandeln haben werden, werden wir zahllose Beispiele dieser Form der Überlieferung antreffen, – so in den Fällen, wo Sporne, besondere Federn oder brillante Farben, welche von den männlichen Vögeln zum Kämpfen oder zum Schmuck erlangt worden sind, in einem unvollkommenen oder rudimentären Zustand den Weibchen überliefert worden sind.

Dass männliche Säugetiere funktionell unvollkommene Milchdrüsen besitzen, ist in manchen Beziehungen ganz besonders merkwürdig. Die Monotremen haben die ordentlichen milchabsondernden Drüsen mit Öffnungen, aber ohne Zitzen; und da diese Tiere faktisch am Anfang der ganzen Säugetierreihe stehen, so ist es wahrscheinlich, dass die Urerzeuger dieser Klasse in gleicher Weise die milchabsondernden Drüsen, aber keine Zitzen besessen haben. Diese Folgerung wird noch durch das unterstützt, was wir von ihrer Entwicklungsweise wissen; denn Professor Turner teilt mir nach der Autorität von Kölliker und Langer mit, dass beim Embryo die Milchdrüsen deutlich nachgewiesen werden können, noch ehe die Warzen auch nur im geringsten sichtbar sind; und die Entwicklung nacheinander auftretender Teile am Individuum stellt im Allgemeinen die Entwicklung nacheinander auftretender Geschöpfe in derselben Deszendenzreihe dar oder stimmt mit dieser überein. Die Marsupialien weichen von den Monotremen durch den Besitz von Zitzen ab, sodass diese Organe wahrscheinlich von den Marsupialien zuerst erlangt wurden, nachdem sie von den Monotremen sich abgezweigt und sich über dieselben erhoben hatten, worauf sie dann den plazentalen Säugetieren überliefert wurden.[29] Niemand wird annehmen, dass die Marsupialien noch zwitterhaft blieben, nachdem sie ihren gegenwärtigen Bau annäherungsweise erreicht hatten. Wie haben wir es dann zu erklären, dass männliche Säugetiere Milchdrüsen besitzen? Es ist möglich, dass sie zuerst bei den Weibchen sich entwickelt und dann auf die Männchen vererbt haben; aber nach dem Folgenden ist dies kaum wahrscheinlich.

Eine andere Ansicht wäre, zu vermuten, dass lange nachdem die Urerzeuger der ganzen Säugetierklasse aufgehört hatten, Zwitter zu sein, beide Geschlechter-Milch abgesondert und damit ihre Jungen ernährt hätten, und dass, was die Marsupialien betrifft, beide Geschlechter die Jungen in der marsupialen Tasche getragen hätten. Dies wird nicht ganz unwahrscheinlich erscheinen, wenn wir uns erinnern, dass die Männchen jetzt lebender Nadelfische (*Syngnathus*) die Eier der Weibchen in ihre abdominalen Taschen aufnehmen, sie ausbrüten und, wie manche annehmen, später die Jungen ernähren[30], – dass ferner gewisse andere männliche Fische die Eier innerhalb ihres Mundes oder der Kiemenhöhle ausbrüten, – dass gewisse männliche Kröten die rosenkranzförmigen Schnüre von Eiern von ihren Weibchen abnehmen und sie um ihre eigenen Schenkel herumwickeln und dort behalten, bis die Kaulquappen geboren worden sind, – dass ferner gewisse andere männliche Vögel die Pflicht des Brütens ganz auf sich nehmen, und dass männliche Tauben ebenso gut wie die weiblichen ihre Nestlinge mit einer Absonderung aus ihrem Kröpfe ernähren. Die oben angegebene Vermutung kam mir aber zuerst, als ich sah, dass die Milchdrüsen bei männlichen Säugetieren so viel vollkommener entwickelt sind als die Rudimente jener anderen akzessorischen Teile des Fortpflanzungssystems, welche sich in dem einen Geschlechte finden, trotzdem sie eigentlich dem anderen angehören. Die Milchdrüsen und Zitzen können in der Form, wie sie bei den männlichen Säugetieren existieren, in der Tat kaum rudimentär genannt werden, sie sind einfach nicht vollständig entwickelt und nicht funktionell tätig. Sie werden unter dem Einfluss gewisser Krankheiten sympathisch mit affiziert, ganz wie dieselben Organe beim Weibchen. Bei der Geburt und zur Zeit der Pubertät sondern sie oft einige wenige Tropfen Milch ab; diese letztere Tatsache kam in dem merkwürdigen, früher erwähnten Falle vor, wo ein junger

Mann zwei Paar Milchdrüsen besaß. Man hat Fälle kennengelernt, wo sie gelegentlich beim Menschen und anderen Säugetieren in der Reifeperiode so wohl entwickelt waren, dass sie eine reichliche Menge Milch absonderten. Wenn wir annehmen, dass sie während einer frühen, lange andauernden Periode die männlichen Säugetiere ihre Weibchen bei der Ernährung ihrer Nachkommen unterstützten[31], und dass später aus irgendeiner Ursache (z.B. wenn eine kleinere Zahl von Jungen hervorgebracht wurde) die Männchen aufhörten, diese Hilfe zu leisten, so würde Nichtgebrauch der Organe während des Reifezustands dazu führen, dass sie untätig würden; und nach zwei bekannten Prinzipien der Vererbung würde dieser Zustand der Untätigkeit wahrscheinlich auf die Männchen im entsprechenden Alter der Reife vererbt werden. Aber auf einer früheren Altersstufe würden diese Organe unaffiziert bleiben, sodass sie bei den Jungen beider Geschlechter gleichmäßig wohl entwickelt sein würden.

Schluss. – Die beste Definition der Weiterentwicklung oder des Fortschritts in der organischen Stufenleiter, welche je gegeben worden ist, ist die von Karl Ernst von Baer gegebene, dass dieselben dem Betrag der Differenzierung und Spezialisierung der verschiedenen Teile eines und desselben Wesens beruht, wenn es, wie ich geneigt sein würde hinzuzufügen, zur Reife gelangt ist. Da nun Organismen mittels der natürlichen Zuchtwahl langsam verschiedenartigen Richtungen des Lebens angepasst worden sind, so werden ihre Teile infolge des durch die Teilung der physiologischen Arbeit erlangten Vorteils immer mehr und mehr für verschiedene Funktionen differenziert und spezialisiert worden sein. Ein und derselbe Teil scheint oft zuerst für den einen Zweck und dann lange Zeit später für irgendeinen anderen und völlig verschiedenen Zweck modifiziert worden zu sein; und hierdurch sind die Teile mehr oder weniger kompliziert gemacht worden. Aber jeder Organismus wird noch immer den allgemeinen Typus des Baues seines Urerzeugers, von dem er ursprünglich herrührte, beibehalten. In Übereinstimmung mit dieser Ansicht scheint, wenn wir die geologischen Zeugnisse berücksichtigen, die Organisation im Ganzen auf der Erde in langsamen und ununterbrochenen Schritten vorgeschritten zu sein. In dem großen Unterreich der Wirbeltiere hat sie im Menschen gegipfelt. Es darf indessen nicht angenommen werden, dass Gruppen organischer Wesen verschwinden, sobald sie anderen und vollkommeneren Gruppen Entstehung gegeben haben. Wenn auch die Letzteren über ihre Vorgänger gesiegt haben, so brauchen sie doch nicht für alle Stellen in dem Haushalt der Natur besser angepasst gewesen zu sein. Einige alte Formen sind allem Anschein nach leben geblieben, weil sie geschützte Orte bewohnten, wo sie keiner sehr scharfen Konkurrenz ausgesetzt waren; und diese unterstützen uns oft bei der Konstruktion unserer Genealogien dadurch, dass sie uns ein leidliches Bild früherer und sonst verloren gegangener Bildungen geben. Wir dürfen aber nicht dem Irrtum verfallen, die jetzt lebenden Glieder irgendeiner niedrig organisierten Gruppe als vollkommene Repräsentanten ihrer alten Urerzeuger zu betrachten.

Die ältesten Urerzeuger im Unterreiche der Wirbeltiere, auf welche wir imstande sind, einen, wenn auch nur undeutlichen Blick zu werfen, bestanden, wie es scheint, aus einer Gruppe von Seetieren[32], welche den Larven der jetzt lebenden Ascidien ähnlich waren. Diese Tiere ließen wahrscheinlich eine Gruppe von Fischen entstehen, welche gleich niedrig wie der Lanzettfisch organisiert waren; und aus diesen müssen sich die ganoiden und andere dem *Lepidosiren* ähnliche Fische entwickelt haben. Von derartigen Fischen führt uns nur ein sehr kleiner Schritt zu den Amphibien. Wir haben gesehen, dass Vögel und Reptilien einst innig miteinander verbunden waren und die Monotremen bringen jetzt in einem unbedeutenden Grade die Säugetiere mit den Reptilien in Verbindung. Für jetzt kann aber niemand sagen, durch welche Deszendenzreihe die drei höheren und verwandten Klassen, nämlich Säugetiere, Vögel und Reptilien, von den beiden niederen Wirbeltierklassen, nämlich Amphibien und Fischen, abzuleiten sind. Innerhalb der Klasse der Säugetiere sind die einzelnen Schritte nicht schwer zu verfolgen, welche von den alten Monotremen zu den alten Marsupialien führen und von diesen zu den frühen Urerzeugern der plazentalen Säugetiere. Wir können auf diese Weise bis zu den Lemuriden aufsteigen, und der Zwischenraum zwischen diesen bis zu den Simiaden ist nicht groß. Die Simiaden zweigten sich dann in zwei große Stämme ab, die neuweltlichen und die altweltlichen Affen, und aus den Letzteren ging in einer frühen Zeit der Mensch, das Wunder und der Ruhm des Weltalls, hervor.

Wir haben auf diese Weise dem Menschen einen Stammbaum von wunderbarer Länge gegeben, man könnte aber meinen nicht einen Stammbaum von edler Beschaffenheit. Es ist oft bemerkt worden, dass die Welt sich auf die Ankunft des Menschen vorbereitet zu haben scheint; und dies ist in einem gewissen Sinne durchaus wahr, denn er verdankt seine Geburt einer langen Reihe von Vorfahren. Hätte ein einziges Glied in dieser langen Kette niemals existiert, so würde der Mensch nicht genau das geworden sein, was er jetzt ist. Wenn wir nicht absichtlich unsere Augen schließen, so können wir nach unseren jetzigen Kenntnissen annähernd unsere Abstammung erkennen, und wir dürfen uns derselben nicht schämen. Der niedrigste Organismus ist etwas bei Weitem Höheres als der unorganische Staub unter unseren Füßen; und niemand mit einem vorurteilsfreien Geist kann irgendein lebendes Wesen, wie niedrig es auch stehen mag, studieren, ohne enthusiastisch über seine merkwürdige Struktur und seine Eigenschaften erstaunt zu werden.

Anmerkungen | **1** Isidore Geoffroy Saint-Hilaire gibt einen detaillierten Bericht über die Stellung, welche dem Menschen von verschiedenen Naturforschern in ihren Klassifikationen eingeräumt worden ist, in seiner Hist. natur. génér., Tom. II. 1859, S. 170 – 189. **2** Einige der interessantesten Tatsachen über die Lebensweise der Ameisen, die je veröffentlicht worden sind, hat Mr. Belt gegeben in seinem »Naturalist in Nicaragua«, 1874. S. auch Mr. Moggridges treffliches Buch »Harvesting Ants« etc. 1873, auch den Artikel »L'Instinct chez les Insectes« von George Pouchet in: Revue des Deux Mondes, Febr. 1870, S. 682. **3** Westwood: Modern Classifikation of Insects, Vol. II, 1840, S. 87. **4** Proceed. Zoolog. Soc., 1869, S. 4. **5** Zeugnisse für die Stellung des Menschen in der Natur. Übers. S. 79 und an anderen Orten. **6** Isid. Geoffroy Saint-Hilaire: Hist. natur. génér., Tom. II, 1859, S. 217. **7** Über die Richtung der Haare usw. in: Müllers Archiv für Anat. und Physiol., 1837, S. 51. **8** Zitiert von Reade: The African Sketch Book, Vol. I, 1873, S. 152. **9** Über das Haar bei *Hylobates* s. C.L. Martin: Natur. Hist. of Mammals, 1841, S. 415; auch Isid. Geoffroy Saint-Hilaire: Über die amerikanischen Affen und andere Arten, in: Hist. natur. génér., Tom. II, 1859, S. 212, 243, Eschricht: a.a.O., S. 46, 55, 61. Owen: Anatomy of Vertebrates, Vol. III, S. 619. Wallace: Contributions to the Theory of Natural Selection, 1870, S. 344. **10** Das Variieren der Tiere und Pflanzen etc. 2. Aufl., Bd. II, S. 395. **11** An Introduction to the Classifikation of Animals, 1869, S. 99. **12** Dies ist so ziemlich dieselbe Klassifikation wie die provisorisch von St. George Mivart angenommene (Philos. Transact. Roy. Soc., 1867, S. 300), welcher nach Abscheidung der Lemuriden die übrigen Primaten in die Hominiden, die Simiaden, den Catarhinen entsprechend, die Cebiden und die Hapaliden teilt, wobei die beiden letzteren Gruppen den Platyrhinen entsprechen. Mr. Mivart ist noch immer derselben Ansicht: s. »Nature«, 1871, S. 481. **13** Transact. Zoolog. Soc., Bd. VI, 1867, S. 214. **14** St. George Mivart: Philos. Transact., 1867, S. 410. **15** Murie and St. George Mivart: On the Lemuridae, in: Transact. Zoolog. Soc., Bd. VII, 1869, S. 5. **16** Haeckel ist zu demselben Schluss gekommen. S. Über die Entstehung des Menschengeschlechts in Virchows Samml. gemeinverst. wissensch. Vorträge, 1868, S. 61. S. auch seine »Natürliche Schöpfungsgeschichte«, in welcher er seine Ansichten über die Genealogie des Menschen im Einzelnen entwickelt. **17** Dr. C. Forsyth Major: Sur les Singes fossiles trouvés en Italie, in: Soc. Ital. delle Scienz. *Natur.*, Tom. XV, 1872. **18** Anthropological Review, Apr. 1867, S. 236. **19** Elements of Geology, 1865, S. 583 – 585. Das Alter des Menschengeschlechts (Übers.), S. 97. **20** Stellung des Menschen in der Natur, S. 119. **21** Ausgeführte Tabellen sind mitgeteilt in seiner »Generellen Morphologie«, Bd. II, S. CLIII und S. 425, und mit speziellerer Beziehung auf den Menschen in seiner »Natürlichen Schöpfungsgeschichte«, 1874. Bei der kritischen Anzeige des letzteren Werkes in »The Academy«, 1869, S. 42 sagt Prof. Huxley, dass er das Phylum oder die Deszendenzlinien der Vertebraten für ausgezeichnet von Haeckel erörtert hält, wenngleich er von ihm in einigen Punkten abweicht. Er drückt auch seine hohe Wertschätzung der allgemeinen Haltung und des Geistes des ganzen Werkes aus. **22** Palaeontology, 1860, S. 199. **23** Ich habe die Genugtuung gehabt, auf den Falklandinseln im April 1833 und daher mehrere Jahre vor irgendeinem anderen Naturforscher die lokomotiven Larven einer zusammengesetzten Ascidie gesehen zu haben, welche mit *Synoicum* nahe verwandt, aber, wie es scheint, doch generisch von ihm verschieden war. Der Schwanz war ungefähr fünfmal so lang wie der Kopf und endete in einem feinen Faden. Er war, wie ich es unter einem einfachen Mikroskop gezeichnet habe, deutlich durch quere opake Scheidewände geteilt, welche, wie ich vermute, die großen von Kowalevsky abgebildeten Zellen darstellen. Auf einer früheren Entwicklungsstufe war der Schwanz dicht um den Kopf der Larve gewickelt. **24** Mém. de l'Acad. des Sciences de St. Pétersbourg, Tom. X, No. 15, 1866. **25** Bemerken muss ich aber doch, dass einige kompetente Männer diese Folgerung bestreiten; so z. B. M. Giard in einer Reihe von Aufsätzen in den »Archives de Zoologie Expérimentale«, 1872. Trotzdem sagt aber derselbe Forscher, S. 281: »L'organisation de la larva ascidienne en dehors de toute hypothèse et de toute théorie nous montre comment la nature peut produire la disposition fondamentale du type vertébré (l'existence d'une corde dorsale) chez un invertébré par la seule condition vitale de l'adaptation, et cette simple possibilité du passage supprime l'abîme entre les deux sous-règnes, encore bien qu'on ignore par où le passage s'est fait en réalité.« **26** Dies ist die Schlussfolgerung, zu welcher eine der höchsten Autoritäten in der vergleichenden Anatomie gelangte, nämlich Prof. Gegenbaur, in seinen Grundzügen der vergleichenden Anatomie, 2. Aufl., 1870, S. 876. Er ist zu diesem Resultat vorzüglich durch das Studium der Amphibien geleitet worden; es scheint aber nach den Untersuchungen Waldeyers (Eierstock und Ei. Ein Beitrag zur Entwicklungsgeschichte der Sexualorgane, Leipzig 1870, S. 152f.) die Uranlage der Sexualorgane auch bei den höheren Vertebraten hermaphroditisch zu sein (zitiert in: Humphrey's Journ. of Anat. and Phys., 1869, S. 161). Ähnliche Ansichten haben mehrere Schriftsteller schon vor längerer Zeit geteilt, wenn schon nicht so gut begründet wie in neuerer Zeit. **27** Der männliche *Thylacinus* bietet das beste Beispiel dar. Owen: Anatomy of Vertebrates, Vol. III, S. 771. **28** Hermaphroditismus ist bei mehreren Spezies von *Serranus* und einigen anderen Fischen beobachtet worden, wo er entweder normal und symmetrisch oder abnorm und einseitig auftritt. Dr. Zouteveen hat mir Belege über diesen Gegenstand mitgeteilt und mir besonders einen Aufsatz von Prof. Halbertsma in den Abhandlungen der Holländischen Akademie der Wissenschaften, Bd. XVI, genannt. Dr. Günther bezweifelt die Tatsache. Sie ist aber jetzt von zu vielen guten Beobachtern mitgeteilt worden, als dass sie noch länger bestritten werden könnte. Dr. M. Lessona schreibt mir, dass er die von Cavolini am Serranus gemachten Beobachtungen verifiziert habe. Prof. Ercolani hat neuerdings zu zeigen gemeint, dass Aale Zwitter sind (Acad. delle Science, Bologna, Dec. 28th 1871). **29** Prof. Gegenbaur hat gezeigt (*Jenaische Zeitschrift*, Bd. VII, S. 212), dass bei verschiedenen Säugetierordnungen zwei verschiedene Typen von Zitzen vorkommen, dass es aber vollständig zu begreifen ist, wie beide von den Zitzen der Beuteltiere, und diese letzteren von den Milchdrüsen der Monotremen abgeleitet werden können. S. auch einen Aufsatz von Dr. Max Hus über die Brüstdrüsen in derselben Zeitschrift, Bd. VIII, S. 176. **30** Mr. Lockwood glaubt (nach dem Zitat im Quart. Journ. of Science, Apr. 1868, S. 269) nach dem, was er über die Entwicklung von *Hippocampus* beobachtet hat, dass die Wandungen der Abdominaltasche des Männchens in irgendeiner Weise Nahrung darbieten. Über männliche Fische, welche die Eier in ihrem Mund ausbrüten, s. einen sehr interessanten Aufsatz von Prof. Wyman, in: Proceed. Boston. Soc. Nat. Hist., Sept. 15th 1857; auch Prof. Turner, in: Journ. of Anat. and Physiol., Nov. 1st

1866, S. 78. Ähnliche Fälle hat gleicherweise Dr. Günther beschrieben. **31** Mdlle. C. Royer hat eine ähnliche Ansicht vorgetragen in ihrem »Origine de l'homme« etc., 1870. **32** Die Bewohner des Meeresstrandes müssen von den Flutzeiten bedeutend beeinflusst werden: Tiere, welche entweder an der mittleren Flutgrenze oder an der mittleren Ebbegrenze leben, durchlaufen in vierzehn Tagen einen vollständigen Kreislauf von verschiedenen Flutständen. Infolge hiervon wird ihre Versorgung mit Nahrung Woche für Woche auffallenden Veränderungen unterliegen. Die Lebensvorgänge solcher, unter diesen Bedingungen viele Generationen hindurch lebender Tiere können kaum anders als in wöchentlichen Perioden verlaufen. Es ist nun eine mysteriöse Tatsache, dass bei den höheren und jetzt auf dem Land lebenden Wirbeltieren, ebenso wie in anderen Klassen, viele normale und krankhafte Prozesse Perioden von einer oder mehreren Wochen haben; diese würden verständlich werden, wenn die Wirbeltiere von einem mit den jetzt zwischen den Flutgrenzen lebenden Ascidien verwandten Tier abstammten. Viele Beispiele solcher periodischer Prozesse könnten angeführt werden, so die Trächtigkeit der Säugetiere, die Dauer fieberhafter Krankheiten etc. Das Ausbrüten der Eier stellt ebenfalls ein gutes Beispiel dar; denn Mr. Bartlett zufolge (»Land und Wasser«, Jan. 17th 1871) werden Taubeneier in zwei Wochen ausgebrütet, Hühnereier in drei, Enteneier in vier, Gänseeier in fünf und Straußeneier in sieben. So weit wir es beurteilen können, dürfte eine wiederkehrende Periode, falls sie nur annäherungsweise die gehörige Dauer für irgendeinen Vorgang oder eine Funktion hatte, sobald sie einmal erlangt war, nicht leicht einer Veränderung unterliegen; sie könnte daher fast durch jede beliebige Anzahl von Generationen überliefert werden. Wäre aber die Funktion verändert, so würde auch diese Periode abzuändern sein und würde auch leicht beinahe plötzlich um eine ganze Woche ändern. Diese Schlussfolgerung würde, wenn sie als richtig befunden würde, höchst merkwürdig sein; denn es würden dann die Trächtigkeitsdauer bei einem jeden Säugetier, die Brütezeit aller Vogeleier und viele andere Lebensvorgänge noch immer die ursprüngliche Geburtsstätte dieser Tiere verraten.

»Wenn ich daran denke, wie heftig ich von den Orthodoxen angegriffen worden bin, so erscheint es mir spaßig, dass ich einmal beabsichtigt habe, Geistlicher zu werden.«

Autobiografie

Fig. 16. *Cynopithecus niger* in behaglicher Stimmung. Nach dem Leben gez. von Mr. Wolf.

Fig. 17. Derselbe sich über Liebkosungen freuend.

Wenn wir von einem Menschen irgendeine absichtliche Beleidigung erlitten haben, oder sie erleiden zu sollen erwarten oder wenn er uns in irgendeiner Weise anstößig ist, so haben wir ihn nicht gern, und diese Abneigung verschärft sich leicht zu Hass. Wenn derartige Empfindungen nur in einem mäßigen Grade erfahren werden, so werden sie durch keine Bewegung des Körpers oder der Gesichtszüge deutlich ausgedrückt mit Ausnahme vielleicht einer gewissen Würde des Benehmens oder durch etwas üble Laune. Es können indessen nur wenig Individuen lange über eine verhasste Person nachdenken, ohne Indignation oder Wut zu empfinden und Zeichen derselben darzubieten. Ist aber die anstößige Person vollkommen ohne Bedeutung, so empfinden wir einfach Geringschätzung oder Verachtung. Ist dieselbe auf der anderen Seite allmächtig, dann geht der Hass in äußerste Angst über, so z.B. wenn ein Sklave an einen grausamen Herrn oder ein Wilder an eine blutdürstige bösartige Gottheit denkt.[1] Die meisten unserer Gemütsbewegungen sind so innig mit ihren Ausdrucksformen verbunden, dass sie kaum existieren, wenn der Körper passiv bleibt, – es hängt nämlich die Natur der Ausdrucksform zum hauptsächlichsten Teil von der Natur der Handlungen ab, welche unter diesen besonderen Seelenzuständen gewohnheitsmäßig ausgeführt worden sind. Es kann z.B. ein Mensch wissen, dass sein Leben in äußerster Gefahr schwebt und kann heftig wünschen, es zu retten, und doch, wie es Ludwig XVI. tat, als er von einer wütenden Volksmenge umgeben wurde, sagen: »Fürchte ich mich? Fühlt meinen Puls!« So kann auch ein Mensch einen anderen intensiv hassen. Solange aber sein Körperbau noch nicht affiziert ist, kann man nicht von ihm sagen, dass er wütend sei.

Wut: – Ich habe bereits Gelegenheit gehabt, von dieser Gemütsbewegung im dritten Kapitel zu handeln, als ich den direkten Einfluss des gereizten Sensoriums auf den Körper in Verbindung mit den Wirkungen gewohnheitsmäßig assoziierter Handlungen erörterte. Wut stellt sich in den verschiedenartigsten Weisen dar. Immer ist das Herz und die Zirkulation affiziert; das Gesicht wird rot oder purpurn, wobei die Venen an der Stirn und am Hals ausgedehnt werden. Das Erröten der Haut ist bei den kupferfarbigen Indianern von Südamerika[2] und selbst, wie man sagt, an den weißen Narben, den Rückständen alter Wunden, bei Negern beobachtet worden.[3] Auch Affen erröten aus Leidenschaft. Bei einem meiner eigenen Kinder beobachtete ich, als es noch nicht vier Monate alt war, wiederholt, dass das erste Symptom eines sich nähernden leidenschaftlichen Anfalls das Einströmen des Blutes in seine nackte Kopfhaut war. Auf der anderen Seite wird die Tätigkeit des Herzens zuweilen durch große Wut so stark gehemmt, dass das Gesicht bleich oder livid wird[4], und nicht wenige an einer Herzkrankheit leidende Menschen sind unter dieser mächtigen Gemütserregung tot niedergefallen.

Das Atemholen ist gleicherweise affiziert. Die Brust hebt sich schwer und die erweiterten Nasenlöcher zittern.[5] So schreibt Tennyson: »Scharfe Atemzüge des Zorns bliesen ihre zauberisch-schönen Nasenlöcher auf.« Es sind daher derartige Ausdrücke entstanden wie »Rache schnauben« und »vor Zorn glühen«.[6]

Das gereizte Gehirn gibt den Muskeln Kraft und gleichzeitig dem Willen Energie. Der Körper wird gewöhnlich aufrecht gehalten, bereit zur augenblicklichen Handlung, zuweilen aber auch nach vorn gebeugt gegen die anstößige Person hin, wobei die Gliedmaßen mehr oder weniger steif sind. Der Mund wird gewöhnlich mit Festigkeit geschlossen, um den festen Entschluss auszudrücken, und die Zähne werden fest aufeinander geschlossen oder sie knirschen. Derartige Gebärden wie das Erheben der Arme mit geballten Fäusten, als wollte man den Beleidiger schlagen, sind sehr häufig. Wenig Menschen in großer Leidenschaft und wenn sie jemand sagen, dass er fortgehen solle, können dem Trieb widerstehen, derartige Gebärden zu machen, als beabsichtigten sie, den anderen zu schlagen oder heftig hinwegzutreiben. Die Begierde zu schlagen wird in der Tat häufig so unerträglich stark, dass unbelebte Gegenstände geschlagen oder auf den Boden geschleudert werden; die Gebärden werden aber häufig vollständig zwecklos oder wahnsinnig. Junge Kinder wälzen sich, wenn sie in heftiger Wut sind, auf dem Boden, auf dem Rücken oder Bauch liegend, schreien, stoßen, kratzen oder beißen alles, was nur in ihren Bereich kommt. Dasselbe ist, wie ich von Mr. Scott höre, bei Hindukindern der Fall und, wie wir gesehen haben, auch bei den Jungen der anthropomorphen Affen.

Das Muskelsystem wird aber auch häufig in einer vollständig verschiedenen Art affiziert. Denn eine häufige Folge äußerster Wut ist das Zittern. Die gelähmten Lippen weigern sich dann, dem Willen zu gehorchen und »die Stimme erstickt in der Kehle«[7] oder sie wird laut, harsch und unharmonisch. Wird dabei viel und sehr schnell gesprochen, so schäumt der Mund. Das Haar sträubt sich zuweilen; ich werde aber auf diesen Gegenstand in einem anderen Kapitel zurückkommen, wenn ich von den gemischten Gemütserregungen der Wut und der äußersten Furcht handeln werde. In den meisten Fällen ist ein stark markiertes Stirnrunzeln wahrnehmbar; denn dies ist regelmäßig eine Folge des Gefühls, dass irgendetwas nicht gefällt oder schwer zu beseitigen ist in Verbindung mit einer Konzentration des Geistes. Zuweilen aber bleiben die Augenbrauen, anstatt bedeutend zusammengezogen und gesenkt zu werden, glatt, und die starrenden Augen werden weit offengehalten. Die Augen sind immer glänzend oder können, wie Homer es ausdrückt, feurig strahlen. Sie sind zuweilen mit Blut unterlaufen und man sagt: sie ragen aus ihren Höhlen hervor – ohne Zweifel das Resultat davon, dass der Kopf mit Blut überfüllt ist, wie sich aus der Ausdehnung der Venen ergibt. Der Angabe Gratiolets zufolge[8] sind die Pupillen immer in der Wut zusammengezogen, und ich höre von Dr. Crichton-Browne, dass dies in wütenden Delirien der Hirnhautentzündung der Fall ist; die Bewegungen der Regenbogenhaut unter dem Einfluss der verschiedenen Gemütsbewegungen ist aber ein sehr dunkler Gegenstand.

Shakespeare fasst die hauptsächlichsten charakteristischen Zeichen der Wut wie folgt zusammen:

»Im Frieden kann so wohl nichts einen Mann
Als Demut und bescheidne Sitte kleiden
Doch bläst des Krieges Wetter euch ins Ohr,
Dann ahmt dem Tiger nach in seinem Tun;
Spannt eure Sehnen, ruft das Blut herbei!
Entstellt die liebliche Natur mit Wut!
Dann leiht dem Auge einen Schreckensblick;
Nun knirscht die Zähne, schwellt die Nüstern auf,
Den Atem hemmt, spannt alle Lebensgeister
Zur vollen Höh – auf, Englische von Adel!«
Heinrich V., Akt 3, Szene 1.

Die Lippen werden zuweilen während der Wut in einer Art und Weise vorgestreckt, deren Bedeutung ich nicht verstehe, wenn es nicht von unserer Abstammung von irgendeinem affenartigen Tier herrührt. Beispiele hierfür sind nicht bloß bei Europäern beobachtet worden, sondern auch bei Australiern und Hindus. Indessen werden die Lippen viel häufiger zurückgezogen, wodurch die grinsenden und aufeinandergebissenen Zähne gezeigt werden. Dies ist beinahe von jedem bemerkt worden, welcher über den Ausdruck geschrieben hat.[9] Die Erscheinung ist die, als würden die Zähne entblößt, um zum Ergreifen oder zum Zerreißen eines Feindes bereit zu sein, wenn auch gar keine Absicht, in dieser Weise zu handeln, vorhanden sein mag. Mr. Dyson Lacy hat diesen grinsenden Ausdruck bei den Australiern beobachtet, wenn sie sich zanken, und dasselbe hat Gaika bei den Kaffern von Südafrika gesehen. Wo Dickens[10] von einem verruchten Mörder spricht, der soeben gefangen worden war und von einer wütenden Volksmenge umgeben wurde, schildert er »das Volk als einer hinter dem anderen aufspringend, die Zähne fletschend und sich wie wilde Tiere benehmend.« Jedermann, der viel mit kleinen Kindern zu tun gehabt hat, muss gesehen haben, wie natürlich es bei ihnen ist, wenn sie in Leidenschaft sind, zu beißen. Es scheint bei ihnen so instinktiv zu sein wie bei jungen Krokodilen, welche mit ihren kleinen Kinnladen schnappen, sobald sie aus dem Ei ausgekrochen sind.

Ein grinsender Ausdruck und das Vorstrecken der Lippen scheint zuweilen zusammenzugehen. Ein sorgfältiger Beobachter sagt, dass er viele Beispiele von intensivem Hass (welcher kaum von einer mehr oder weniger unterdrückten Wut unterschieden werden kann) bei Orientalen und einmal bei einer alten englischen Frau gesehen habe. In allen diesen Fällen »war ein Grinsen, nicht bloß ein mürrisches Dreinsehen, vorhanden, die Lippen verlängerten sich, die Wangen rückten gewissermaßen herunter, die Augen wurden halb geschlossen, während die Augenbrauen vollkommen ruhig blieben«.[11]

Dieses Zurückziehen der Lippen und Entblößen der Zähne während der Paroxysmen der Wut, als sollte der Beleidiger gebissen werden, ist in Anbetracht dessen, wie selten die Zähne vom Menschen beim Kämpfen gebraucht werden, so merkwürdig, dass ich mich bei Dr. Crichton-Browne erkundigte, ob diese Gewohnheit bei den Geisteskranken, deren Leidenschaften nicht gezügelt werden, gewöhnlich sei. Er teilt mir mit, dass er es wiederholt sowohl bei Geisteskranken als auch Blödsinnigen beobachtet hat und gibt mir noch die folgenden Erläuterungen:

Kurz zuvor, ehe er meinen Brief empfing, war er Zeuge eines nicht zu beherrschenden Ausbruchs von Zorn und eingebildeter Eifersucht bei einer geisteskranken Dame. Zuerst überhäufte sie ihren Mann mit Vorwürfen, und während sie dies tat, schäumte sie am Mund. Zunächst näherte sie sich dann ihrem Mann dicht mit zusammengedrückten Lippen und einem giftig aussehenden Stirnrunzeln. Dann zog sie ihre Lippen zurück, besonders die Winkel der Oberlippe und zeigte ihre Zähne, wobei sie gleichzeitig einen heftigen Streich nach ihm ausführte. Ein zweiter Fall betraf einen alten Soldaten, welcher, wenn er aufgefordert wird, sich den Regeln der Anstalt zu fügen, seiner Unzufriedenheit, die schließlich in Wut ausgeht, Luft macht. Er beginnt gewöhnlich damit, dass er Dr. Browne fragt, ob er sich nicht schäme, ihn in einer solchen Art und Weise zu behandeln. Dann schwört und flucht er, schreitet auf und ab, wirft seine Arme wild umher und bedroht jeden, der in seine Nähe kommt. Endlich wenn seine Aufregung auf den Höhepunkt kommt, fährt er mit einer eigentümlichen seitwärtigen Bewegung auf Dr. Browne los, schüttelt seine geballte Faust vor ihm und droht ihm mit dem Untergang. Dann kann man sehen, wie seine Oberlippe erhoben wird, besonders an den Winkeln, sodass seine großen Eckzähne sichtbar werden. Er stößt seine Flüche durch seine aufeinandergepressten Zähne durch und sein ganzer Ausdruck nimmt den Charakter äußerster Wildheit an. Eine ähnliche Beschreibung findet auch auf einen anderen Mann Anwendung mit Ausnahme, dass dieser gewöhnlich mit dem Mund schäumt und spuckt, tanzt und in einer fremdartigen rapiden Art und Weise umherspringt, wobei er seine Verwünschungen in einer schrillen Fistelstimme ausstößt.

Dr. Browne teilt mir auch den Fall eines epileptischen Blödsinnigen mit, welcher unabhängiger Bewegungen unfähig ist und den ganzen Tag mit einigem Spielzeug zubringt. Sein Temperament ist indessen mürrisch und wird leicht zur Heftigkeit aufgeregt. Wenn irgendjemand seine Spielsachen berührt, so hebt er seinen Kopf langsam aus seiner gewöhnlich herabhängenden Stellung und fixiert seine Augen auf den Beleidiger mit einem trägen, aber doch zornigen mürrischen Blick. Wird die ärgernde Veranlassung wiederholt, so zieht er seine dicken Lippen zurück, entblößt eine vorstehende Reihe hässlicher Zähne (unter denen die großen Eckzähne besonders bemerkbar sind) und führt dann einen schnellen, heftigen Schlag mit seiner offenen Hand auf die beleidigende Person aus. Die Schnelligkeit dieses Griffs ist, wie Dr. Browne bemerkt, bei einem gewöhnlich so torpiden Wesen merkwürdig, da dieser Mensch ungefähr fünfzehn Sekunden braucht, wenn er durch irgendein Geräusch aufmerksam gemacht wird, seinen Kopf von einer Seite zur anderen zu drehen. Wenn ihm in diesem wütenden Zustand ein Taschentuch, ein Buch oder irgendein anderer Gegenstand in seine Hände gegeben wird, so zieht er ihn zu seinem Mund und beißt ihn. Auch Mr. Nicol hat mir zwei Fälle geisteskranker Personen beschrieben, deren Lippen während der Wutanfälle zurückgezogen werden.

Dr. Maudsley fragt, nachdem er verschiedene, fremdartige, tierähnliche Züge bei Blödsinnigen einzeln geschildert hat, ob dies nicht eine Folge des Wiedererscheinens primitiver Instinkte sei – »ein schwaches Echo aus einer weit zurückliegenden Vergangenheit, Zeugen einer Verwandtschaft, welche der Mensch beinahe verwachsen hat.« Er fügt hinzu, dass, so wie jedes menschliche Gehirn im Laufe seiner Entwicklung dieselben Zustände durchläuft, wie diejenigen, welche bei den niederen wirbellosen Tieren auftreten, und da das Gehirn eines Blödsinnigen sich in einem gehemmten Entwicklungszustand befindet, wir vermuten können, dass es »seine ursprünglichen Funktionen offenbaren wird, aber keine von den höheren Funktionen.« Dr. Maudsley meint, dass dieselbe Ansicht auch auf das Gehirn in seinem degenerierten Zustand bei manchen geisteskranken Patienten ausgedehnt werden dürfe und fragt: »Woher kommt das wilde Fletschen, die Neigung zur Zerstörung, die obszöne Sprache, das wilde Heulen, die anstößigen Gewohnheiten, welche manche geisteskranke Patienten darbieten? Warum sollte ein menschliches, seiner Vernunft beraubtes Wesen jemals im Charakter so tierisch werden, wie es bei manchen der Fall ist, wenn es nicht die tierische Natur an sich hätte?«[12] Allem Anschein nach muss diese Frage bejahend beantwortet werden.

Zorn und Indignation: – Diese beiden Seelenzustände weichen von der Wut nur dem Grade nach ab, und es besteht auch kein scharf ausgesprochener Unterschied in ihren charakteristischen Zeichen. Im Zustand mäßigen Zorns ist die Tätigkeit des Herzens ein wenig vermehrt, die Farbe ist erhöht und die Augen werden glänzend. Auch die Respiration ist ein wenig beschleunigt und da sämtliche, dieser Funktion dienenden Muskeln in Assoziation handeln, so werden die Nasenflügel etwas erhoben, um einen freien Einzug der Luft zu gestatten, und dies ist ein äußerst charakteristisches Zeichen für die Indignation. Der Mund wird gewöhnlich zusammengedrückt und beinahe immer findet sich ein Stirnrunzeln an den Augenbrauen. Anstatt der wahnsinnigen Gebärde der äußersten Wut wirft sich ein indignierter Mensch unbewusst in eine Stellung, bereit zum Angriff oder zum Niederschlagen seines Gegners, den er vielleicht von Kopf bis Fuß mit trotziger Herausforderung abmisst. Er trägt seinen Kopf aufrecht, seine Brust ordentlich gehoben und die Füße fest auf den Boden gestellt. Er hält seine Arme in verschiedenen Stellungen, einen oder beide Ellenbogen eingestemmt oder mit den Armen starr an den Seiten herabhängend. Bei Europäern werden die Fäuste gewöhnlich geballt.[13] Die Bilder 1 und 2 sind ziemlich gute Darstellungen von Leuten, die Indignation simulieren. Es kann ja auch ein jeder in einem Spiegel sehen, wenn er sich lebhaft einbildet, dass er insultiert worden ist und in einem zornigen Ton seiner Stimme eine Erklärung verlangt. Er wird sich dann plötzlich und unbewusst in irgendeine derartige Stellung werfen.

Wut, Zorn und Indignation werden in nahezu derselben Art und Weise über die ganze Erde ausgedrückt. Die folgenden Beschreibungen dürften der Mitteilung wert sein, da sie Zeugnis hiervon ablegen, und da sie einige der vorstehenden Bemerkungen erläutern. Eine Ausnahme besteht indessen in Bezug auf das Ballen der Fäuste, welches hauptsächlich auf Menschen beschränkt zu sein scheint, die mit ihren Fäusten kämpfen. Bei den Australiern hat nur einer meiner Korrespondenten die Fäuste geballt gesehen. Alle stimmen darin überein, dass der Körper aufrecht gehalten wird, und mit zwei Ausnahmen geben sie sämtlich an, dass die Augenbrauen schwer zusammengezogen werden. Einige von ihnen deuten den fest zusammengedrückten Mund an, die ausgedehnten Nasenlöcher und die blitzenden Augen. Der Angabe von Mr. Taplin zufolge wird Wut bei den Australiern dadurch ausgedrückt, dass die Lippen vorgestreckt und die Augen weit geöffnet werden, und wenn es Frauen betrifft, dass sie umhertanzen und Staub in die Luft werfen. Ein anderer Beobachter erzählt von den Eingeborenen, dass, wenn sie in Wut geraten, sie ihre Arme wild umherwerfen.

Ähnliche Berichte, ausgenommen in Bezug auf das Ballen der Fäuste, habe ich mit Rücksicht auf die Malayen der Halbinsel Malakka, die Abyssinier und die Eingeborenen von Südafrika erhalten. Dasselbe gilt für die Dakota-Indianer von Nordame-

1

Heliotype 2

rika: nach Mr. Matthews halten sie dann ihren Kopf aufrecht, runzeln ihre Stirn und gehen oft mit lang ausgezogenen Schritten davon. Mr. Bridges gibt an, dass die Feuerländer, wenn sie in Wut geraten, häufig auf den Boden stampfen, zerstreut umherlaufen, manchmal weinen und blass werden. Mr. Stack beobachtete einen Neuseeländer, der sich mit einer Frau zankte, und machte in seinem Tagebuch die folgende Bemerkung: »Augen erweitert, Körper heftig nach rückwärts und vorwärts geworfen, Kopf vorwärts geneigt, Fäuste geballt, bald hinter den Kopf rückwärts geworfen, bald einander vor das Gesicht gehalten.« Mr. Swinhoe sagt, dass meine Beschreibung mit dem übereinstimmt, was er bei den Chinesen gesehen hat, ausgenommen, dass ein zorniger Mann allgemein seinen Körper nach seinem Gegner hinneigt, auf ihn hinzeigt und eine Flut von Beschimpfungen über ihn ergießt.

Was endlich die Eingeborenen von Indien betrifft, so hat mir Mr. J. Scott eine ausführliche Beschreibung ihrer Gebärden und Ausdrucksweisen, wenn sie in Wut sind, geschickt. Zwei Bengalesen, die niedrigen Kasten angehörten, zankten sich um ein Darlehen. Zuerst waren sie ruhig, wurden aber bald wütend und ergossen nun die stärksten Schimpfreden über ihre gegenseitigen Verwandten und Urahnen für viele Generationen zurück. Ihre Gebärden waren von denen der Europäer sehr verschieden; denn obschon ihre Brustkasten ausgedehnt und ihre Schultern straff gehalten wurden, so blieb ihr Arm doch steif herabhängend, wobei die Ellenbogen nach innen gewendet und die Hände abwechselnd fest geschlossen und geöffnet wurden. Ihre Schultern wurden häufig hoch in die Höhe erhoben und dann wieder gesenkt. Sie blickten von unten unter ihren gesenkten und stark gerunzelten Brauen wild aufeinander und ihre vorgestreckten Lippen wurden fest geschlossen. Sie näherten sich einander mit vorgestrecktem Kopf und Hals und stießen, kratzten und fassten einander. Dieses Vorstrecken des Kopfes und Körpers scheint bei den in Wut Geratenden eine sehr häufige Gebärde zu sein. Ich habe es bei heruntergekommenen englischen Frauen bemerkt, wenn sie sich heftig auf den Straßen zankten. In derartigen Fällen lässt sich annehmen, dass keine der beiden Parteien erwartet, von der anderen einen Streich zu empfangen.

Ein Bengalese, der im botanischen Garten beschäftigt war, wurde in Gegenwart Mr. Scotts von dem eingeborenen Aufseher beschuldigt, eine wertvolle Pflanze gestohlen zu haben. Er hörte schweigend und verächtlich der Anschuldigung zu. Seine Stellung war aufrecht, die Brust ausgedehnt, der Mund geschlossen, die Lippen vorgestreckt, die Augen fest und mit durchdringendem Blick. Er behauptete dann mit herausforderndem Trotz seine Unschuld mit aufgehobenen und geballten Händen, wobei sein Kopf nach vorn gestreckt, die Augen weit geöffnet und die Augenbrauen erhoben wurden. Mr. Scott hat auch zwei Mechis in Sikhim beobachtet, die über ihren Lohnanteil sich zankten. Sie gerieten sehr bald in eine wütende Leidenschaft, und dann wurden ihre Körper weniger aufrecht, die Köpfe nach vorn gestreckt. Sie machten einander Grimassen, die Schultern wurden erhoben, die Arme an den Ellenbogen steif nach innen gebogen und die Hände krampfhaft geschlossen aber nicht eigentlich geballt. Sie näherten und entfernten sich beständig voneinander, erhoben häufig ihre Arme, als wenn sie sich schlagen wollten; aber ihre Hände waren offen und kein Streich wurde ausgeführt. Mr. Scott hat ähnliche Beobachtungen auch an den Lepchas gemacht, welche er oft sich zanken gesehen hat, und bemerkt, dass sie ihre Arme steif und beinahe ihrem Körper parallel hielten, wobei die Hände etwas nach hinten gestreckt und zum Teil geschlossen, aber nicht eigentlich geballt wurden.

Hohn, herausfordernder Trotz; Entblößen des Eckzahns auf einer Seite: – Der Ausdruck den ich jetzt zu beschreiben beabsichtige, weicht nur wenig von dem ab, den ich bereits beschrieben habe, wo die Lippen zurückgezogen und die grinsenden Zähne exponiert werden. Der Unterschied besteht allein darin, dass die Oberlippe in einer derartigen Weise zurückgezogen wird, dass der Eckzahn allein auf einer Seite des Gesichts gezeigt wird; das Gesicht selbst ist allgemein etwas aufgestülpt und halb von der den Anstoß erregenden Person abgewendet. Die anderen Zeichen der Wut sind nicht notwendigerweise vorhanden. Dieser Ausdruck kann gelegentlich an einer Person beobachtet werden, welche einer anderen Hohn bietet oder sie trotzend herausfordert, obschon kein wirklicher Zorn dabei ist, so z.B. wenn irgendjemand scherzhafterweise irgendeines Fehlers bezichtigt wird und antwortet: »Ich biete der Beschuldigung Trotz.« Die Ausdrucksform ist keine gewöhnliche; doch habe ich gesehen, wie eine Dame dieselbe mit vollkommener Deutlichkeit darbot, welche von einer anderen Person gehänselt wurde. Schon im Jahre 1746 hat sie Parsons in einem Kupferstich geschildert, der den einen unbedeckten Eckzahn der einen Seite zeigt.[14] Mr. Rejlander fragte mich, ohne dass ich irgendeine Andeutung in Bezug auf den Gegenstand gegeben hatte, ob ich jemals diese Ausdrucksform beachtet hätte, und sagte, dass sie ihm sehr aufgefallen sei. Er hat für mich eine Dame fotografiert (Bild 1), welche zuweilen unabsichtlich den Eckzahn der einen Seite zeigt und welche dies mit ungewöhnlicher Deutlichkeit willkürlich tun kann.

Der Ausdruck eines halb scherzhaften Hohns geht allmählich in den großer Wildheit über, wenn in Verbindung mit stark gerunzelten Augenbrauen und wildem Blick der Eckzahn exponiert wird. Ein bengalischer Knabe wurde in Gegenwart Mr. Scotts irgendeiner Untat bezichtigt. Der Delinquent wagte nicht, seinem Ärger in Worten Luft zu machen; aber er zeigte sich deutlich in seinem Gesicht, zuweilen in einem trotzigen Stirnrunzeln, zuweilen »in einem durchaus hündischen Fletschen.«

Wenn sich dies darbot, »wurde der Winkel der Lippe über dem Augenzahn, welcher zufällig in diesem Falle sehr groß und vorragend war, nach der Seite des Anklägers gehoben, während ein starkes Stirnrunzeln noch in den Brauen zurückblieb.« Sir Ch. Bell gibt an[15], dass der Schauspieler Cooke den entschiedensten Hass ausdrücken konnte, »wenn er bei einem schrägen Blick seiner Augen den äußeren Teil der Oberlippe in die Höhe zog und einen scharfen Eckzahn zeigte.«

Das Entblößen des Eckzahns ist das Resultat einer doppelten Bewegung. Die Ecke oder der Winkel des Mundes wird ein wenig zurückgezogen und zu gleicher Zeit zieht ein Muskel, welcher parallel und nahe der Nase verläuft, den äußeren Teil der Oberlippe hinauf und entblößt den Eckzahn auf dieser Seite des Gesichts. Die Zusammenziehung dieses Muskels ruft eine deutliche Furche auf der Wange hervor und erzeugt starke Falten unter dem Auge, besonders an seinem inneren Winkel. Die Handlung ist dieselbe wie die eines fletschenden Hundes, und wenn ein Hund sich zum Kämpfen anschickt, so zieht er oft die Lippe auf einer Seite allein in die Höhe, nämlich auf der seinem Gegner zugewandten. Das englische Wort sneer (höhnen) ist faktisch dasselbe wie snarl (fletschen), welches ursprünglich snar hieß. Das Erste ist nur »ein Element, welches die Fortdauer der Handlung bezeichnet«.[16]

Ich vermute, dass wir eine Spur dieser selben Ausdrucksform in dem sehen, was wir ein höhnisches oder sardonisches Lächeln nennen. Die Lippen werden dann verbunden oder beinahe verbunden gehalten, aber ein Winkel des Mundes wird auf der Seite nach der verhöhnten Person hin zurückgezogen, und dieses Zurückziehen des Mundwinkels bildet einen Teil des wirklichen Verhöhnens. Obgleich manche Personen mehr auf der einen Seite des Gesichts als auf der anderen lächeln, so ist es doch nicht leicht einzusehen, warum im Falle einer Verhöhnung das Lächeln, wenn es ein wirkliches ist, so gewöhnlich auf eine Seite beschränkt sein sollte. Ich habe bei diesen Gelegenheiten auch ein leichtes Zucken im Muskel bemerkt, welcher den äußeren Teil der Oberlippe aufwärts zieht, und wäre diese Bewegung vollständig ausgeführt worden, so würde sie den Eckzahn entblößt und ein leichtes Verhöhnen hervorgebracht haben.

Mr. Bulmer, ein australischer Missionar in einem entfernten Teil von Gippsland sagt in Beantwortung meiner Fragen über das Entblößen des Eckzahns auf der einen Seite: »Ich finde, dass die Eingeborenen bei dem einander Anfletschen mit geschlossenen Zähnen sprechen, wobei die Oberlippe nach einer Seite aufgezogen ist und das Gesicht einen allgemeinen zornigen Ausdruck annimmt. Sie sehen aber die angeredete Person direkt an.« Drei andere Beobachter in Australien, einer in Abyssinien und einer in China beantworten meine Fragen über diesen Gegenstand bejahend. Da aber der Ausdruck ein seltener ist und sie auf keine Einzelheiten eingehen, so fürchte ich mich, mich ganz und gar auf sie zu verlassen. Es ist indessen durchaus nicht unwahrscheinlich, dass dieser tierähnliche Ausdruck bei Wilden häufiger ist als bei zivilisierten Rassen. Mr. Geach ist ein Beobachter, dem ich völliges Vertrauen schenken kann, und er hat diese Ausdrucksform bei einer Gelegenheit an einem Malayen im Inneren von Malakka beobachtet. Mr. S. O. Glenie antwortet: »Wir haben diese Ausdrucksweise bei den Eingeborenen von Ceylon beobachtet, aber nicht häufig.« Endlich hat in Nordamerika Dr. Rothrock dieselbe bei einigen wilden Indianern und häufig bei einem Stamm, der an die Atnahs anstößt, gesehen.

Obgleich die Oberlippe sicherlich zuweilen beim Verhöhnen oder herausfordernden Trotz allein auf einer Seite erhoben wird, so weiß ich doch nicht, ob dies immer der Fall ist; denn das Gesicht ist gewöhnlich halb abgewendet und der Ausdruck häufig nur momentan. Da die Bewegung nur auf eine Seite beschränkt ist, so könnte sie keinen wesentlichen Teil der Ausdrucksform bilden, sondern davon abhängen, dass die dazugehörigen Muskeln unfähig einer Bewegung sind, ausgenommen auf einer Seite. Ich bat vier Personen, es zu versuchen, willkürlich in dieser Weise ihre Muskeln in Tätigkeit zu bringen; zwei konnten den Eckzahn nur auf der linken Seite, eine nur auf der rechten Seite und die vierte weder auf der einen noch auf der anderen entblößen. Nichtsdestoweniger ist es durchaus nicht gewiss, dass dieselben Personen, wenn sie irgendjemand im Ernst herausforderten und Trotz geboten hätten, nicht unbewusst ihren Eckzahn auf der Seite entblößt haben würden, welche Seite es auch sei, die dem Beleidiger zugekehrt ist. Denn wir haben gesehen, dass manche Personen nicht willkürlich ihre Augenbrauen schräg stellen können und doch augenblicklich in dieser Weise handeln, wenn sie durch eine wirkliche, wenn auch äußerst geringfügige Ursache der Trübsal affiziert werden. Das Vermögen, willkürlich den Eckzahn auf einer Seite des Gesichts zu entblößen, ist daher häufig gänzlich verloren worden, und dies deutet an, dass es eine selten benutzte und beinahe abortive Handlung ist. Es ist in der Tat eine überraschende Tatsache, dass der Mensch diese Fähigkeit oder irgendeine Neigung zu ihrer eigentlichen Verwendung noch zeigen sollte. Denn Mr. Sutton hat bei unseren nächsten Verwandten, nämlich den Affen, im zoologischen Garten niemals eine fletschende Bewegung bemerkt, und er ist positiv sicher darüber, dass die Paviane, obwohl sie mit großen Eckzähnen versehen sind, dies niemals tun, sondern wenn sie wild sind und sich zum Angriff bereitmachen, alle ihre Zähne entblößen. Ob die erwachsenen anthropomorphen Affen, wo beim Männchen die Eckzähne viel größer sind als beim Weibchen, wenn sie sich zum Kampf vorbereiten, ihre Zähne entblößen, ist nicht bekannt.

Die hier betrachtete Ausdrucksweise, mag es der Ausdruck eines scherzhaften Hohns oder eines wilden Fletschens sein, ist eine der merkwürdigsten, welche beim Menschen vorkommt. Sie enthüllt seine tierische Abstammung; denn niemand, selbst wenn er in einem tödlichen Kampf mit einem Feind sich auf dem Boden wälzt und versucht, ihn zu beißen, würde versuchen, seine Eckzähne mehr zu brauchen als seine anderen Zähne. Wir dürfen wohl nach unserer Verwandtschaft mit den anthropomorphen Affen glauben, dass unsere männlichen halbmenschlichen Urerzeuger große Eckzähne besaßen, und noch jetzt werden gelegentlich Kinder geboren, bei denen sie sich von ungewöhnlich bedeutender Größe entwickeln mit Zwischenräumen in den einander gegenüberstehenden Kinnladen zu ihrer Aufnahme. Wir können ferner vermuten, nichtsdestoweniger wir keine Unterstützung aus Analogie haben, dass unsere halbmenschlichen Urerzeuger ihre Zähne entblößten, wenn sie sich zum Kampf bereiteten, da wir es immer noch tun, wenn wir wild werden, oder wenn wir einfach irgendjemanden verhöhnen oder ihm herausfordernden Trotz bieten, ohne irgendeine Absicht, mit unseren Zähnen wirklich Angriffe zu machen.

Anmerkungen | **1** S. einige Bemerkungen hierüber in Mr. Bains Buch: The Emotions and the Will. 2. edit., 1865, S.127. **2** Rengger: Naturgeschichte der Säugetiere von Paraguay, 1830, S. 3. **3** Sir Ch. Bell: Anatomy of Expression, S. 96. Andererseits spricht Dr. Burgess (Physiology of Blushing, 1839, S. 31) von dem Rotwerden einer Narbe bei einer Negerin als sei dies der Natur nach ein Erröten vor Scham gewesen. **4** Moreau und Gratiolet haben die Farben des Gesichts unter dem Einfluss intensiver Leidenschaft erörtert; s. die Ausgabe von 1820 Wedgwood: On the Origin of Language, 1866, S.76. Er bemerkt auch, dass der Laut des harten Atmens »durch die Silben puff, huff, whiff, dargestellt wird, wonach dann ein huff ein Anfall übler Laune ist (im Englischen).« **7** Sir Ch. Bell (Anatomy of Expression. S. 95) gibt einige ausgezeichnete Bemerkungen über den Ausdruck der Wut. **8** De la Physionomie, 1865, S. 346. **9** Sir Ch. Bell: Anatomy of Expression, S. 177. Gratiolet sagt (De la Physionomie, S. 369): »Les dents se découvrent et imitent symboliquement l'action de déchirer et de mordre.« Wenn Gratiolet statt den unbestimmten Ausdruck symboliquement zu gebrauchen, gesagt hätte, dass diese Bewegung ein Überbleibsel einer während der Urzeiten erlangten Gewohnheit wäre, als unsere halbmenschlichen Urerzeuger mit ihren Zähnen miteinander kämpften, wie Gorillas und Orang-Utans heutigen Tages, so würde er verständlicher gewesen sein. Dr. Piderit (Mimik und Physiognomik, S. 82) spricht auch von dem Zurückziehen der Oberlippe während der Wut. In dem Stich nach einem von Hogarths wunderbaren Bildern wird die Leidenschaft in der deutlichsten Art und Weise durch die offenstarrenden Augen, die gerunzelte Stirn und die exponierten grinsenden Zähne dargestellt. **10** Oliver Twist, Vol. III, S. 245. **11** The Spectator, July 11th 1868, S. 819. **12** Body and Mind, 1870, S. 51 – 53. **13** Le Brun bemerkt in seinen bekannten »Conférences sur l'Expression« (La Physionomie par Lavater, edit. 1820, Bd. IX, S. 268), dass Zorn durch das Ballen der Fäuste dargestellt wird. S. in demselben Sinn Huschke: Mimices et Physignomices Fragmentum Physiologicum, 1824, S. 20. Auch Sir Ch. Bell: Anatomy of Expression, S. 219. **14** Transactions Philosoph. Soc., Appendix. 1746, S. 65. **15** Anatomy of Expression, S. 136. Sir Ch. Bell nennt die Muskeln, welche die Eckzähne entblößen, »die Fletschmuskeln.« **16** Hensleigh Wedgwood: Dictionary of English Etymology, Bd. III, 1865, S. 240, 243.

PUNCH'S ALMANACK FOR 1882. [December 6, 1881.

MAN·IS·BVT·A·WORM·

Nachdem wir diese wenigen vorläufigen Bemerkungen gemacht haben, wollen wir in unserer Vorstellung einmal einen keimenden Samen nehmen und den Anteil betrachten, welchen die verschiedenen Bewegungen in der Lebensgeschichte der Pflanze nehmen. Die erste Veränderung ist das Vortreiben des Würzelchens, welches sofort beginnt zu circumnutieren[1]. Diese Bewegung wird unmittelbar durch die Anziehung der Schwerkraft modifiziert und wird geotropisch[2] gemacht. Das Würzelchen biegt sich daher, angenommen der Same liege auf der Oberfläche, schnell abwärts, dabei einen mehr oder weniger spiralen Weg beschreibend, wie an den berußten Glasplatten zu sehen ist. Die Empfindlichkeit für die Schwerkraft hat in der Spitze ihren Sitz, und es ist die Spitze, welche irgendeinen Einfluss auf die benachbarten Teile hinleitet und sie dadurch veranlasst, sich zu biegen. Sobald die Spitze, die von der Wurzelkappe beschützt ist, den Boden erreicht, durchdringt sie die Oberfläche, wenn dieselbe weich oder zerreiblich ist, und der Akt des Eindringens wird allem Anscheine nach durch die stoßweise oder circumnutierende Bewegung des ganzen Endes des Würzelchens unterstützt. Wenn die Oberfläche dicht ist und nicht leicht durchbohrt werden kann, dann wird der Same, selbst wenn er nicht schwer ist, durch das fortdauernde Wachstum und die Verlängerung des Würzelchens aus der Lage gebracht oder in die Höhe gehoben. Im Naturzustande aber werden Samen häufig mit Erde oder anderer Substanz bedeckt oder fallen in Spalten usw., und hierdurch wird ein Widerstandspunkt geboten, und die Spitze kann leichter den Boden durchbohren. Aber selbst bei Samen, welche locker auf der Oberfläche liegen, findet sich noch eine andere Hilfe: von dem oberen Teile des Würzelchens wird eine Menge äußerst feiner Haare ausgesandt, und diese heften sich fest an Steine und andere Gegenstände an, welche auf der Oberfläche liegen, und können dies sogar bei Glas tun; hierdurch wird der obere Teil niedergehalten, während die Spitze gegen den Boden drückt und sich in ihn einbohrt. Die Anheftung der Wurzelhaare wird durch die Verflüssigung der äußeren Oberfläche der Cellulosen-Wände und durch das darauffolgende Hartwerden der verflüssigten Substanz bewirkt. Dieser merkwürdige Prozess findet wahrscheinlich nicht sowohl zu dem Zwecke der Anheftung der Würzelchen an oberflächlich gelegene Gegenstände statt, sondern damit die Haare in die dichteste Berührung mit den Teilchen im Boden gebracht werden, durch welche Mittel sie die Schicht des sie umgebenden Wassers, zusammen mit irgendwelcher darin aufgelösten Substanz absorbieren können.

Nachdem die Spitze den Boden bis zu einer geringen Tiefe durchbohrt hat, hält die zunehmende Dicke des Würzelchens in Verbindung mit den Wurzelhaaren dasselbe fest an seiner Stelle, und nun treibt die durch das Längenwachstum des Würzelchens ausgeübte Kraft die Spitze tiefer in den Grund. Diese Kraft, verbunden mit der dem queren Wachstum folgenden gibt dem Würzelchen die Kraft eines Keils: selbst eine wachsende Wurzel von mäßiger Größe, wie die eines Bohnensämlings, kann ein Gewicht von einigen Pfund aus der Lage bringen. Es ist nicht wahrscheinlich, dass die Spitze, wenn sie in kompakter Erde eingegraben ist, faktisch circumnutieren und hierdurch ihre Abwärtsbewegung unterstützen kann, aber die circumnutierende Bewegung wird die Spitze darin erleichtern, in irgendeine seitliche oder schräge Spalte in der Erde oder in eine von einem Regenwurme oder einer Larve gemachten Höhle einzudringen, und sicher ist, dass Wurzeln häufig in den alten Höhlen von Würmern laufen. Bei dem Versuche zum Circumnutieren wird indessen die Spitze beständig auf allen Seiten gegen die Erde drücken, und dies kann kaum anders als von der höchsten Bedeutung für die Pflanze sein; denn wir haben gesehen, dass, wenn kleine Stückchen kartonartigen Papiers und sehr dünnen Papiers auf entgegengesetzten Seiten der Spitze angekittet wurden, der ganze wachsende Teil des Würzelchens gereizt wurde, sich von der Seite, welche den Karton oder die widerstehendere Substanz trug, weg und nach der das dünne Papier tragenden Seite hinzubiegen. Wir können daher beinahe sicher sein, dass, wenn die Spitze einem Stein oder irgendeinem anderen Hindernis im Boden begegnet oder selbst nur Erde, welche auf einer Seite kompakter ist als auf der anderen, die Wurzel sich, soweit sie kann, von dem Hindernis oder der widerstehenderen Erde wegbiegen und damit mit nie irrender Geschicklichkeit eine Richtung des mindesten Widerstandes einschlagen wird.

Die Spitze ist gegen länger anhaltende Berührung mit einem Gegenstande empfindlicher als gegen Gravitation, wenn dieselbe schräg auf das Würzelchen wirkt und zuweilen sogar, wenn sie in der günstigsten Richtung unter rechtem Winkel auf das Würzelchen einwirkt. Die Spitze wurde durch ein angeheftetes Tröpfchen von Schellack gereizt, welches weniger als 1/200 engl. Gran (ca. 0,33 mg) wog; es ist daher empfindlicher als die zarteste Ranke, nämlich als die von *Passiflora gracilis*, auf welche ein Stückchen Draht, welches 1/50 engl. Gran (ca. 1,3 mg) wog, kaum einwirkte. Aber dieser Grad von Empfindlichkeit ist nichts im Vergleiche mit derjenigen der Drüsen von *Drosera*. Denn diese werden durch Stückchen gereizt, die nur 1/78740 engl. Gran (ca. 0,0008 mg) wogen. Die Empfindlichkeit der Spitze kann nicht dadurch erklärt werden, dass sie von einer dünneren Schicht von Geweben bedeckt wird, als die anderen Teile; denn sie wird durch die verhältnismäßig dicke Wurzelkappe geschützt. Es ist merkwürdig, dass, obgleich das Würzelchen sich wegbiegt, wenn eine Seite der Spitze unbedeutend mit einem Ätzmittel berührt wird, doch, wenn die Seite stärker kauterisiert wird, die Verletzung zu groß ist und das Vermögen, irgendeinen Einfluss auf die benachbarten Teile überzuleiten, welcher diese zu biegen veranlasst, verloren geht. Es ist bekannt, dass andere analoge Fälle vorkommen.

Nachdem ein Würzelchen durch irgendein Hindernis abgebogen worden ist, gibt der Geotropismus der Spitze wiederum die Richtung, senkrecht abwärts zu wachsen; Geotropismus ist aber eine schwache Kraft, und hier kommt, wie Sachs gezeigt hat, eine andere interessante adaptive Bewegung ins Spiel; denn Würzelchen sind in einer Entfernung von einigen wenigen Millimetern von der Spitze gegen länger anhaltende Berührung in einer solchen Weise empfindlich, dass sie sich nach dem berührenden Gegenstande hin, anstatt von ihm weg bewegen, wie es eintritt, wenn ein Gegenstand eine Seite der Spitze berührt. Überdies ist die hierdurch veranlasste Bewegung abrupt, und nur der gedrückte Teil allein biegt sich. Selbst geringer Druck reicht hin, wie ein Stückchen auf eine Seite gekitteten Kartons. Es wird daher ein Würzelchen, welches über den Rand irgendeines Hindernisses im Boden hinübertritt, durch die Wirkung des Geotropismus gegen denselben drücken, und dieser Druck wird die Ursache, dass das Würzelchen sucht, sich plötzlich über den Rand zu biegen. Es wird hierdurch so schnell wie nur möglich seinen normalen Weg abwärts wieder erlangen.

Würzelchen sind auch gegen Luft, welche auf einer Seite mehr Feuchtigkeit als auf der anderen enthält, empfindlich und biegen sich nach der Feuchtigkeitsquelle hin. Es ist daher wahrscheinlich, dass sie in gleicher Weise auch für die Feuchtigkeit im Boden empfindlich sind. In mehreren Fällen wurde es ermittelt, dass diese Empfindlichkeit in der Spitze ihren Sitz hat, welche einen Einfluss auf den benachbarten oberen Teil überleitet und diesen dadurch veranlasst, sich im Gegensatz zum Geotropismus nach dem feuchten Gegenstande hin zu bewegen. Wir können daher schließen, dass Wurzeln von ihrem Wege abwärts nach irgendwelcher Feuchtigkeitsquelle im Boden hin abgelenkt werden.

Ferner sind die meisten oder alle Würzelchen unbedeutend für Licht empfindlich und biegen sich daher nach der Angabe von Wiesner meist ein wenig von ihm weg. Ob dies für sie von irgendwelchem Nutzen sein dürfte ist sehr zweifelhaft, aber bei Samen, welche auf der Oberfläche keimen, wird es den Geotropismus unbedeutend darin unterstützen, dass er die Würzelchen nach dem Boden hin richtet.[3] Wir ermittelten in einem Falle, dass eine derartige Empfindlichkeit in der Spitze ihren Sitz hat und die benachbarten Teile sich vom Lichte wegzubiegen verursacht.

Die von Wiesner beobachteten, in der Luft wachsenden Wurzeln waren sämtlich apheliotropisch[4], und dies ist ohne Zweifel darin von Nutzen, dass sie dieselben mit Baumstämmen oder Oberflächen von Steinen in Berührung bringt, wie es ihre Gewohnheit ist.

Wir sehen hieraus, dass bei Sämlingspflanzen die Spitze des Würzelchens mit verschiedenen Arten von Empfindlichkeit ausgerüstet ist, und dass die Spitze den benachbarten wachsenden Teilen die Richtung gibt, sich nach der erregenden Ursache hin oder von ihr weg zu biegen, je nach den Bedürfnissen der Pflanze. Die Seiten des Würzelchens sind auch gegen Berührung empfindlich, aber in einer sehr verschiedenen Art und Weise. Gravitation ist, obschon sie eine weniger wirksame Ursache der Bewegung ist als die anderen oben speziell angeführten Reize, immer vorhanden, sodass sie schließlich vorherrscht und das Abwärtswachsen der Wurzel bestimmt.

Das primäre Würzelchen sendet sekundäre aus, welche subhorizontal vorspringen, und es wurde in einem Falle beobachtet, dass diese circumnutieren. Auch ihre Spitzen sind gegen Berührung empfindlich, und sie werden hierdurch angeregt, sich von irgendeinem berührenden Gegenstande wegzubiegen, sodass sie in diesen Beziehungen, soweit sie beobachtet wurden, den primären Würzelchen ähnlich sind. Werden sie aus der Lage gebracht, so nehmen sie, wie Sachs gezeigt hat, ihre ursprünglich subhorizontale Stellung wieder ein, und dies ist allem Anschein nach Folge von Diageotropismus.[5] Die sekundären Würzelchen senden tertiäre aus, aber diese werden bei der Bohne nicht von der Gravitation beeinflusst, und infolgedessen springen sie in allen Richtungen vor. Hiernach ist die allgemeine Anordnung der drei Ordnungen von Wurzeln ausgezeichnet dazu angepasst, den ganzen Boden nach Nahrung zu durchsuchen.

Sachs hat gezeigt, dass, wenn die Spitze des primären Würzelchens abgeschnitten wird (und die Spitze wird gelegentlich im Naturzustande bei Sämlingen abgenagt werden), eines der sekundären Würzelchen senkrecht abwärts wächst in einer Weise, welches dem Aufwärtswachsen eines Seitensprossen nach der Amputation des leitenden Sprossen analog ist. Wir haben bei den Würzelchen der Bohne gesehen, dass, wenn die primären Würzelchen einfach zusammengedrückt werden, anstatt abgeschnitten zu werden, sodass ein Überschuss von Saft in die sekundären Würzelchen geleitet wird, ihr natürlicher Zustand gestört wird und sie abwärts wachsen. Andere, analoge Tatsachen sind mitgeteilt worden. Da alles, was die Konstitution stört, geneigt ist zum Rückschlag zu führen, d.h. zur Wiederannahme eines früheren Charakters, so erscheint es wahrscheinlich, dass, wenn sekundäre Würzelchen abwärts oder Seitensprossen aufwärts wachsen, sie zu der ursprünglichen

Weise des Wachstums zurückschlagen, welche den Würzelchen und Sprossen eigentümlich ist.

Nach dem Vortreiben des Würzelchens durchbricht bei dikotyledonen[6] Samen der Hypokotyl[7] die Samenhüllen; wenn aber die Kotyledonen[8] unterirdisch sind, so ist es der Epikotyl[9], welcher zuerst vorbricht. Diese Organe sind zuerst ausnahmslos bogenförmig gekrümmt, sodass der obere Teil zurück und parallel mit dem unteren gebogen ist; sie behalten diese Form, bis sie über den Boden sich erhoben haben. Indessen sind es in einigen Fällen die Stiele der Kotyledonen oder der ersten echten Blätter, welche eben sowohl die Samenhüllen als den Boden durchbohren, noch ehe irgendein Teil des Stammes vortreibt, und dann sind beinahe ausnahmslos die Blattstiele bogenförmig gekrümmt. Wir haben nur eine einzige Ausnahme gefunden, und das auch nur eine teilweise, nämlich bei den Blattstielen der zwei ersten Blätter von *Acanthus candelabrum*. Bei *Delphinium nudicaule* sind die Stiele der zwei Kotyledonen vollständig zusammengeflossen und durchbrechen den Boden als ein Bogen; später sind die Stiele der nacheinander sich entwickelnden ersten Blätter bogenförmig gekrümmt und sie werden hierdurch befähigt durch die Basis der zusammenfließenden Stiele der Kotyledonen durchzubrechen. Bei *Megarrhiza* ist es die Plumula[10], welche bogenförmig durch die aus dem Zusammenfließen der Kotyledonenstiele gebildete Röhre durchbricht. Bei reifen Pflanzen sind die Blütenstängel und die Blätter einiger weniger Spezies und die Rachis mehrerer Farne, wie sie einzeln aus dem Boden hervortreten, gleichfalls bogenförmig gekrümmt.

Die Tatsache, dass so viele verschiedene Organe bei Pflanzen vieler Arten durch den Boden unter der Form eines Bogens durchbrechen, zeigt, dass dies in irgendwelcher Weise für sie von hoher Bedeutung sein muss. Nach der Angabe von Haberlandt wird die zarte wachsende Spitze hierdurch vor Abreiben geschützt, und dies ist wahrscheinlich die richtige Erklärung. Da aber beide Schenkel des Bogens wachsen, so wird ihr Vermögen, durch den Boden zu brechen, so lange bedeutend vergrößert werden, als die Spitze innerhalb der Samenhüllen bleibt und einen Unterstützungspunkt hat. Bei monokotyledonen Pflanzen ist die Plumula oder der Kotyledon selten bogenförmig gekrümmt, wie wir gesehen haben; dies ist aber bei dem blattähnlichen Kotyledon der Zwiebel der Fall, und hier wird der Scheitel des Bogens durch eine spezielle Protuberanz noch verstärkt. Bei den Gramineen wird der Scheitel des geraden, scheidenartigen Kotyledons zu einer harten, scharfen Leiste entwickelt, welche offenbar dazu dient, durch die Erde durchzubrechen. Bei Dikotyledonen scheint es häufig, als wenn die bogenförmige Krümmung des Epikotyls oder Hypokotyls einfach das Resultat der Art und Weise wäre, in welcher die Teile innerhalb des Samens zusammengepackt sind; es ist aber zweifelhaft, ob dies in allen Fällen die ganze Wahrheit ist, und sicherlich war es in manchen Fällen nicht so, in welchen wir sahen, dass die bogenförmige Krümmung begann, nachdem die Teile gänzlich aus den Samenhüllen hervorgetreten waren. Da die Krümmung eintritt, in welcher Stellung auch nur immer die Samen gelegt wurden, so ist es ohne Zweifel Folge eines zeitweilig vermehrten Wachstums von der Beschaffenheit der Epinastie oder Hyponastie der einen Seite des betreffenden Teils entlang.

Da diese Gewohnheit des Hypokotyls sich bogenförmig zu krümmen ganz universell zu sein scheint, so ist sie wahrscheinlich sehr alten Ursprungs. Es ist daher nicht überraschend, dass sie vererbt wird, wenigstens in einer gewissen Ausdehnung, und zwar von Pflanzen, welche unterirdische Kotyledonen haben, bei denen der Hypokotyl nur unbedeutend entwickelt wird und niemals über den Boden vortritt, und bei denen die Krümmung natürlich gegenwärtig völlig nutzlos ist. Diese Neigung erklärt, wie wir gesehen haben, die Krümmung des Hypokotyls (und die darauffolgende Bewegung des Würzelchens), welche zuerst von Sachs beobachtet wurde, und auf welche wir uns unter dem Namen von Sachs' Krümmung häufig bezogen haben.

Die verschiedenen, vorstehend erwähnten, bogenförmig gekrümmten Organe circumnutieren beständig oder bemühen sich zu circumnutieren, selbst ehe sie durch den Boden durchbrechen. Sobald irgendein Teil des Bogens aus den Samenhüllen vortritt, wird er von Apogeotropismus beeinflusst, und beide Schenkel biegen sich so schnell, als die umgebende Erde es gestattet, aufwärts, bis der Bogen senkrecht steht. Durch fortdauerndes Wachstum bricht er dann gewaltsam durch den Boden; da er aber beständig dahinstrebt, zu circumnutieren, so wird dies sein Hervorbrechen in irgendeinem unbedeutenden Grade unterstützen, denn wir wissen, dass ein circumnutierender Hypokotyl feuchten Sand auf allen Seiten fortdrücken kann. Sobald der schwächste Lichtstrahl einen Sämling erreicht, wird Heliotropismus ihn durch einen jeden Spalt im Boden oder durch eine verwickelte Masse darüber liegender Vegetation hindurchführen, denn Apogeotropismus an sich führt den Sämling nur blind nach oben. Es ist daher wahrscheinlich, dass die Empfindlichkeit für Licht in der Spitze der Kotyledonen der Gramineen und in dem oberen Teile der Hypokotyle mindestens einiger Pflanzen ihren Sitz hat.

In dem Maße, als der Bogen aufwärts wächst, werden die Kotyledonen aus dem Boden gezogen. Die Samenhüllen werden entweder eingegraben zurückgelassen oder noch eine Zeit lang, immer die Kotyledonen einschließend, erhalten. Dieselben werden später einfach durch das Anschwellen der Kotyledonen abgeworfen. Bei den meisten Cucurbitaceen ist aber eine merkwürdige, spezielle Einrichtung zum Bersten der Samenhüllen vorhanden, solange sie noch unter der Erde sich befinden, nämlich ein Zapfen an der Basis des Hypokotyls, welcher rechtwinklig vorspringt und die untere Hälfte der Samenhüllen niederhält, während das Wachstum des gekrümmten Teils des Hypokotyls die obere Hälfte emporhebt und sie hierdurch in zwei Teile spaltet. Eine etwas analoge Bildung kommt bei *Mimosa pudica* und einigen anderen Pflanzen vor. Ehe die Kotyledonen vollständig ausgebreitet sind und divergiert haben, streckt sich meist der Hypokotyl durch vermehrtes Wachstum der konkaven Seite entlang, hierbei den Prozess umkehrend, welcher die bogenförmige Krümmung verursacht. Schließlich bleibt nicht eine Spur der früheren Krümmung übrig, ausgenommen bei den blattartigen Kotyledonen der Zwiebel.

Die Kotyledonen können nun die Funktion von Blättern annehmen und Kohlensäure zersetzen; sie geben nun auch anderen Teilen der Pflanze die Nahrungsstoffe ab, welche sie häufig enthalten. Wenn sie einen großen Vorrat von Nahrung enthalten, bleiben sie meist unter der Erde begraben infolge der geringen Entwicklung des Hypokotyls, und hierdurch haben sie eine größere Wahrscheinlichkeit, der Zerstörung durch Tiere zu entgehen. Aus unbekannten Ursachen wird Nahrungsstoff zuweilen im Hypokotyl oder im Würzelchen aufgespeichert, und dann wird einer der Kotyledonen oder beide rudimentär, wofür mehrere Beispiele angeführt worden sind. Es ist wahrscheinlich, dass die außerordentliche Art und Weise zu keimen bei *Megarrhiza californica, Ipomoea leptophylla* und *pandurata* und von *Quercus virens* mit dem Vergrabensein der knollenartigen Wurzel im Zusammenhange steht, welche in einem frühen Alter mit Nahrungsstoff gefüllt ist; denn bei diesen Pflanzen sind es die Stiele der Kotyledonen, welche zuerst aus dem Samen vortreten, und sie sind dann nur mit einem minutiösen Würzelchen und einem solchen Hypokotyl wie mit Spitzen besetzt. Diese Blattstiele biegen sich geotropisch wie eine Wurzel abwärts und durchbohren den Boden, sodass die echte Wurzel, welche später bedeutend vergrößert wird, in einer geringen Tiefe unter der Oberfläche eingegraben wird. Abstufungen in den Bildungen sind immer interessant, und Asa Gray teilt uns mit, dass bei *Ipomoea Jalappa*, welche häufig große Knollen bildet, der Hypokotyl doch noch von beträchtlicher Länge ist, und die Stiele der Kotyledonen nur mäßig verlängert sind. Aber außer dem durch das Verbergen des Nährstoffes, welcher in den Knollen angehäuft wird, erlangten Vorteile wird mindestens bei *Megarrhiza* die Plumula auch gegen die Fröste des Winters dadurch beschützt, dass sie eingegraben ist.

Wie vor Kurzem De Vries beschrieben hat, zieht bei vielen dikotyledonen Sämlingen die Zusammenziehung des Parenchyms des oberen Teils des Würzelchens den Hypokotyl abwärts in die Erde, zuweilen (wie angegeben wird) selbst bis die Kotyledonen eingegraben sind. Bei einigen Spezies zieht sich der Hypokotyl selbst in einer ähnlichen Weise zusammen. Es wird angenommen, dass dieser Prozess des Eingrabens dazu dient, die Sämlinge gegen die Winterfröste zu schützen.

Unser Sämling, dessen Entwicklung wir im Geiste verfolgen, ist nun als Sämling reif, denn sein Hypokotyl ist gerade und seine Kotyledonen sind vollständig ausgebreitet. In diesem Zustand fahren der obere Teil des Hypokotyls und die Kotyledonen noch einige Zeit lang fort zu circumnutieren, meistens im Verhältnis zu der Größe der Teile in weiter Ausdehnung und in rapider Geschwindigkeit. Sämlinge erlangen aber durch dieses Bewegungsvermögen nur dann einen Vorteil, wenn es modifiziert wird, und zwar besonders durch die Einwirkung des Lichtes und der Gravitation; denn sie werden hierdurch befähigt rapider und in einer größeren Ausdehnung sich zu bewegen, als es die meisten reifen Pflanzen tun können. Sämlinge sind einem schweren Kampfe ums Leben ausgesetzt, und es erscheint für sie von hoher Bedeutung, dass sie sich so schnell und so vollständig wie möglich an ihre Bedingungen anpassen können. Daher kommt es auch, dass sie so äußerst empfindlich gegen Licht und Gravitation sind. Die Kotyledonen einiger wenigen Spezies sind für eine Berührung empfindlich. Es ist wahrscheinlich, dass dies nur ein indirektes Resultat der vorstehend erwähnten Arten von Empfindlichkeit ist; denn wir haben keinen Grund zu der Annahme, dass sie daraus, dass sie sich bei Berührung bewegen, einen Vorteil erhalten.

Unser Sämling treibt nur einen Stamm, welcher Blätter und häufig Zweige trägt, welche sämtlich, solange sie jung sind, beständig circumnutieren. Wenn wir z.B. einen großen Baum einer Akazie betrachten, so können wir sicher sein, dass jeder einzelne der zahllosen wachsenden Sprossen beständig kleine Ellipsen beschreibt, wie es auch jeder Blattstiel, Nebenstiel und jedes Blättchen tut. Die letzteren bewegen sich ebenso wie gewöhnliche Blätter meistens in nahezu derselben senkrechten Ebene auf und nieder, sodass sie sehr schmale Ellipsen beschreiben. Die Blattstängel circumnutieren gleichfalls beständig. Wenn wir unter den Boden sehen könnten, und wenn unsere Augen die Kraft eines Mikroskopes hätten, so würden wir sehen, dass die Spitze eines jeden Würzelchens versucht kleine Ellipsen oder Kreise schwingend zu beschreiben, soweit es der Druck der umgebenden Erde gestattet. Dieser erstaunliche Betrag an Bewegung ist in Tätigkeit gewesen Jahr für Jahr seit der Zeit, als der Baum in der Form eines Sämlings zuerst aus dem Boden hervorbrach.

Anmerkungen | **1** Darwin schreibt über diese Bewegung in der Einleitung des Buches: »Die am weitesten verbreitete Bewegung ist wesentlich von derselben Art wie die des Stammes einer kletternden Pflanze, welcher sich nacheinander nach allen Punkten der Windrose hin bewegt, sodass die Spitze rotiert. Diese Bewegung hat Sachs ›revolutive Nutation‹ genannt; ich habe es aber für zweckmäßiger gefunden, die Ausdrücke Circumnutation und circumnutieren zu gebrauchen.« (Anm. d. Hrsg.) **2** Reaktion auf Gravitation, (Anm. d. Hrsg.) **3** Dr. Karl Richter, welcher diesem Gegenstande spezielle Aufmerksamkeit gewidmet hat (Sitzungber. d. kais. Acad. d. Wiss., Wien, 1879, 80. Bd., 1. Abth., S. 24), gibt an, dass Apheliotropismus die Würzelchen beim Eindringen in den Boden nicht unterstützt. **4** Sich von der Sonne abwendend, (Anm. d. Hrsg.) **5** Einen bestimmten Winkel mit der Vertikalen bildend, (Anm. d. Hrsg.) **6** Zweikeimblättrige, (Anm. d. Hrsg.) **7** Der unterste Abschnitt einer Sprossachse, (Anm. d. Hrsg.) **8** Keimblätter, Anm. d. Hrsg. **9** Sprossabschnitt einer Pflanze zwischen den Keimblättern (Kotyledonen) und den nächstfolgenden Blättern, (Anm. d. Hrsg.) **10** Die Knospe des Pflanzenkeimlings, (Anm. d. Hrsg.)

»Ich kann es nicht ertragen nichts zu tun, ich vermute daher, ich werde so lange weiterarbeiten, wie ich es kann ohne mich lächerlich zu machen.«

März 1877 an Leonard Jenyns

Rhinoderma Darwinii

Bibliografie

Textnachweise

»Über die Variation der Lebewesen im wilden Zustand und über die natürlichen Mittel der Zuchtwahl« In: Nora Barlow (Hrsg.): *Die Fundamente zur Entstehung der Arten. Zwei in den Jahren 1842 und 1844 verfasste Essays von Charles Darwin*. Deutsch von Maria Semon. Leipzig/Berlin: B. G. Teubner, 1911, Seite 120 – 138.

»Von Buenos Ayres nach Santa Fé« In: *Die Fahrt der Beagle.* Copyright für die deutsche Übersetzung von Eike Schönfeld. © 2006 by marebuchverlag, © 1845 by Chrales Darwin. Hamburg: marebuchverlag 2006, Seite 177 – 200. Mit freundlicher Genehmigung des Verlags.

»Theorie der Bildung der verschiedenen Classen von Corallen-Riffen« In: *Über den Bau und die Verbreitung der Corallen-Riffe*. Deutsch von J. Victor Carus. Stuttgart: Schweizerbart, 1899, Seite 88 – 103.

»Über die Erhebung der Ostküste von Süd-America« In: *Geologische Betrachtungen über Süd-America und angestellt während der Reise der »Beagle« in den Jahren 1832 – 1836*. Deutsch von J. Victor Carus. Stuttgart: Schweizerbart, 1899, Seite 5 – 12, 18 – 26.

»Der Kampf ums Dasein« In: *Die Entstehung der Arten durch natürliche Zuchtwahl*. Deutsch von Carl W. Neumann. Stuttgart: Reclam, 1963, Seite 98 – 119. Mit freundlicher Genehmigung des Verlags.

»Zusammenfassung« In: *Die verschiedenen Einrichtungen durch welche Orchideen von Insecten befruchtet werden*. Deutsch von J. Victor Carus. Stuttgart: Schweizerbart, 1899, Seite 242 – 252.

»Schlussbemerkungen« In: *Das Variieren der Thiere und Pflanzen im Zustande der Domestifikation*. Deutsch von J. Victor Carus. Stuttgart: Schweizerbart, 1899, II. Band, Seite 459 – 473.

»Über die Verwandtschaften und die Genealogie des Menschen« In: *Die Abstammung des Menschen und die geschlechtliche Zuchtwahl*. Deutsch von J. Victor Carus. Stuttgart: Schweizerbart, 1899, Seite 190 – 216.

»Hass und Zorn« In: *Die Gemüthsbewegungen bei dem Menschen und den Thieren.* Deutsch von J. Victor Carus. Stuttgart: Schweizerbart, 1899, Seite 218 – 231.

»Zusammenfassung« In: *Das Bewegungsvermögen der Pflanzen.* Deutsch von J. Victor Carus. Stuttgart: Schweizerbart, 1899, Seite 471 – 480.

Werke von Charles Darwin

1862 *Memoir of the Rev. John Steven Henslow* (hrsg. von Leonard Jenyns), Seite 51 – 55, (London)

1876 *Über den Bau und die Verbreitung der Corallen-Riffe*, Stuttgart (London 1842)

1876 *Die Bewegungen und Lebensweise der kletternden Pflanzen*, Stuttgart (London 1864)

1876 *Insectenfressende Pflanzen*, Stuttgart (London 1875)

1877 *Geologische Beobachtungen über die Vulcanischen Inseln*, Stuttgart (London 1844)

1877 *Die verschiedenen Einrichtungen durch welche Orchideen befruchtet werden*, Stuttgart (London 1862)

1878 *Geologische Betrachtungen über Süd-America und angestellt während der Reise der »Beagle« in den Jahren 1832 – 1836*, Stuttgart (London 1846)

1878 *Das Variieren der Thiere und Pflanzen im Zustande der Domestifikation*, Stuttgart (London 1868)

1879 *Die Wirkungen der Kreuz- und Selbst-Befruchtung im Pflanzenreich*, Stuttgart (London 1876)

1881 *Das Bewegungsvermögen der Pflanzen*, Stuttgart (London 1880)

1882 *Die Bildung der Ackererde durch die Thätigkeit der Würmer*, Stuttgart (London 1881)

1899 *Leben und Briefe von Charles Darwin mit einem seine Autobiographie enthaltenden Capitel*, 3 Bände (hrsg. von Frank Darwin), Stuttgart (London 1887)

1963 *Die Entstehung der Arten durch natürliche Zuchtwahl*, Stuttgart (London 1859)

1967 *Darwin and Henslow. The Growth of an Idea. Letters 1831 – 1860* (hrsg. von Nora Barlow, London)

2001 *Der Ausdruck der Gemütsbewegungen bei dem Menschen und den Tieren*, Frankfurt (London 1872)

2006 *Die Fahrt der »Beagle«*, Hamburg (London 1845)
2008 *»Nichts ist beständiger als der Wandel.« Briefe 1822 – 1859* (hrsg. von Frederick Burkhardt), Frankfurt und Leipzig (Cambridge 2008)
2008 *Mein Leben 1809 – 1882. Die vollständige Autobiographie* (hrsg. von Nora Barlow), Frankfurt (London 1958)
2009 *Die Abstammung des Menschen und die geschlechtliche Zuchtwahl*, Stuttgart (London 1871)

Zu Darwin
2008 *Charles Darwin* (Adrian Desmond, James Moore), Heidelberg (London 1991)
1996 *Darwin lesen. Eine Auswahl aus seinem Werk* (hrsg. von Mark Ridley), München
2005 *Darwins Korallen. Die frühen Evolutionsdiagramme und die Tradition der Naturgeschichte* (Horst Bredekamp), Berlin
2007 *Darwins Bilder. Ansichten der Evolutionstheorie 1837 – 1874* (Julia Voss), Frankfurt
2008 *Darwins Jim Knopf* (Julia Voss). In: Frankfurter Allgemeine Zeitung, 13. Dezember, Seite 33 und 35
2009 *Darwin und Foucault. Genealogie und Geschichte im Zeitalter der Biologie* (Philipp Sarasin), Frankfurt

Bildnachweise

Cover unter Verwendung eines Fotos von Ullsteinbild/Granger.
Fotos Seiten 6, 153 und 221 mit freundlicher Genehmigung von © privat.
Foto Seite 215 mit freundlicher Genehmigung von © Mirco Solé.
Trotz aller Bemühungen von Herausgebern, Autoren und Verlag kann es immer wieder passieren, dass einzelne Urheberrechte unrichtig, unvollständig oder gar nicht verzeichnet sind. Alle diesbezüglichen Anfragen bitten wir an den Verlag zu richten.

Dank

Der Herausgeber und der Verlag danken Dr. Thomas Junker für seine Beratung.

Der Herausgeber

Malte Oberschelp, Jahrgang 1968, Studium der Literaturgeschichte, Geschichte und Philosophie in Freiburg, arbeitet als Journalist in Berlin. Er schreibt über Fußball, Sportgeschichte, Kultur und Medien. 2002 hat er den Band »absolute Paul Feyerabend« herausgegeben.

Darwin
loves you

Personenregister

Weitere absolute-Bände

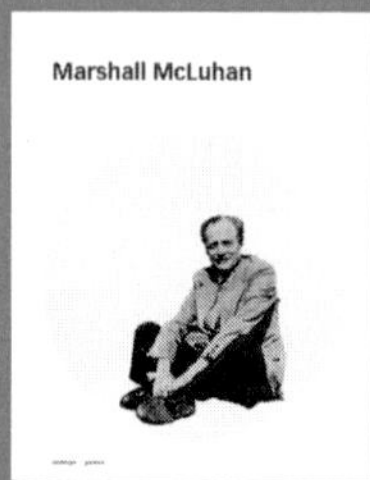